Encyclopedia of Textiles

服地の基本がわかる
テキスタイル事典

文化ファッション大学院大学教授
関間正雄 監修

ナツメ社

## はじめに

「衣食住」と古くからいわれるように、
人間の生活には欠かせない「衣」。
それは社会の発展とともにファッションへと進化し、
我々のライフ・スタイルを豊かにしている。
ファッションを構成する要素は衣服のデザイン、
色柄、性質、機能などだが、それらを支えるのは
素材（繊維、布地）である。

「食」──料理においてテイストを左右する
素材の重要性は指摘され、人々も関心を持っているが、
「衣」──ファッションにおいて素材の存在感は意外に乏しい。
本書では、そのテイストを左右する素材「テキスタイル」について
それぞれの成り立ち、特徴、用途などを
繊維、染色、織物、ニット、加工、柄などの観点から著したものである。

素材を知ることでファッションも一層楽しくなることうけあい。
ファッション業界に携わる人々にはもとより、
ファッションを学ぶ学生、さらにはファッション大好き人間には
見て読んで、いつの間にか素材の知識が得られるように
ビジュアル中心に構成した。
どこから読んでも一項目ずつの読み切りになるよう、
また素材についての楽しいエピソード、うんちくも満載、
ファッション・テキスタイル大好きの人たち向け
必携ハンドブック・御用達し本である。

文化ファッション大学院大学教授
文化学園ファッションリソースセンター　センター長
**閨間正雄**

# 本書の使い方
## HOW TO USE THIS BOOK

**布地の名称**
日本で一般的に使われる名称と、英語表記が入っています。※

**布地の写真**
その布地の写真が、ほぼ100％で入っています。

**拡大写真**
拡大写真は、織目や編目がよくわかるように、約200％の倍率で入っています。

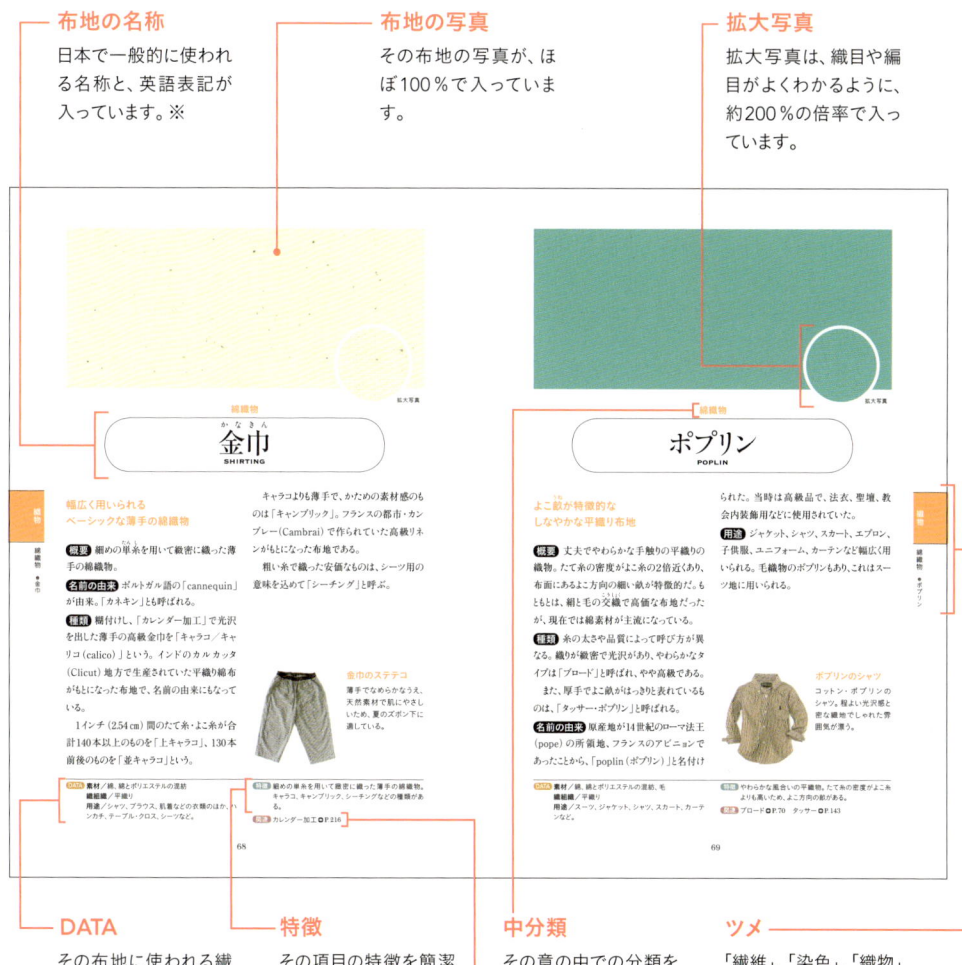

**DATA**
その布地に使われる繊維名、織り方・編み方の組織、どういった製品に使われることが多いかなどのデータを入れています。※※

**特徴**
その項目の特徴を簡潔にまとめています。

**関連**
そのページ内に出てきた関連項目とページ数を入れています。

**中分類**
その章の中での分類を示しています。

**ツメ**
「繊維」、「染色」、「織物」、「ニット」、「その他の素材」、「加工」、「柄」の章に大きく分かれています。その下に中分類と、項目名が入っています。

※「染色」の章では染色方法ごと、「加工」の章では加工方法ごと、「柄」の章では柄の名称ごとに紹介しています。
※※「素材」のデータは、細かく限定できるものはその素材を、細かく限定できないものは「化学繊維」など大きな分類で紹介しています。

# アパレル素材とは

**衣類を構成する素材は多岐にわたる**

衣類（アパレル）を構成する素材・材料には下の表のように多くの種類がある。大きくは、繊維を使った「繊維原料」と、それ以外の「非繊維原料」に分けられる。繊維原料と非繊維原料を組み合わせた素材も存在する。

● アパレル素材の分類

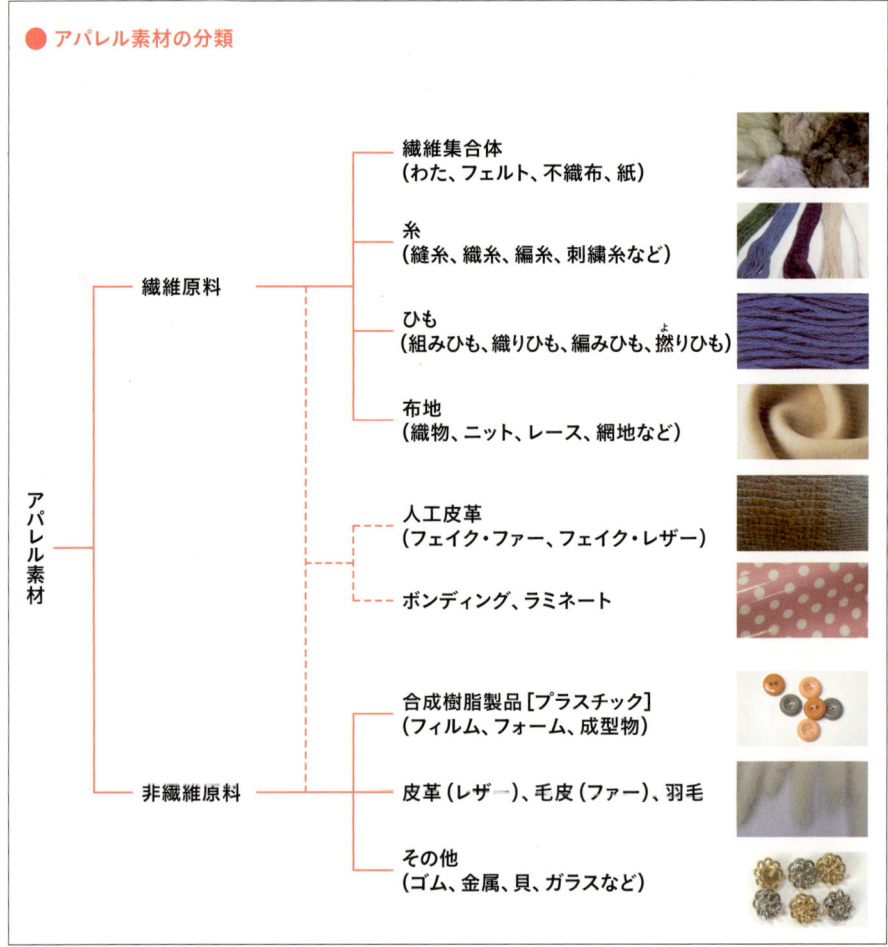

- 繊維原料
  - 繊維集合体（わた、フェルト、不織布、紙）
  - 糸（縫糸、織糸、編糸、刺繍糸など）
  - ひも（組みひも、織りひも、編みひも、撚りひも）
  - 布地（織物、ニット、レース、網地など)
  - 人工皮革（フェイク・ファー、フェイク・レザー）
  - ボンディング、ラミネート
- 非繊維原料
  - 合成樹脂製品［プラスチック］（フィルム、フォーム、成型物）
  - 皮革（レザー）、毛皮（ファー）、羽毛
  - その他（ゴム、金属、貝、ガラスなど）

● アパレル素材に求められる品質

❶ 外観の美しさ
色柄、光沢、表面効果、製品になったときのシルエット、ドレープ性など。

❷ 着心地
ゆとり、着脱しやすさなどの機能的快適さと、デザイン、風合い、流行などの心理的快適さ、ファッション性など。

❸ 丈夫さ
縫目などの強さ、染色など初期性能の維持、耐久性など。

❹ 安全性
難燃、制電、低刺激、低アレルギー性など。

❺ 特殊な性能
撥水、防水、吸水、防虫、防カビ、抗菌、防臭など。

❻ 取り扱いやすさ
洗濯やアイロンによる収縮・変退色・表面変化のないこと、形態安定性、保管しやすさなど。

❼ 経済性
価格、丈夫さ、取り扱いやすさなど。

❽ 環境保全性
省資源・省エネルギーで汚染源にならない製造工程、リユース・リサイクル・廃棄が可能など。

## アパレル素材の中で最も多く使われる「テキスタイル」

アパレル素材の中で最も多いのは繊維原料から作られる布地（テキスタイル）だ。消費者のニーズに合うファッションを生み出すためには、このテキスタイルが重要な要素であることはいうまでもない。

しかし、テキスタイルの生産には時間がかかる。テキスタイルは原綿・原毛などの繊維から紡績、製織、製編、染色、仕上げなど多くの工程を経て作られ、そこから衣類になるまでにはさらに数か月かかるのが一般的だ。その時期に求められる衣類を的確に生み出すためには、かなり前から原料を確保し準備しないと生産が間に合わないのである。

このため、アパレル・メーカーはテキスタイル・メーカーや商社と連携して、あらかじめファッション・トレンドを予測し、この予測のもとにテキスタイルを用意する。これはもちろん容易なことではないが、テキスタイルの的確な選び方や着眼点は、アパレルと切っても切り離せない。ときに、新しい素材使いの発想が新しいデザインを生み出すのである。

# CONTENTS

アパレル素材とは ——— 4

## 繊維

### 繊維とは ——— 18

#### 天然繊維
綿 ——— 20
麻 ——— 24
羊毛 ——— 28
絹 ——— 32

#### 化学繊維
レーヨン ——— 36
キュプラ ——— 38
モダール ——— 40
リヨセル ——— 41
アセテート ——— 42
トリアセテート ——— 42
ナイロン ——— 44
ポリエステル ——— 46
アクリル ——— 48
ポリウレタン ——— 49
ポリ塩化ビニル ——— 50
ポリプロピレン ——— 50

## 染色

### 染色とは ——— 52

#### 先染め
原料染め ——— 54
トップ染め ——— 56
糸染め ——— 57

#### 後染め
浸染 ——— 58
捺染 ——— 59
絞り染め ——— 62
インクジェット・プリント ——— 63
製品染め ——— 64

## 織物

### 織物とは ——— 66

#### 綿織物
金巾 ——— 68
ポプリン ——— 69
ブロード ——— 70
ローン ——— 71
ボイル ——— 72
オーガンジー ——— 73
ガーゼ ——— 74
レノ ——— 75
綿クレープ ——— 76
楊柳クレープ ——— 77
サッカー ——— 78
かつらぎ ——— 79
デニム ——— 80
ダンガリー ——— 82
シャンブレー ——— 84
コットン・ベロア ——— 85
コーデュロイ ——— 86
別珍 ——— 88
テリー・クロス ——— 90
コードレーン ——— 91
ピケ ——— 92
たてピケ ——— 92
ブッチャー ——— 93
グログラン ——— 94
オックスフォード ——— 95
コットン・ギャバジン ——— 96
チノ・クロス ——— 98
ウエザー・クロス ——— 99
ビエラ ——— 100
コットン・フランネル ——— 101
コットン・サテン ——— 102
サテン・ストライプ ——— 102
ギンガム ——— 103
蜂巣織り ——— 104
ダマスク ——— 105
クリップ・スポット ——— 106

## 麻織物
リネン ——— 107
クラッシュ ——— 108
ダック ——— 108

## 毛織物
モスリン ——— 109
トロピカル ——— 110
ポーラ ——— 111
サージ ——— 112
ウール・ギャバジン ——— 113
フランネル ——— 114
サキソニー ——— 115
ツイード ——— 116
ファンシー・ツイード ——— 118
ホームスパン ——— 118
ヘリンボーン ——— 119
シャークスキン ——— 120
バーズ・アイ ——— 121
梨地織り ——— 122
ドスキン ——— 123
ベネシャン ——— 124
メルトン ——— 125
モッサ ——— 126
ビーバー ——— 127
フリース ——— 128
ブランケット ——— 130
シャギー ——— 131
カシミヤ ——— 132
パシュミナ ——— 133
モヘヤ ——— 134
アンゴラ ——— 135
アルパカ ——— 136
キャメル ——— 136

## 絹織物
シフォン ——— 138
羽二重 ——— 139
タフタ ——— 140
ファイユ ——— 141
富士絹 ——— 141
シャンタン ——— 142
タッサー ——— 143
ちりめん ——— 144
クレープ・デ・シン ——— 145
ジョーゼット ——— 146

サテン ——— 147
綸子 ——— 148
ベルベット ——— 149
二重織り ——— 150
ふくれ織り ——— 150
ジャカード・クロス ——— 151
ラメ・クロス ——— 151
ゴブラン ——— 152
ブロケード ——— 152

## ニット

ニットとは ——— 154

### よこ編み
平編み ——— 156
ゴム編み ——— 157
テレコ ——— 158
ガーター編み ——— 159
パール編み ——— 160
ラーベン編み ——— 161
鹿の子編み ——— 162
ポップコーン編み ——— 163
縄編み ——— 164
インターロック ——— 165
斜文編み ——— 166
ミラノ・リブ ——— 167
リップル編み ——— 167
ジャカード編み ——— 168
ブリスター ——— 169
裏毛編み ——— 169
梨地編み ——— 170
ジャージー ——— 171

### たて編み
ハーフ・トリコット ——— 172
ラッセル編み ——— 172
インレイ編み ——— 173
メッシュ ——— 174
パワー・ネット ——— 175
チュール ——— 175
方眼編み ——— 176

## その他の素材

### 皮革・毛皮
ファー ——— 178
フェイク・ファー ——— 180
レザー ——— 182
フェイク・レザー ——— 184

### レース
ニット・レース ——— 188
ラッセル・レース ——— 189
チュール・レース ——— 190
トーション・レース ——— 191
リバー・レース ——— 192
ケミカル・レース ——— 192
エンブロイダリー・レース ——— 193

### 不織布
フェルト ——— 194

### 接着布
ボンディング ——— 196

## 加工

### 機能加工
撥水加工 ——— 198
防水加工 ——— 199
撥油加工 ——— 200
防汚加工 ——— 201
吸水速乾加工 ——— 201
防縮加工 ——— 202
ゴム引き加工 ——— 203
ウオッシャブル加工 ——— 204
消臭抗菌加工 ——— 204
保温加工 ——— 205
UVカット加工 ——— 206
帯電防止加工 ——— 207
難燃加工 ——— 207

### おしゃれ加工
デニムの加工 ——— 208
シルキー加工 ——— 210
ラミネート ——— 212
コーティング ——— 213
箔 ——— 214
エナメル ——— 215
カレンダー加工 ——— 216
エンボス ——— 217
モアレ ——— 218
ちりめん・シボ ——— 219
塩縮 ——— 220
リップル ——— 221
縮絨 ——— 222
プリーツ ——— 223
オパール ——— 224
しわ ——— 225
ワッシャー ——— 226
フロック ——— 227
ニードル・パンチ ——— 228
ラメ ——— 229
タック ——— 230
キルティング ——— 230

## 柄

### 縞
ストライプ ——— 232
ピン・ストライプ ——— 234
ペンシル・ストライプ ——— 234
チョーク・ストライプ ——— 235
ブロック・ストライプ ——— 235
ダブル・ストライプ ——— 236
トリプル・ストライプ ——— 236
オルタネート・ストライプ ——— 237
キャンディー・ストライプ ——— 237
マルチ・ストライプ ——— 238
ファンシー・ストライプ ——— 238
レジメンタル・ストライプ ——— 239
ジャカード・ストライプ ——— 239
ボーダー ——— 240
マリン・ボーダー ——— 241
トリコロール・ボーダー ——— 241

### 格子
チェック ——— 242
タータン・チェック ——— 244
ランバージャック・チェック ——— 245
シェパード・チェック ——— 246
千鳥格子 ——— 246
グレン・チェック ——— 247
タッターソール・チェック ——— 248
ウインドーペーン ——— 249

バーバリー・チェック ── 249
ギンガム・チェック ── 250
マドラス・チェック ── 250
ブロック・チェック ── 251
ピン・チェック ── 251
ダイヤモンド・チェック ── 252
アーガイル・チェック ── 253
ガン・クラブ・チェック ── 253

## 具象柄

具象柄 ── 254
花柄 ── 256
トロピカル柄 ── 258
エスニック柄 ── 260
インド伝統柄 ── 261
チロル柄 ── 262
フルーツ柄 ── 263
キャラクター柄 ── 264
ヒョウ柄 ── 265
ダルメシアン柄 ── 265
ゼブラ柄 ── 266
ジラフ柄 ── 266
トラ柄 ── 267
チーター柄 ── 267
モノグラム柄 ── 268
エルメス柄 ── 269
ジャカード柄 ── 270

## 抽象柄

抽象柄 ── 271
幾何学模様 ── 272
水玉 ── 274
イタリアン柄 ── 276
迷彩柄 ── 277
ペイズリー柄 ── 278
グラフィック柄 ── 280
サイケデリック柄 ── 280

## 日本の伝統柄

吉祥柄 ── 282
菱文 ── 284
唐草文様 ── 285
江戸小紋 ── 286
友禅 ── 287
絣柄 ── 288
矢絣 ── 289
絞り柄 ── 289
鹿の子絞り ── 290
青海波 ── 290
市松文様 ── 291

渦巻文 ── 291
鱗文 ── 292
麻の葉 ── 292
動物柄 ── 293
亀甲文様 ── 293
小巾柄 ── 294
立涌縞 ── 295
滝縞 ── 295
間道柄 ── 296
よろけ縞 ── 296

### COLUMN

● 糸の太さの表し方 ── 27
● 天然繊維の太さと長さ ── 31
● 繊維が糸になるまで ── 43
● 日本の伝統技術、友禅と小紋 ── 61
● 織物の風合いと素材感 ── 137
● レースの種類 ── 186
● 柄の表現法 ── 281

### 巻末資料

■ 織物の方向の見分け方 ── 298
■ 織物の表・裏の見分け方 ── 298
■ ニットの編み機 ── 299
■ 繊維製品の取り扱いに関する表示記号 ── 300
■ 洗濯やアイロンの表示について ── 302

### 用語集 ── 305

### INDEX

五十音順 ── 318
織組織別 ── 330
編組織別 ── 332

VISUAL CONTENTS

繊維

綿 20　麻 24　羊毛 28　絹 32　レーヨン 36　キュプラ 38

モダール 40　リヨセル 41　アセテート 42　トリアセテート 42　ナイロン 44　ポリエステル 46

アクリル 48　ポリウレタン 49　ポリ塩化ビニル 50　ポリプロピレン 50

染色

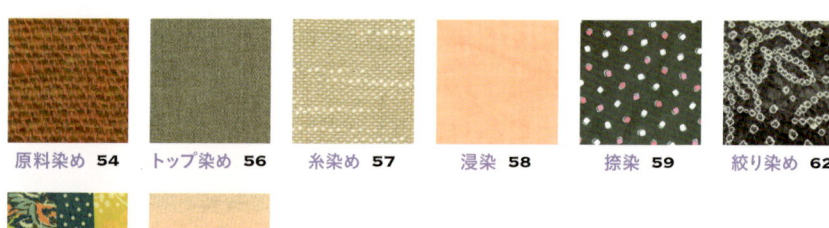

原料染め 54　トップ染め 56　糸染め 57　浸染 58　捺染 59　絞り染め 62

インクジェット・プリント 63　製品染め 64

## ニット

| | | | | | | |
|---|---|---|---|---|---|---|
| 平編み 156 |  ゴム編み 157 | テレコ 158 |  ガーター編み 159 |  パール編み 160 | 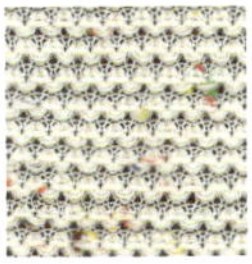 ラーベン編み 161 | |
|  鹿の子編み 162 |  ポップコーン編み 163 |  縄編み 164 | インターロック 165 | 斜文編み 166 |  ミラノ・リブ 167 | |
| リップル編み 167 | 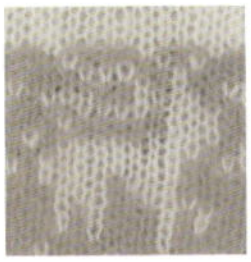 ジャカード編み 168 |  ブリスター 169 |  裏毛編み 169 | 梨地編み 170 | ジャージー 171 | |
| ハーフ・トリコット 172 | 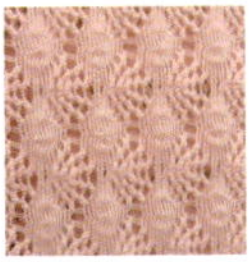 ラッセル編み 172 |  インレイ編み 173 |  メッシュ 174 | パワー・ネット 175 | チュール 175 | |
| 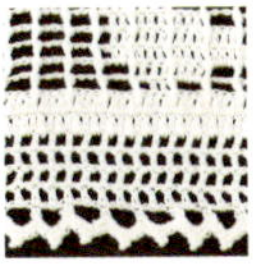 方眼編み 176 | | | | | | |

## その他の素材

ファー 178

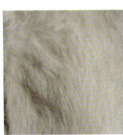
フェイク・ファー 180

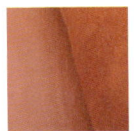
レザー 182

フェイク・レザー 184

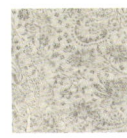
ニット・レース 188

ラッセル・レース 189

 チュール・レース 190
 トーション・レース 191
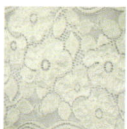 リバー・レース 192
 ケミカル・レース 192
 エンブロイダリー・レース 193
 フェルト 194

 ボンディング 196

## 加工

 撥水加工 198
 防水加工 199
 撥油加工 200
 防汚加工 201
 吸水速乾加工 201
 防縮加工 202

 ゴム引き加工 203
 ウオッシャブル加工 204
 消臭抗菌加工 204
 保温加工 205
 UVカット加工 206
 帯電防止加工 207

 難燃加工 207
 デニムの加工 208
 シルキー加工 210
 ラミネート 212
 コーティング 213
 箔 214

 エナメル 215
 カレンダー加工 216
 エンボス 217
 モアレ 218
 ちりめん・シボ 219
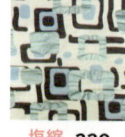 塩縮 220

 リップル 221
 縮絨 222
 プリーツ 223
 オパール 224
 しわ 225
 ワッシャー 226

   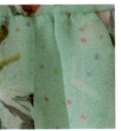 

フロック **227** ニードル・パンチ **228** ラメ **229** タック **230** キルティング **230**

## 柄

   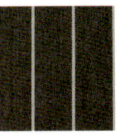  

ストライプ **232** ピン・ストライプ **234** ペンシル・ストライプ **234** チョーク・ストライプ **235** ブロック・ストライプ **235** ダブル・ストライプ **236**

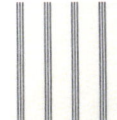     

トリプル・ストライプ **236** オルタネート・ストライプ **237** キャンディー・ストライプ **237** マルチ・ストライプ **238** ファンシー・ストライプ **238** レジメンタル・ストライプ **239**

ジャカード・ストライプ **239** ボーダー **240** マリン・ボーダー **241** トリコロール・ボーダー **241** チェック **242** タータン・チェック **244**

ランバージャック・チェック **245** シェパード・チェック **246** 千鳥格子 **246** グレン・チェック **247** タッターソール・チェック **248** ウィンドーペーン **249**

バーバリー・チェック **249** ギンガム・チェック **250** マドラス・チェック **250** ブロック・チェック **251** ピン・チェック **251** ダイヤモンド・チェック **252**

アーガイル・チェック **253** ガン・クラブ・チェック **253** 具象柄 **254** 花柄 **256** トロピカル柄 **258** エスニック柄 **260**

# 繊維
せんい
FIBER

人々の暮らしに密着し、欠かすことのできない衣類（アパレル）。これを構成する材料の基礎となり、最も大切な素材の1つが"繊維"である。私たちがアパレル素材として用いる繊維には、大きく分けて「天然繊維」と「化学繊維」がある。

# 繊維とは

## アパレル素材としての繊維の条件とは

繊維の定義は、「植物の葉や茎、動物の毛などから得られる、または人工的手段により作られる微細な線状の物質」。線の形状としては、直径（太さ）とその長さの比が1：1000以上と、細く長いものと定義される。

この定義でいうと、毛髪や蜘蛛の糸、稲やススキの穂なども繊維の1種といえる。また、健康被害が問題となっている石綿（アスベスト）も鉱物繊維である。だが、アパレル素材として繊維を考える場合は、この「細く長い」という定義に加え、布地にするための素材として必要な条件を満たしていることが大前提となる。実用的なアパレル素材の繊維としては、右上のような条件が必要になる。

### ● アパレル素材に適する繊維の条件

❶重量が軽い
❷しなやかで加工・着用がしやすい
❸無色または透明（染色しやすい）
❹糸にしやすい、紡ぎやすい
❺水に溶けたり分解しない（安定性）
❻耐久性がある
❼暑さ・寒さ・蒸れへ適応できる（快適性）

## 自然界から得られる「天然繊維」と人工的に作られる「化学繊維」

繊維は、「天然繊維」と「化学繊維」に大きく分けられる。天然繊維はさらに綿や麻などの「植物繊維」と、絹や毛などの「動物繊維」に分けられる。いずれも自然界に存在し、そのままの状態、あるいは取り出して繊維状にしたものだ。

一方、「化学繊維」は化学的な方法で繊維を作り出したもの。化学繊維の誕生は19世紀で、まだ歴史は浅い。化学繊維は使用する原料や製法でさらに「再生繊維」、「半合成繊維」、「合成繊維」、「無機繊維」に分けられる。「再生繊維」は植物の主成分であるセルロースを溶かして繊維に再生したもの。「半合成繊維」は天然にあるセルロースを化学的に反応させて作ったもの。「合成繊維」は石油などの原料から合成されたもの。「無機繊維」はガラス、炭素、金属などから作ったものである。

**様々なエコロジー繊維**
右ページの表にあるもの以外にも、様々な繊維が誕生している。写真左はパイナップルの繊維、写真右は和紙を用いた布地。これらは原料、製造過程におけるエネルギー消費量や$CO_2$排出量が低く、環境にやさしい素材といわれている。

● 繊維の分類

- 繊維
  - 天然繊維
    - 植物繊維
      - 綿
      - 麻
    - 動物繊維
      - 絹
      - 毛
        - 羊毛
        - 山羊毛
        - ラクダ毛
        - うさぎ毛
    - 鉱物繊維
  - 化学繊維
    - 再生繊維
      - レーヨン
      - ポリノジック
      - キュプラ
      - リヨセル
    - 半合成繊維
      - アセテート
      - トリアセテート
    - 合成繊維
      - ナイロン
      - ポリエステル
      - アクリル
      - ポリウレタン
      - ポリ塩化ビニル
      - ポリプロピレン
    - 無機繊維

※ここに挙げたものが繊維のすべてではない

天然繊維

綿
COTTON

## 天然繊維の中で最も広く使われているコットン

**概要** 綿はアオイ科植物の種子に密生している繊維。代表的な天然繊維、植物繊維である。

繊維の価格は比較的安価なため、実用的なものからファッショナブルなものまで幅広く用いられている。

**性質** 綿繊維は、肌触り、着心地、快適感に優れ、やわらかいことが特徴である。これは、綿繊維の形状が大きく影響している。綿繊維を顕微鏡で見ると、天然のよじれがあることがわかる。このよじれがあることで、肌に当たる接触面が少なくなり、さらりとした肌触りが得られる。

また、繊維の中は空洞（中空）になっていて、ここが汗や水などを吸収する。

吸湿性は8～12％と高く、吸水性もよい。汗を吸い、衛生的であるため、日常着や作業着の素材として最も適している。

綿には適度の弾力性があり、引っ張ったときの耐久性は全繊維の中でも強く、乾いているときよりも濡れているときのほうがさらに10％から20％強さが増す。これは、洗ったときの強度低下がないということにつながる。さらに、アルカリにも強く、石鹸や合成洗剤で洗濯ができる。洗濯すると縮むという欠点があるが、現在は防縮加工されているものが多い。

### 綿花（コットン・ボール）

綿毛は種子の表皮細胞が長く伸びたものである。

● 綿の種類

|  | 長繊維綿（3.5〜6cm） | 中繊維綿（2.5〜3cm） | 短繊維綿（2cm以下） |
|---|---|---|---|
| 種類・生産地 | ・海島綿（西インド諸島）<br>・エジプト綿（ナイル川流域）<br>・スーダン綿（ナイル川上流域）<br>・スーピマ綿（アメリカ）<br>・ペルー綿（ペルー海岸沿い）<br>・インド・ハイブリッド綿（インド）<br>・トルファン綿（中国） | ・アメリカ綿<br>・メキシコ綿<br>・ブラジル綿<br>・旧ソ連（ウズベク）中央アジア綿<br>・中国綿<br>・パキスタン綿<br>・オーストラリア綿 | ・アメリカ綿<br>・インド綿<br>・パキスタン綿 |
| 特徴 | ・高級品<br>・繊維が細く長く、光沢を持つ | ・中級品<br>・世界の綿花生産の90％以上 | ・低級品<br>・繊維は太く短いが、コシがある |
| 主な用途 | ・ローン、ボイルなどの薄手の布地<br>・ワンピース、シャツなど | ・50番手以下の綿糸<br>・衣類、タオル、シーツなど | ・太番手用の綿糸<br>・布団わた、脱脂綿など |

### 綿の顕微鏡写真

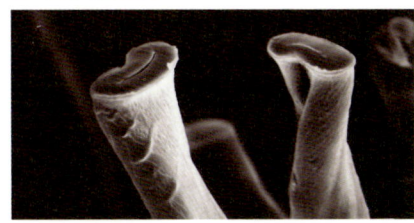

側面はリボン状でねじれがあり、断面はマカロニをつぶしたような形で、中に空洞がある。この空洞が空気や水分を取り込み、日光に当てるとふんわりしたり、汗や水を吸ったりという綿ならではの特性を生み出す。

綿にはしわになりやすいという欠点があるが、これは樹脂加工や形態安定加工を施すことで改善することができる。また、しわになりにくいポリエステルなどの繊維と混紡する方法もとられる。綿35％、ポリエステル65％が、綿の特性や風合いを活かし、しわを防ぐ一般的な混紡方法といわれている。

綿の主成分はセルロースという多糖類で、その他少しの不純物を含んでいるが、精練・漂白すれば吸収性や染色性もよくなる。

## 綿花から採取されるコットン。産地によって種類は様々

**栽培方法** 綿の多くは一年草で、熱帯から温帯の比較的高温で雨量の少ない地域での栽培に適している。

3月から5月にかけて種をまき、およそ8〜14日で発芽する。そして、花が咲き終わり、実が熟すと開裂して綿毛のある種子が現れる。これは綿花（コットン・ボール）と呼ばれ、これから採取した繊維が綿である。

綿花から種子や夾雑物を取り除いたものを原綿と呼ぶ。また、種子に残る短い繊維は「リンター」と呼ばれ、再生繊維や脱脂綿の原料となる。

**生産地と種類** 綿は中国、アメリカ、インド、エジプト、メキシコなど比較的高温で雨量の少ない地域で広く栽培されているが、産地、品種

● 高級綿

海島綿

「絹のような光沢、カシミヤのような肌触り」と形容される、最高級といわれる海島綿の綿花。「シーアイランド・コットン」とも呼ばれる。西インド諸島で生産されている。

スーピマ綿

右側の、ややクリーム色がかっている方がスーピマ綿。アメリカのアリゾナやメキシコなどで生産されている。左側は中級品とされるメキシコ綿。

により品質が異なる。繊維の長さによって「長繊維綿」、「中繊維綿」、「短繊維綿」に分類され、一般的に短繊維は低級、長繊維は高級とされる。また、白くて細く長い、撚りの多いものほど良質とされる。カリブ海の西インド諸島でとれる「海島綿（かいとうめん）」が最高級。次に「エジプト綿」、「ペルー綿」、「スーピマ綿」が有名である。

綿花の三大生産国は中国、インド、アメリカである。日本はほとんどをアメリカとオーストラリアからの輸入に頼っているのが現状である。

糸になるまで　綿は基本的には短繊維のため、紡績されて糸となる。綿糸はほかの紡績糸に比べてなめらかで、均整がとれており、毛羽の少ない糸となる。太さは10～60番手が多く、最高で300番手程度まで紡績することが可能である。

歴史　綿の原産地はインドで、紀元前3500年頃にはすでに栽培されていたといわれる。中国・唐の時代には観賞用植物として栽培されていたといわれ、その後日本には8世紀末、崑崙人（コンロンじん）が三河国（みかわのくに）（現在の愛知県）に漂着し、綿の種子をもたらしたが、栽培には成功しなかった。16世紀、室町時代の後期になってようやく栽培種が伝来し、日本全国で栽培されるようになったといわれている。

## エコロジー素材として注目されるオーガニック・コットン

概要　オーガニック・コットンとは、3年間化学肥料や農薬を使用していない農地で、化学肥料や農薬を一切使用せずに生産された有機栽培の綿のこと。エコロジー・ブームの後押しもあり、すでにその存在が一般に浸透している。

化学的試験などでオーガニックであるかどうかを判別することは不可能なため、認証機関が畑を調べ、認証を与える仕組みになっている。

● オーガニック・コットンのウエア

ベビー服やパジャマ

オーガニック・コットンは、ベビー服やパジャマなど、肌触りに特にこだわりたいアイテムに使用されることが多い。素材をオーガニックにすると同時に、縫糸が内側にこないようにするなど、縫製なども肌触りのよい方法がとられる。

H&M

スウェーデンのアパレル・メーカー「H&M」では、2004年頃からオーガニック・コットンを使用しており、現在では最も多くオーガニック・コットンを使用するメーカーの1つである。

オーガニック・コットンの意義　天然繊維の中でも最も広く使われる綿は、栽培方法によって環境に与える影響も大きい。綿の栽培に用いられる殺虫剤が世界全体の使用量の20％を占めたこともあり、除草剤などの農薬使用量も多い。このような環境への負荷を減らそうというのが、オーガニック・コットンの意義である。

製品化までの考え方　厳しい基準で栽培されたオーガニック・コットンを使用して製品化するまでには、2通りの考え方がある。

1つは、製造工程でもできるだけ化学薬品を使用しないというもの。オーガニック・コットンの含有率も高く、自然そのままの風合いを活かした製品である。オーガニック・コットンのよさを最もアピールできる方法である。

もう1つは、オーガニック・コットンを使用していれば、製造・加工方法は従来のままでもよいというもの。この場合、色や素材感などの表現が豊富となり、オーガニック・コットンの用途は広がるが、エコロジー感は損なわれる。つまり、オーガニック・コットンの栽培は、素材・品質の向上というよりも、地球環境への負荷を減らすエコロジカルな取り組みであるといえる。

様々な綿素材の布地
プリント生地やレースを含め、多くの織物に綿が使用されている。

DATA　素材／綿毛（植物繊維）
　　　　用途／衣類全般のほか、インテリア製品、雑貨など多種多様。

特徴　代表的な天然繊維、植物繊維。やわらかく、肌触りがよい。天然繊維の中で最も広く使用されている。

関連　ポリエステル ●P.46　様々な綿織物 ●P.68～
　　　防縮加工 ●P.202

繊維
天然繊維　●綿

天然繊維

# 麻
あさ
LINEN / RAMIE

## さらりとした質感が人気の天然の吸水速乾素材

**概要** 代表的な天然繊維、植物繊維。麻の繊維は数多くあるが、衣料用に使われる麻は亜麻と苧麻の2種のみである。

亜麻はアマ科の一年草で、苧麻はイラクサ科の多年草。どちらも茎の外皮のすぐ内側にある部分（靭皮）を取り出して繊維とする。

繊維の価格としては高め。

**別名** 亜麻は繊維を「フラックス」、糸や製品のことは「リネン」と呼ぶ。苧麻は「ラミー」、和名では「苧」とも呼ばれる。

**性質** 麻の主成分はセルロースで、繊維の中央に細い穴が空いた形状をしている。この中空部分が水分をよく吸収し、通気口のような働きをして乾きやすいという特性を持つ。いわば、天然の吸汗速乾素材で、暑い気候の地域で多く使用されている。さらりとした着心地で、触った感じもさわやかである（接触冷感がある）。

張り、コシがあり、風合いはかたい。綿の1.6倍ほどの引っ張り強さがあり、さらに、乾いているときより濡れているときの方が強度が増す。精練・漂白すると白度は高くなり、清潔感がある。

反対に、伸縮性や柔軟性には乏しいため、しわになりやすく、強く洗濯すると繊維が傷み、毛羽立ちやすいという欠点もある。

### 亜麻
あま

茎から繊維を採取する。

● 麻の種類

| 名称 | 分類 | 主な生産地 | 太さと長さ | 特徴 | 表示の仕方 |
|---|---|---|---|---|---|
| 亜麻（リネン） | アマ科（一年草） | ・中国<br>・フランス<br>・ロシア<br>・ベルギー<br>・ポーランド | 太さ：15〜25μm<br>長さ：2〜3cm | ・しなやかな風合いで、綿に近い<br>・黄味がかった色（亜麻色） | 麻 |
| 苧麻（ラミー） | イラクサ科（多年草） | ・中国<br>・東南アジア<br>・ブラジル | 太さ：20〜80μm<br>長さ：2〜25cm | ・強度に優れ、コシが強い<br>・シャリ感がある<br>・吸水速乾性に優れる<br>・色は白く、絹のような光沢がある | 麻 |
| 大麻（ヘンプ） | クワ科（一年草） | ・ロシア<br>・イタリア<br>・アメリカ<br>・ポーランド | 太さ：10〜50μm<br>長さ：0.5〜5cm | ・強度に優れる<br>・漂白すると繊維が弱くなり、弾性に欠ける | ・指定外繊維（大麻）<br>・指定外繊維（ヘンプ） |

※μm＝ミクロン。1000分の1mm。　※大麻は「麻」と表示できないが、比較するためここに入れた。

**栽培方法**　亜麻は春に種をまき、70〜90日後に抜き取って、靭皮を取り出す。多年草である苧麻は年に3〜6回収穫が可能。特に亜麻は毎年同じ土地では連作できないことから、高価な繊維とされる。

**生産地**　亜麻の主な生産国は中国で、次いでフランス、ロシア、ベルギー、ポーランドなど。特にベルギーとアイルランドの亜麻は最高級品とされている。

苧麻の主な生産地は中国、東南アジア、ブラジルなど。

亜麻も苧麻も、日本はほとんど海外からの輸入に頼っている。

**糸になるまで**　麻は短繊維のため、紡績されて糸となる。繊維の特性上、独特の紡績法で糸にされ、太さの均整な糸は作りにくい。毛羽は綿糸より多く、ハンカチや高級婦人服に用いられる細番手の糸は高価になる。

しわになりやすいという麻の欠点を補うため、ほかの繊維と混紡することも多い。

**その他の麻繊維**　衣料用として用いられる麻繊維は亜麻と苧麻が主だが、そのほかにも麻袋などに利用される麻繊維がある。

クワ科の一年草である大麻（ヘンプ）は、古くから日本で栽培され、江戸時代などは広く衣料用に使われていた。しかし繊維がかたく精練や紡績が困難で、ほかの繊維の発展に押されたこともあり、現在では衣料にはほとんど使われず、麻ひもやロープ、畳の縫い糸などに使われる程度である。

ほかにも、マニラ麻やサイザル麻、黄麻（ジュート）なども麻袋などの資材用繊維として使われる。

日本において衣料用繊維で「麻」と表示できるのは、家庭用品品質表示法により亜麻と苧麻のみ。そのため、大麻などほかの麻繊維を表示する場合は「指定外繊維（大麻）」などになる。

● さらりとした質感と素朴な雰囲気が人気の麻アイテム

シャツ

しわになりやすいという麻の特徴が独特のナチュラル感を生み、特に夏の衣類として人気が高い

トート・バッグ

麻の中でも特に大麻は強度があるので、バッグの素材としても好まれる。

ストール

麻のさらりとした肌触りと通気性のよさは、夏のおしゃれ小物に適している。

繊維　天然繊維　●麻

## 最も古くから使用され、今また見直されている麻繊維

**歴史**　麻は人類が最も古くから使用した繊維であるといわれる。エジプトのミイラを包んだ布は亜麻織物といわれ、日本でも古くから苧麻や大麻を繊維として使用していた。もともと日本で麻と呼ばれたのは大麻のことだった。

日本に亜麻が入ってきたのは明治7年で、ロシアから輸入して北海道で栽培したのが最初といわれる。

**近年の人気**　18世紀頃には織物用繊維の中で最も多く使用されていた麻だが、綿紡績機械の発明により、その後は綿にその地位を取って代わられた。

しかし最近では、麻の持つ独特のシャリ感が特にナチュラル志向の女性たちに好まれ、人気を取り戻している。

また、大麻は農薬や化学肥料を使わずに栽培できる植物で、成長が早く、多くの二酸化炭素を吸収し酸素を生み出すなどの長所があり、エコロジー素材として再注目を集めている。

**用途**　服地全般のほか、バッグ、帽子、ハンカチ、テーブル・クロス、芯地、レース糸、帆布など、その用途は幅広い。

国産の苧麻で作られる「越後上布（えちごじょうふ）」、「薩摩上布（さつまじょうふ）」などの織物は高級品として知られる。越後上布は積雪の上にさらした後、水中に入れて足で踏む、薩摩上布は泥藍（どろあい）や生松葉を使って染色・精練をするなど、手間をかけて作られる高級品である。

**DATA**
素材／麻の靭皮（植物繊維）
用途／衣類全般のほか、シャツ、バッグ、帽子、インテリア用品など多種多様。

**特徴**　代表的な天然繊維、植物繊維。張り、コシがあり、水分をよく吸収して乾くのが速い。

**関連**　様々な麻織物 ●P.107～

# 糸の太さの表し方
## THICKNESS OF YARN

糸の太さは、織物の風合いなどに関わってくる、重要な要素である。しかし一般に糸の断面は不均一で、直径を測ることは難しいため、糸の重さや長さで間接的に表す。

糸の太さは「デニール（denier）」、または「番手」で表示することが多い。これらの単位をストッキングやデニムなどの説明で耳にしたことがある人も多いだろう。

デニールはフィラメント糸（連続長繊維）で使う単位で、9000m当たりの重さ。9000mで1gなら1デニール、50gなら50デニール。デニール数が多いほど糸は太い。

番手は短繊維を紡績して作った糸に使う単位。一定の重さあたりの長さで表し、数が小さいほど太い糸になる。下の表のように、綿、麻、毛と素材ごとに基準となる重さや長さは異なり、同じ数値の番手でも素材によって太さが違うことになる。

最近は国際標準化機構（ISO）規格に準じて、tex（テックス）およびdtex（デシテックス）が採用される場合も多い。これはすべての糸に使うことができる単位である。1texは1000mで1g、1dtexは10000mで1gを指し、数が多いほど糸は太くなる。

● 糸の太さの単位と基準

| | 方式 | 標準重量 | 単位長 | 主な適応糸 |
|---|---|---|---|---|
| 恒重式 | 綿番手 | 453.6g（1ポンド） | 768.1m（840ヤード） | 綿糸、綿と化学繊維の混紡糸、絹紡糸 |
| | 麻番手 | 453.6g（1ポンド） | 247.3m（300ヤード） | 麻糸 |
| | 毛番手 | 1kg | 1km | 毛糸 |

| | 方式 | 標準長 | 単位重量 | 主な適応糸 |
|---|---|---|---|---|
| 恒長式 | デニール(denier) | 9000m | 1kg | 絹糸、化学繊維のフィラメント糸 |
| | テックス(tex) | 1000m | 1g | すべての糸 |

※「恒重式」とは、一定の重さに対する長さを用いて表す方法。「恒長式」とは、一定の長さに対する重さを用いて表す方法。

天然繊維

# 羊毛
### WOOL

## 保温性・吸湿性・弾力性に優れた動物繊維

**概要** 羊の体毛のこと。代表的な天然繊維、動物繊維。

品質表示は「毛」、「羊毛」、「ウール」など。ただし、うさぎ（アンゴラ）や山羊（カシミヤ、モヘヤ）、ラクダ（キャメル、アルパカ）なども「毛」と表示される。

**性質** 繊維の主成分はケラチンというタンパク質。側面はうろこ状のスケールで覆われている。羊毛は吸湿性や撥水性に優れているが、一見相反するこの2つの特徴は、このスケールが生み出している。スケールの表面では水滴を弾き、水滴より小さい水蒸気の状態になると微細な隙間から吸ってしまうのである。水を弾くということは、汚れにくさにつながる。

吸湿性は繊維中最大で、13〜16％ある。その反面、湿度によって繊維が伸縮するため、寸法安定性は劣る。

また、保温性が最も優れている繊維でもある。これは繊維がよじれながら波打っている（クリンプがある）ためで、嵩高で空気を多く含むためである。

弾力性にも優れ、しわになりにくい。しかし、いったん濡れてしまうとしわになりやすくなる。ほかに、強度が低い、虫に弱いなどの欠点もある。

**羊毛の顕微鏡写真**
人の毛髪のキューティクルのように見えるのが「スケール」。スケールの表面で水滴を弾き、水蒸気は微細な隙間から吸い込む。

● いろいろな羊の品種

**メリノ**

ウール素材の代表格。特にオーストラリア・メリノは世界的に有名。

**ブラックフェース**

イギリス山岳地に住む、黒い顔の羊種。毛足が長く太めで、かたい。

**コリデール**

メリノの改良種。やわらかく光沢のある、良質の羊毛。

**クープウォース**

ニュージーランドで飼育される羊の約20％を占める品種。

**ペレンデール**

荒れた丘陵地で飼育することが可能。毛質は弾力性に富む。

**サフォーク**

イギリスに多い品種。ツイード、フラノ、フェルトなどに使われる。

また、縮絨性があるのも大きな特徴である。縮絨とは、アルカリ性溶液に浸けて圧力や摩擦を加えると、繊維同士がからんで組織が密になり、フェルト状になることである。布地の「フェルト」はこうして作られる。縮絨性があるため家庭での洗濯は注意が必要になる。

**生産地** 主要生産国はオーストラリア、アルゼンチン、中国、ニュージーランド、ロシアなど。日本はすべてを輸入に頼っている。

**種類** 品種改良で多くの羊が生み出され、その数は3000種にものぼる。繊維の長さや太さは種類によって異なる。

なかでもスペインが原産のメリノ種（メリノ・ウール）は良質な羊毛で、生産量が大きく、アパレルでも最も多く利用されている。毛質はソフトでしなやか、太さが均一で白度や光沢に優れる。弾力性もあり、紡績しやすい。

メリノ・ウールの中でもオーストラリア・メリノは、あらゆる羊毛の中で最も白く、細く、良質なウールといわれる。ほかに、タスマニア・ウール、カムデン・ウールも、高品質なメリノ・ウールとして知られている。

**糸になるまで** 羊毛は年1回、春頃に刈り取られる。刈り取ったばかりの原毛はつながったままで、1枚の毛皮のような状態である。この状態を「フリース」という。羊1頭から、スーツ約1着分に相当する3～4.5kgの毛がとれるといわれている。

原毛には汚れや脂肪分が含まれているため、洗ってそれらを取り除いた後、紡績して糸にする。比較的長い毛は太さが均一な梳毛糸に、短い毛は毛羽の多い紡毛糸になる。

**染色** 羊毛の染色は、紡績する前の状態で行われる。「原毛染め」や「トップ染め」と呼ばれる先染め法で、染料で染め、しっかりと色付くため、染色堅牢度が高い。

繊維　天然繊維　●羊毛

● ウール製品の例

**メリノ・ウールのスリッパ**

**（断面）**

毛足の長いメリノ・ウールを使用したスリッパ。メリノ・ウールの高い保温性・弾力性により、温かく、ふわふわの履き心地。

**ウールの毛糸**

毛でできた糸はすべて毛糸だが、一般に手編みニットに使うものを毛糸という。

## 7000年以上の歴史がある人間と羊の関わり

**歴史** 人間と羊との関わりは古く、紀元前5000年以上の昔に中央アジアで始まったといわれる。古代ローマ人の男たちは放牧を、女たちは毛織物に従事したともいわれている。

もともとヨーロッパの気候は羊の飼育に適していたため、綿よりも早く羊毛繊維が普及した。16世紀にはイギリスの主要輸出品に毛織物が登場している。

日本に毛織物がもたらされたのは奈良時代初めといわれ、正倉院の宝物の中にも緋毛氈（フェルトの絨毯）などが見られる。その後もしばらくは毛織物は輸入だけに頼っていたが、明治末期からは日本でも毛織物工業が盛んになった。

**ウールマーク** ウールマークとは、良質なウールであることを証明する国際基準マーク。第二次世界大戦後の化学繊維の急速な普及によるウールの人気低迷打開と消費拡大のため、国際羊毛事務局が中心となって1964年に誕生した。現在、約140か国で使用されている。

ウールマークを取得するには、羊から新しく刈り取った新毛が99.7％以上であることなど、いくつかの基準をクリアする必要がある。

**ウールマーク**
イタリアのグラフィック・デザイナー、フランチェスコ・サロリア氏が毛糸玉をイメージして作ったマーク。

**DATA** 素材／羊の体毛（動物繊維）
用途／衣類全般のほか、マフラー、手袋、インテリア用品など多種多様。

**特徴** 代表的な天然繊維、動物繊維。保温性、吸湿性、弾力性に優れている。

**関連** トップ染め ● P.56　様々な毛織物 ● P.109〜
フェルト ● P.194　縮絨（加工）● P.222

繊維　天然繊維　● 羊毛

# 天然繊維の太さと長さ
## THICKNESS AND LENGTH OF NATURAL FIBER

天然繊維はそれぞれ固有の太さを持つ。一番太い天然繊維は、苧麻（ラミー）で、太いものは80μm程度ある。その次が毛で、太いもので40μm程度。そして亜麻、綿、絹と続く。一番細い絹は、10μm程度である。

繊維が細ければ細いほど、緻密で薄手の織物ができる。逆に太ければ、通気性のある織物が作りやすい。

また、繊維の長さも、糸の性能や布地の特性、風合いに大きく関係する。繊維は短いものと、もともと長いものに分けられ、短い繊維を短繊維（ステープル・ファイバー）、長いものを連続長繊維（フィラメント）と呼ぶ。

綿、麻、毛は短繊維で、繊維を紡績して糸にする。紡績糸を用いた布地は、マットな質感で、ふっくらとして毛羽立ったものとなる。

一方、連続長繊維であるフィラメント糸を用いた布地は、光沢があり、なめらかな質感を持つ。天然繊維の中で連続長繊維は絹だけである。

● 天然繊維の太さと長さ

|   | 太さ | 長さ |
|---|---|---|
| 綿 | 15～25μm | 2～6㎝ |
| 麻 | 亜麻/15～25μm<br>苧麻/20～80μm | 亜麻/2～3㎝<br>苧麻/2～25㎝ |
| 毛 | 15～40μm | 5～30㎝ |
| 絹 | 10～20μm | 1～1.5km |

※μm＝ミクロン。1000分の1㎜。

天然繊維

# 絹
きぬ
SILK

繊維 / 天然繊維 ●絹

## なめらかな質感と光沢が美しい 高級な動物繊維

**概要** 絹はカイコガの幼虫である蚕からとれる繊維である。カイコガはサナギになるときに口から糸を出して繭を作る。この糸が絹となる。代表的な天然繊維、動物繊維である。

古くから高級繊維として扱われており、ほかの繊維と比べると非常に高価。

**絹がとれる蚕**
1つの蚕から、1500mもの絹糸がとれる。絹は天然繊維の中で唯一の連続長繊維である。

**性質** 絹の大きな特徴として、光沢としなやかさ、手触りのよさがあるが、これは絹の主成分であるフィブロインというタンパク質が生み出している。

繭をほぐして取り出しただけの糸（生糸）はフィブロインとセリシンというタンパク質からなる。糸の断面を見ると、2本のフィブロインをセリシンが囲んでいる構造になっている。セリシンはややかたいにかわ状の物質で、絹ならではの光沢やしなやかさは、フィブロインが持つ性質である。

セリシンをアルカリ液で取り除くと（精練）、フィブロインだけの状態になる（練糸）。すると、フィブロインの丸みのある三角形が乱反射を起こし、絹ならではの光沢を生み出す。また、フィブロインは細く側面がなめらかなため、しなやかさや手触りのよさを生み出す。

絹織物が擦れ合うとキュッキュッという音がするが（絹鳴り）、これもフィブロインの三角形

● 生糸の断面図

イメージ図

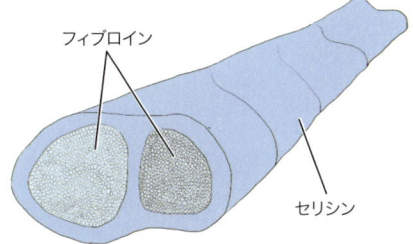

生糸の顕微鏡写真

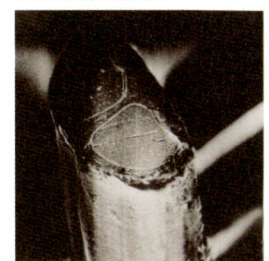

丸みを帯びた三角形をしたフィブロイン2本が、セリシンで包まれ1本となっている。セリシンはアルカリで除去する（精練）。

　の形状が生み出す音である。

　吸湿性は11％と高く、吸水性にも富む。ドレープ性も高く、ドレスやスカーフなどに多用される。地薄でも保温性が高く、下着にも適している。あらゆる繊維の中で最も染色性に優れた繊維の1つである。

　ただし、しわになりやすい、紫外線に当たると黄変し強度が低下する、虫に弱い、摩擦に弱く毛羽立ちやすいなどの欠点もある。石鹸や合成洗剤による洗濯は不向きである。

**精練の種類**　アルカリでセリシンを取り除くことを精練といい、精練することによって絹ならではの特徴を生み出す。精練を糸の段階で行ってから織物にすることを「先練り」、織物にしてから行うことを「後練り」という。

　また、使用目的によってかたさを少し残したい場合は、「三分練り」、「半練り」など、セリシンの落とし方を加減する場合もある。

**生産地**　代表的な生産国は中国、インド、ロシアなど。中国が全生産量の60％以上を占めている。日本は全体の1％ほど。国産の絹は最高級の絹といわれているが、中国産の絹の2倍以上の価格である。

**絹の着物**
鮮やかな色彩と文様のお祝い着。高級な絹の着物は、冠婚葬祭に欠かせないものだった。

繊維　天然繊維　●絹

● 製糸の工程

① 乾かす

繭に高温の熱風を当てて、乾燥させる。くず繭（割れたもの）などは除外し、真わたなどに利用する。

② 煮る

80〜85℃の熱湯で生糸についているセリシンを溶かし、繊維をほぐしていく。

③ 繰る

いくつかの繭の糸端を何本か集め、1本にして同時に繰り出す。

## 中国だけの極秘技術だった絹の製糸方法

**糸になるまで** 蚕は桑の葉を食べて育つ。卵から孵化して4週間くらいで口から糸を出し始め、約2日かけて繭を作る。そのまま放置しておくと成虫のガになってしまうので、サナギ

の状態で熱乾燥や冷凍処理をする。

約80℃の湯に繭を入れ、10分ほど煮ると、セリシンが解けて繊維がほぐれる。その後、糸端を探し出し、作りたい糸の太さに応じて何本かを集め、1本にする。この工程を製糸という。1つの繭からは1〜1.5kmの糸が引ける。

ほとんどがフィラメント糸として使用されるが、製糸の際に出る屑を原料として紡績したものは絹紡糸（けんぼうし）と呼ばれる。

**歴史** 絹生産の歴史は、紀元前2000年頃の中国で始まったといわれる。当時の中国の黄帝（こうてい）の妃・西陵（せいりょう）が、繭玉を持て遊んでいたところ、湯に落として繭から繊維を取り出す方法を偶然発見したとされている。

中国では長い間、養蚕や製糸の技術を秘密にし、織物だけを輸出していた。絹の織物はシルクロードを通って各国に運ばれ、絹の希少価値が高まっていった。

その後、蚕の卵を持ち出した修道僧により、

### 明治時代の日本の製糸工場

諏訪式座繰機で作業する様子。熱湯の中から繭を取り出し、糸を繰り出していく。

④ 整える

繰り出した糸を巻き直した後、糸を整え生糸束にする。

**繭の拡大写真**
国産の繭1個は約1g。繊維の太さは20μmと、ほかの繊維に比べて極細である。

フランスやイタリアでも養蚕が始まったといわれる。

日本にはそれより早く、3世紀頃に養蚕の技術が伝わった。日本の気候が蚕の飼育や餌となる桑の栽培に適していたことから、絹織物の生産が定着。京都の西陣織など、伝統織物も発展した。明治時代以後は産業的にも一層の発展を遂げ、日本は世界第1位の生糸供給国となり、輸出量も最大となった。

しかし、第二次大戦前には化学繊維の普及や和装離れ、生産性の低さ、価格の高さなどにより、生産量は激減した。

**野蚕絹** 一般に絹といえば、養蚕者が家内で蚕を飼って作る「家蚕絹(かさんぎぬ)」を指すが、野生の蚕からとれる「野蚕絹(やさんぎぬ)」もある。野蚕絹の繊維は家蚕絹と比べて太く短めで、素朴な風合いが特徴。精練せずにもとの色を活かして使うことが多い。

家蚕絹は、中国やインドでとれる薄いベージュの「柞蚕絹(さくさんぎぬ)」と、日本でとれる緑色の「天蚕絹(てんさんぎぬ)」がある。天蚕絹は生産量が少なく非常に高価で、繊維のダイアモンドとも呼ばれる。

**天蚕絹(てんさんぎぬ)の織物**
長野県安曇野市穂高で昔から生産されている「穂高天蚕」で織った紬。箱の上の方に入っているのがヤママユガの蚕。

**DATA** 素材/蚕の繭からとった繊維(動物繊維)
用途/衣類全般のほか、スカーフ、ストッキング、インテリア用品など多種多様。

**特徴** 代表的な天然繊維、動物繊維。上品な光沢としなやかさがある。吸湿性、保温性、染色性にも優れている。

**関連** 様々な絹織物 ○P.138〜　シルキー加工 ○P.210

繊維　天然繊維　●絹

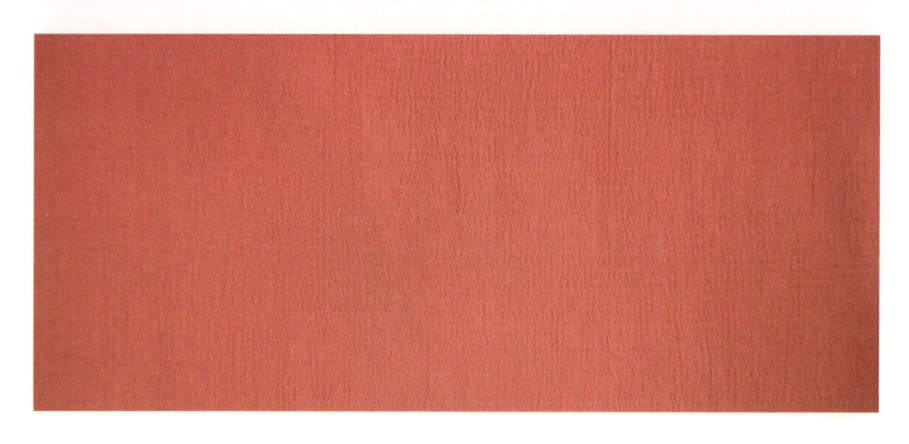

化学繊維

# レーヨン
### RAYON

## 絹のような光沢を持つ世界初の化学繊維

**概要** 木材パルプを原料として人工的に作った化学繊維。自然に存在する植物原料を化学的な手法で繊維として再生することから、再生繊維と呼ばれる。

世界初の化学繊維として誕生したが、現在アパレルではわずかしか使用されていない。

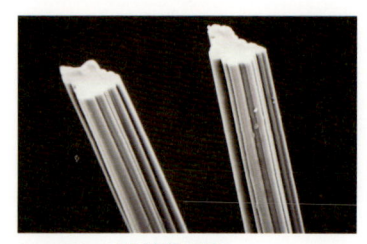

**レーヨンの顕微鏡写真**
側面にはいくつもひだがあり、断面は不規則な形をしている。

**名前の由来** レーヨン（rayon）は「光る糸」という意味。ビスコース法という製法で作られることから「ビスコース」と呼ばれることもある。

また、長繊維のレーヨンは「人造絹糸（じんぞうけんし）」や「人絹（じんけん）」、「レーヨン・フィラメント」、短繊維のレーヨンは「レーヨン・ステープル」や「スフ」（ステープル・ファイバーの略）と呼ばれることもある。割合としては短繊維の方が多い。

**性質** レーヨンの主成分は綿や麻と同じセルロースであるため、基本的には綿や麻と性質が似ている。吸湿性は11%と高く、汗をよく吸い、染色性もよい。

ただし、引っ張りには弱く、しわになりやすいのが欠点。濡れるとさらに強度が低下するため、洗濯には注意が必要である。

長繊維のレーヨンは絹のような光沢とドレープ性を持つ。最も光沢のあるものをブライト（bright）、光沢を抑えたものをダル（dull）、その中間をセミダル（semi dull）という。

● 様々なレーヨン織物

**カラフルな柄物**

染色しやすいレーヨンは、様々な柄を表現することができる。写真はレーヨン・スフで、太番手の糸を使った平織り。

**レーヨン・シフォン**

本来は絹で作られるシフォンだが、レーヨンなどの化学繊維でできた比較的安価なものも多くある。

**レーヨン・ジョーゼット**

やはり本来は絹で作られるジョーゼット。絹には見られない鮮やかな発色もレーヨンには数多くある。

## 夢の素材として誕生した
## ビスコース・レーヨン

**製造方法** 木材パルプの主成分であるセルロースを化学薬品で溶解し、ビスコース液を作る。これを細いノズルから凝固液の中に押し出し、繊維にする。凝固液中で繊維化するこの方法を湿式紡糸法という。側面に多くのひだがある繊維ができる。

**歴史** 高級繊維である絹を人工的に作り出そうと、近世になるとヨーロッパでは様々な研究が行われた。1884年、フランスのシャルドンネが人工絹糸の発明に成功。その後、1892年にイギリス人のクロスとビバンがビスコース法を発明し、世界各地で製造されるようになった。

**ポリノジック** レーヨンと同じ再生繊維で、レーヨンの強度の低さ、しわになりやすさなどの弱点を高分子レベルで改良したものが「ポリノジック」である。繊維の側面にひだがないところがレーヨンとの違いである。

**ポリノジック**

レーヨンと同じ再生繊維である、ポリノジック。レーヨンと原料や製法は同じだが、強度が高くしわになりにくい。繊維の表面はなめらかで断面は円形。

**DATA** 素材／木材パルプを原料とした再生繊維
用途／衣類全般のほか、インテリア用品など。

**特徴** 化学繊維、再生繊維。絹のような光沢とドレープ性を持つ。しわになりやすい、強度が低いという欠点も。

**関連** 絹 ● P.32

繊維　化学繊維　●レーヨン

化学繊維

# キュプラ
## CUPRA

## レーヨンよりさらに絹に近い風合いの再生繊維

**概要** コットン・リンター(綿花の種子に生えている短い繊維。綿になる繊維を取った後に残るもの)を原料として、人工的に作った化学繊維、再生繊維。

優れた性質を持つが、世界でも数社しか製造しておらず、アパレル使用量は少ない。

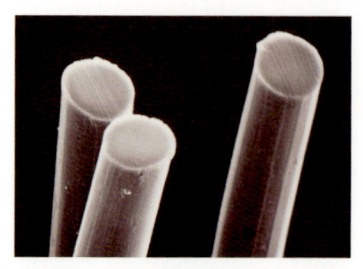

**キュプラの顕微鏡写真**
断面は円形で側面はなめらか。肌触りのよさを生み出している。

**名前の由来** 「cupurammonium rayon (銅アンモニア・レーヨン)」を略したもの。銅アンモニア溶液を使って製造することから。

「ベンベルグ」という呼び名でも知られるが、これはドイツのベンベルグ社の商標である。日本では旭化成がこの名称を使って生産している。

**性質** レーヨンより細くしなやかだが、強度や吸水性、染色性はレーヨンより優れている。絹に似た上品な光沢を持ち、しわにもなりにくく、肌触りもよい。吸湿性が高い、紫外線による変色が少ないなど多くの長所がある。水洗いすると多少収縮するのが欠点である。

**製造方法** コットン・リンターを銅アンモニア溶液に溶かし、粘液を作る。それを細口のノズルから水中に押し出すと、水の中で細く伸びながら、ゆるやかに凝固して繊維になる。レーヨンと同じく湿式紡糸法である。断面が円形の繊維ができる。

● キュプラの製品

**フレアー・スカート**

表地も裏地も100％キュプラのスカート。豊かな光沢としなやかな感触が魅力。

**ランジェリー**

吸湿性が高く、しなやかな感触のキュプラは、下着にも多く使われる。

**ポケット・チーフ**

絹のような落ち着いた光沢やしなやかさがあるため、ポケット・チーフとしても活躍。

## エコ素材としても注目を集めるしなやかなキュプラ

**歴史** 1890年に銅アンモニア法人造繊維として発明され、1919年にドイツのベンベルグ社によって工業化、商品化された。

日本では1928年に旭化成が技術を導入し、1931年に生産を開始。現在では世界全体の大きなシェアを持っている。

**エコ素材** ベンベルグは土に埋めると分解されて土に還ることや、製造過程でも省エネに取り組んでいることなどから、エコロジー素材として注目されている。

**用途** しなやかな風合いや、しわになりにくいという性質から、下着、肌着、裏地として用いられることが多い。静電気が起こりにくいため、キュプラの裏地を付けることによって、スカートのまとわりつきを抑えられるなどの効果もある。

絹のような光沢を持つことから、高級婦人服や和装にも使用される。

### 高級裏地の定番素材

吸湿性が高く、静電気も起きにくいキュプラは、高級スーツやオーダーメード・スーツの裏地の定番素材として使われる。

**DATA** 素材／コットン・リンターを原料とした再生繊維
用途／下着、裏地、高級婦人服、和装など。

**特徴** 化学繊維、再生繊維。絹のような上品な光沢が特徴。しわになりにくい、吸湿性が高いなど、レーヨンより優れた性質を持つ。

**関連** 絹 ○P.32　レーヨン ○P.36

繊維　化学繊維　●キュプラ

化学繊維

# モダール
MODAL

## 洗濯に強い
## レーヨンの改質版

**概要** レーヨンの一種。オーストリアのレンチング・ファイバーズ社が生産している改質レーヨンで、商標名である。品質表示は「レーヨン」。木材パルプを原料として、人工的に作った化学繊維、再生繊維。

**性質** 一般的なレーヨンよりも、濡れたときの強度低下が少なく、洗濯しても縮みや型崩れ、毛羽立ち、色落ちなどが生じにくいのが大きな特徴。そのため、水に濡れても外力に対して強いという意味の「ハイ・ウエットモジュラス（high wet-modulus）」とも呼ばれる。吸水性や吸湿性にも優れている。

風合いはレーヨンと同じく絹に似ており、やわらかく繊細。軽くてドレープ性もある。

**エコ素材** レンチング社は、持続可能な方法で育てられている森林のブナ木材を原料に100％使用。製造過程でも、二酸化炭素排出量の管理や原材料の回収など、環境にやさしい方法を志向している。

**用途** 吸湿性や肌触りのよさから、ランジェリーやホーム・ウエアに多く用いられる。

**モダールの
カット・ソー**
なめらかな質感が着心地がよく、ほどよいツヤ感がある。

**DATA** **素材**／ブナの木材パルプを原料とした再生繊維
**用途**／ランジェリー、ホーム・ウエア、カット・ソー、インテリア用品など。

**特徴** 化学繊維、再生繊維。レーヨンの一種で、商標名。水に濡れたときの強度が高いのが特徴。品質表示はレーヨン。

**関連** 絹 ● P.32　レーヨン ● P.36

化学繊維

# リヨセル
## LYOCELL

## 精製セルロースを原料にした
## エコな再生繊維

**概要** ユーカリの木材パルプを原料として、人工的に作った化学繊維、再生繊維。

ほかの再生繊維（レーヨン、キュプラなど）は、原料の木材パルプに化学変化を起こしてセルロースを溶解した後に再生して繊維にするのに対し、リヨセルはセルロースを特殊な溶剤に溶かして繊維にする点が異なる。

リヨセルの名は欧州での品質表示名で、オーストリアのレンチング・ファイバー社の商標名「テンセル」でも知られる。日本での品質表示は「指定外繊維」。

**性質** レーヨンよりはるかに強く、ポリエステル並みの強度がある。濡れたときでも強度はほぼ変わらず、洗濯による縮みが少なく、織物の場合、家庭での洗濯で収縮は3%以内である。やわらかい肌触りで光沢やドレープ性もあり、発色性や吸湿性、放湿性も高い。

**製造方法** 木質パルプを溶かし、フィルターでろ過。不純物を取り除いた溶液を細いノズルから押し出し、紡糸する。

この方法は水しか使わず溶剤を気化、回収させるので乾式紡糸法（かんしきぼうしほう）という。

**エコ素材** 持続可能を実践する森林の木材を原料としている。また、用いた溶剤のほぼ100%が回収・再使用され、工場の外に排出されることはない（クローズド型生産）など、環境負荷の少ない素材として注目されている。

繊維 化学繊維 ●リヨセル

**DATA** 素材／ユーカリの木材パルプを原料とした再生繊維
用途／衣類全般のほか、下着、肌着、インテリア製品など。

**特徴** 化学繊維、再生繊維。レーヨンより強度が高く、洗濯にも強い。品質表示は指定外繊維。
**関連** レーヨン ● P.36　ポリエステル ● P.46

## 化学繊維
### アセテート
ACETATE

**植物繊維と合成繊維の中間の性質を持つ半合成繊維**

**概要** 木材パルプやコットン・リンター、酢酸を原料として、人工的に作った化学繊維、半合成繊維。木材パルプのセルロースと酢酸を化学的に反応、合成させて繊維を作る。再生繊維と合成繊維の中間的な位置付けから半合成繊維に分類される。

**性質** 植物繊維と合成繊維の性質を併せ持つ。絹のような光沢、やわらかい風合いがある反面、しわになりやすく、特に濡れたときの強度低下が大きいため、衣料用にはあまり使用されない。

**DATA**
**素材**／木材パルプやコットン・リンター、酢酸を原料とした半合成繊維
**用途**／ドレス、裏地のほか、カーテン、傘地など。
**特徴** 化学繊維、半合成繊維。絹のような光沢と手触りを持つ。張り、コシ、強度には欠ける。
**関連** 絹 ▶P.32

## 化学繊維
### トリアセテート
TRIACETATE

**アセテートより合成繊維に近い性質の素材**

**概要** 木材パルプやコットン・リンター、酢酸を原料として、人工的に作った化学繊維、半合成繊維。原料や製法はほぼアセテートと同じで、アセテートより酢酸の割合が多いものを指す。アセテートより生産量は少ない。

**性質** アセテートより合成繊維に近い性質を持つ。アセテートに比べて耐熱性に優れており、弾力性があり、しわになりにくい。適度なコシもあり、さらりとした風合いのため、夏の衣類に多く用いられる。吸湿性や染色性はアセテートより劣る。

**DATA**
**素材**／木材パルプやコットン・リンター、酢酸を原料とした半合成繊維
**用途**／夏物のワンピース、ブラウスなど。黒の発色がよいことから喪服にも。
**特徴** 化学繊維、半合成繊維。アセテートより酢酸の割合が多く、合成繊維に近い性質。さらりとした風合いで、夏物の衣類に多く使われる。

# 繊維が糸になるまで
## YARN FROM FIBER

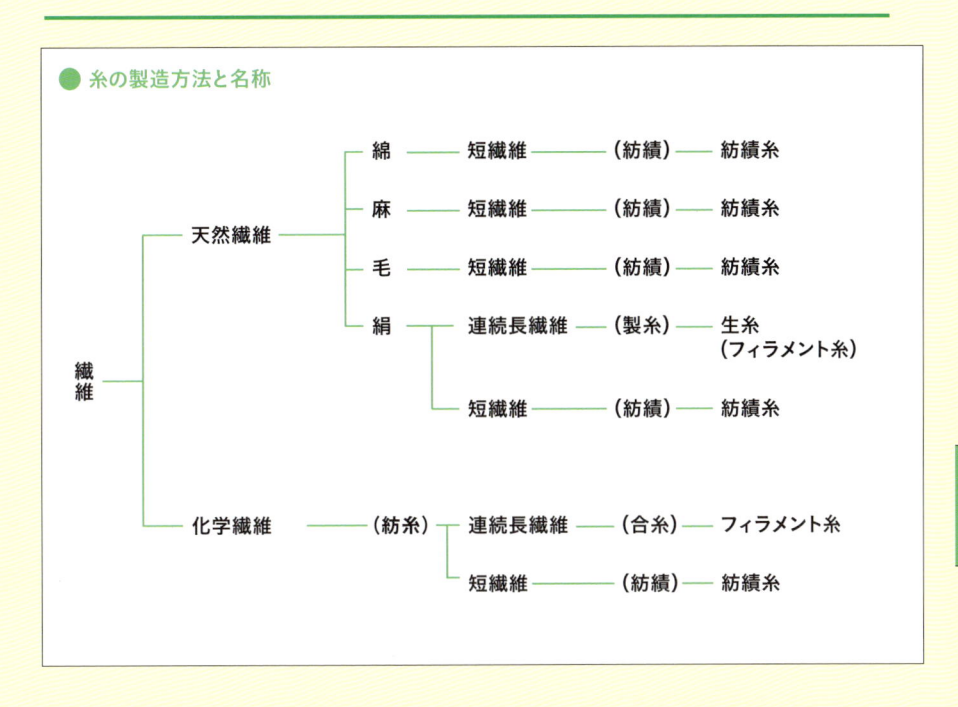

● 糸の製造方法と名称

```
                    ┌─ 綿 ─── 短繊維 ──── (紡績) ─── 紡績糸
                    │
                    ├─ 麻 ─── 短繊維 ──── (紡績) ─── 紡績糸
         ┌─ 天然繊維 ─┤
         │          ├─ 毛 ─── 短繊維 ──── (紡績) ─── 紡績糸
         │          │
         │          └─ 絹 ─┬─ 連続長繊維 ─ (製糸) ─── 生糸
  繊維 ──┤                │                        (フィラメント糸)
         │                 └─ 短繊維 ──── (紡績) ─── 紡績糸
         │
         └─ 化学繊維 ─── (紡糸) ─┬─ 連続長繊維 ─ (合糸) ─── フィラメント糸
                                │
                                └─ 短繊維 ──── (紡績) ─── 紡績糸
```

繊維の種類や長さによって、糸の製造方法は異なる。

短繊維を糸にするには紡績する必要がある。すなわち、短繊維を平行に並べて均一の長さに引き揃え、撚りをかけて長い糸状にする。

一方、もともと長い繊維である連続長繊維は、引き揃えたり、撚りをかけたりしなくても、そのままで糸として使える。ただし、通常は数本から数十本の長繊維を引き揃えて糸にすることが多い。

天然繊維の中で連続長繊維は絹のみ。また、人工的に作ることができる化学繊維は連続長繊維ができる。これら長繊維は必要に応じてカットして短繊維にし、紡績して糸にすることもある。

紡績糸は毛羽立ちがあり、比較的やわらかくふっくらとしていて、暖かな感触を持つ。そのため厚みや保温性が求められる衣類に用いられる。強度はフィラメント糸より小さい。

一方フィラメント糸は強度や伸度が紡績糸より優れているが、表面がなめらかでふくらみに欠け、やや冷たい感触を持つ。ドレスやスカーフ、ランジェリーなど、美しさや光沢が求められる衣類に用いられる。

化学繊維

# ナイロン
NYLON

**世界初の合成繊維。
衣類から工業製品まで幅広い用途**

[概要] 石油や石炭、天然ガスを原料として、人工的に作った化学繊維、合成繊維。

[名前の由来] 「No Run」（伝染しない）からとったなど、諸説ある。

[性質] 最も強度が高い繊維の1つ。伸度も高く、弾力性に富み、しわになりにくい。発色性もよく、鮮やかな色に染色できる。静電気も起きにくい。薬品や油、海水、カビ、虫にも強いため、保存しやすい。

耐熱性は、天然繊維に比べると劣るものの、熱可塑性（熱で形が固定される性質）があるため、熱セットすれば製品の寸法が安定し、型崩れも起きにくい。

天然繊維に比べると吸湿性は低い（合成繊維の中では高い）。やわらかな反面、コシがない、日光に長く当たると黄変するという欠点もある。

風合いは冷たくつるりとした感触。

[製造方法] 石油などから高分子化合物（ポリマー）を作る。それを加熱して溶液にしたものを細いノズルから押し出して冷却し繊維化する。このような方法で糸にすることを溶融紡糸法という。

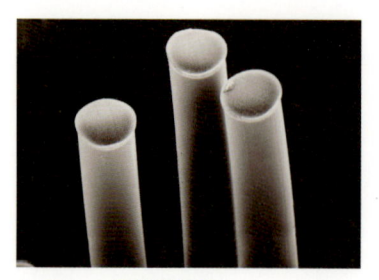

**ナイロンの顕微鏡写真**
断面は円形。側面はなめらかでつるりとしている。

● 様々なナイロン製品

**「プラダ」のナイロン・バック**
もともとは皮革製品で有名だったプラダが、1978年にナイロン素材を使ったバッグを発表し話題に。一躍人気となった。

**ナイロン・ストッキング**
それまで主に絹で作られていたストッキングが、ナイロンの出現により安価になり、広く普及。1940年以降は薄くて透明感のあるナイロン・ストッキングが主流となった。

## 今も技術革新を続ける世界初の合成繊維

**歴史** ナイロンは世界で初めて作られた合成繊維である。1935年、アメリカのカローザスがナイロンの製法を発明。その後、デュポン社が工業化した。このときのキャッチ・フレーズは「空気と水と石炭から作られ、鉄よりも強く、蜘蛛の糸より細く、絹のようにしなやかである」だった。

**種類** 化学構造の違いによっていくつかの種類がある。衣料用として使われる代表的なものは「ナイロン6」と「ナイロン66」。ナイロン66の方が、耐熱性はやや優れている。

最初に作られたのがナイロン66で、アメリカやイギリスではこれが主流。ナイロン6はその後ドイツや日本で生産されたもので、日本では今でもナイロン6が主流である。

最近では強度や耐熱性がさらに優れた「アラミド」が実用化されている。ナイロンとほかの繊維とを組み合わせた、従来にはない風合いの複合繊維や、ナイロン・フィラメントの芯に炭素系の物質を入れて制電性を持たせた繊維など、様々な機能や風合いのナイロンが開発されている。

**用途** 耐久性の高さや軽さ、しなやかさを活かして、衣類全般のほかに水着やアウトドア・グッズ、スポーツ・ウエア、靴下、バッグ、傘地など、幅広く使用されている。カーテンやロープ、車のエア・バッグやタイヤの補強材、釣り糸、合成皮革(フェイク・レザー)の素材としても使われる。

**DATA** 素材／石油や石炭、天然ガスを原料とした合成繊維
用途／衣類全般のほか、バッグ、傘地、カーテン、釣り糸など多種多様。

**特徴** 化学繊維、合成繊維。最も強度が高い繊維の1つ。しわになりにくい、発色性がよいなど多くの優れた性質を持つ。

**関連** フェイク・レザー ● P.184

繊維 化学繊維 ●ナイロン

化学繊維

# ポリエステル
POLYESTER

## 生産量、消費量ともに化学繊維のナンバー・ワン

**概要** 石油や石炭、天然ガスを原料として、人工的に作った化学繊維、合成繊維。

化学繊維の中で最も多く生産・消費されている繊維である。

**性質** ポリエステルはナイロンに次いで非常に強度のある繊維である。濡れているときでも強度は変わらない。弾力性、形態安定性に優れ、しわになりにくい。

同じ合成繊維であるナイロンやアクリルよりも耐熱性が非常に高く、形態安定などの熱セットによる加工がしやすい。虫やカビにも強く、日光による強度の低下や黄変も起こらない。

吸湿性は0.4％と低いため、汗を吸わず、静電気が起こりやすいという欠点がある。

洗濯してもすぐに乾くが、汚れを吸着する性質があるため、洗濯を繰り返すと次第に薄汚れる傾向がある。

本来、染色性に劣っていたが、染料の改良や高温高圧染色法により、現在は鮮やかな発色が得られる。

**製造方法** 石油などから高分子化合物（ポリマー）を作り、それを加熱して溶融液にしたものを、細いノズルから押し出して冷却し繊維化する（溶融紡糸）。その後、繊維は80〜100℃で4〜5倍に延伸され、強度を得て実用化される。

### 形態安定シャツ
洗濯してもしわになりにくく、型崩れもしない形態安定シャツ。アイロン掛けいらずで人気になった。基本的にポリエステル繊維が使われている。

● **異形断面ポリエステルの顕微鏡写真**

**絹の形状をまねたもの**

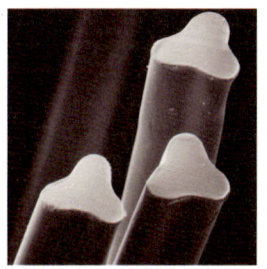

絹の繊維（フィブロイン）のような三角形状にしたもの。絹のような光沢感が出る。

**中空糸**

綿のように、中央に穴が開いたストロー状の繊維。軽くて暖かい。

**吸水速乾ポリエステル**

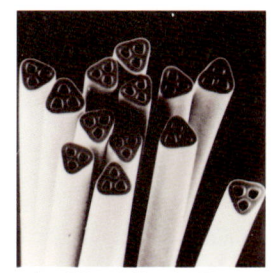

1本の繊維に複数の穴を開けると、高い吸水力や速乾力が得られる。

## 天然繊維の風合いや新機能も生み出す繊維の加工

**加工で広がる可能性** 通常のポリエステル繊維は、断面は円形で側面もつるりとしているが、繊維に加工をして機能性を持たせたり、天然繊維に似た形状にして天然繊維と同様の風合いを実現させる方法がある。これらは「異形断面ポリエステル」と呼ばれ、繊維メーカーが独自で開発し、特許を得ているものが多い。

例えば、絹の繊維のような三角形状にして絹に似た光沢を出したものや、綿の繊維のような中空状にして軽さと暖かさを出したものなどがある。この繊維の空洞をさらに増やす（微細化する）と、吸水速乾の機能が得られる。

また熱可塑性（熱で形が固定される性質）が高いため、プリーツ加工やワッシャー加工を施されることも多い。「イッセイ・ミヤケ」の「プリーツ・プリーズ」シリーズは、プリーツ加工の代表例である。

**ほかの繊維との相性** ほかの繊維との混紡や交織、交編にも適しており、それぞれの繊維の長所を活かしながら欠点を補い合える。例えば綿とポリエステルの混紡は、綿の風合いと吸湿性に、ポリエステルのしわになりにくさや、洗濯後の乾きやすさなどの特徴が加えられるのである。

**歴史** 1949年、イギリスのICI社が「テリレン」の商標名で工業化。アメリカのデュポン社も少し遅れて「ダクロン」という商標名で工業化した。日本では、1958年に東洋レーヨンと帝人が生産。その商標名は2社の頭文字を取って「テトロン」である。

**DATA** **素材**／石油や石炭、天然ガスを原料とした合成繊維
**用途**／衣類全般のほか、カーテン、ホース、テント、靴下、傘地、人工皮革、布団わたなど多種多様。

**特徴** 化学繊維、合成繊維。ナイロンに次いで強度が高い繊維。加工して多くの機能を持たせることができる。

**関連** 綿 ○P.20　絹 ○P.32　ナイロン ○P.44
アクリル ○P.48　吸水速乾加工 ○P.201
プリーツ（加工）○P.223　ワッシャー（加工）○P.226

繊維　化学繊維　●ポリエステル

47

化学繊維

# アクリル
ACRYLIC

**毛に似た暖かな風合い。
ニット製品での利用が多い**

**概要** 石油や石炭、天然ガスなどを原料として、人工的に作った化学繊維、合成繊維。

品質表示は、主成分のアクリルニトリルが85％以上のものが「アクリル」、それ以下のものは「アクリル系」となる。

**性質** 軽くてふんわりやわらかで、暖かな肌触りと、羊毛に似た性質を持つ。染色性もよい。薬品やカビ、虫にも強い。吸湿性は0.4～3％で、洗濯しても乾きやすい。その反面、静電気は起こりやすい。ニット使いでは毛玉（ピリング）ができやすいという欠点もある。

アクリル系繊維は、アクリル繊維とほぼ同じ性質だが、耐熱性はアクリルより劣る。

**製造方法** 石油などからアクリルニトリルを作る。それを塩化ビニルや酢酸ビニルなどと共重合（ポリマー化）させて、湿式紡糸または乾式紡糸したものを、100～250℃で引き伸ばす。

その後クリンプ（捲縮）を与えて切断し、短繊維としてニット製品に使われることが多い。カシミヤのようにやわらかな風合いのものから、モヘヤのような張りのある風合いのものまで、幅広く作ることができる。一方、連続長繊維は絹のような光沢を持つ。

**歴史** 1948年、アメリカのデュポン社が開発。「オーロン」という商標名で生産した。

日本では鐘淵化学工業が「カネカロン」というアクリル系繊維を製造したのが始まり。

**DATA** **素材**／石油や石炭、天然ガスを原料とした合成繊維
**用途**／セーター、カット・ソー、手袋、靴下、フェイク・ファー、カーペット、毛布、ぬいぐるみなど。

**特徴** 化学繊維、合成繊維。毛のような暖かさと軽さ、やわらかさを持ち、ニットに用いられることが多い。

**関連** 羊毛 ● P.28　塩化ビニル ● P.50
カシミヤ ● P.132　モヘヤ ● P.134

化学繊維

# ポリウレタン
## POLYURETHANE

**ゴムのように弾力性があり
ゴムより優れた性質を持つ繊維**

**概要** 石油や石炭、天然ガスを原料として、人工的に作った化学繊維、合成繊維。

**性質** 5〜8倍にも伸びるという、ゴムのような伸縮性と弾力性が特徴。しかもゴムのように劣化せず丈夫で染色性もよく、細い糸が作れる。薬品やカビ、虫にも強い。ただし日光に当たると高分子化合物（ポリマー）の分解で性能は低下する。

**製造方法** 石油などからポリエステルまたはポリエーテルを作り、それにジイソシアネートを加えて重合（ポリマー化）し、湿式紡糸または乾式紡糸して繊維化する。

**歴史** 1959年、アメリカのデュポン社で生産開始。アメリカでは「スパンデックス」の名で知られる。

**用途** 非常に伸縮性が高いため、ポリウレタン100％使いの製品は少なく、ほかの繊維に5〜30％複合して使用されることが多い。

特にポリウレタンの芯にナイロンなどを巻き付けて作る「カバード・ヤーン」は、体にフィットし、かつ圧迫感がないことから、補正下着やストッキングに多く用いられる。

**高ストレッチ水着**
弾力性があり体にフィットするポリウレタンは、水着にも多く使われている。

**DATA** **素材**／石油や石炭、天然ガスを原料とした合成繊維
**用途**／補正下着、ストッキング、スポーツ・ウエア、水着、靴下の履き口、サポーターなど。

**特徴** 化学繊維、合成繊維。ゴムのような伸縮性と弾力性を持ち、染色性や丈夫さはゴムより優れている。
**関連** ポリエステル ● P.46

繊維　化学繊維　●ポリウレタン

## 化学繊維

### ポリ塩化ビニル
### POLYVINYL CHLORIDE

**あったか肌着や健康肌着に使用される丈夫な繊維**

**概要** 石油や石炭、天然ガスを原料として、人工的に作った化学繊維、合成繊維。塩化ビニル樹脂を繊維化したもの。

**性質** 丈夫で耐久性に優れ、難燃性がある。薬品にも強い。保温性のよさから冬用の肌着に用いられる。また、マイナスの静電気を帯電しやすいことから、リウマチなどに効果があるといわれ、健康肌着に用いられる。吸湿性や耐熱性、染色性が低く、縮みやすいという欠点があるため、用途は限られる。

**歴史** 1931年に初めてドイツで生産。

**DATA** **素材**／石油や石炭、天然ガスを原料とした合成繊維
**用途**／肌着、靴下、バス・マット、カーペット、漁網、ロープなど。
**特徴** 化学繊維、合成繊維。丈夫で難燃性もあるが、吸湿性や耐熱性が低く、用途は限られる。

---

## 化学繊維

### ポリプロピレン
### POLYPROPYLENE

**軽くて丈夫な合成繊維だがアパレル用には欠点多し**

**概要** 石油や石炭、天然ガスを原料として、人工的に作った化学繊維、合成繊維。

**性質** 合成繊維中で最も軽く、水に浮く。丈夫で汚れが付きにくい。保温性も高い。ただし吸湿性はまったくなく、染色性や肌触りが悪いため、アパレル用としては伸び悩んでいる。

**歴史** 1956年、イタリアで繊維化に成功。当時は「夢の繊維」と騒がれた。

**用途** 水着、靴下、下着などに用いられる。繊維としての用途より、樹脂としての用途の方が多い。

**DATA** **素材**／石油や石炭、天然ガスを原料とした合成繊維
**用途**／水着、靴下、下着、ロープ、リュックサック、カーペット、布団わたなど。
**特徴** 化学繊維、合成繊維。軽くて丈夫だが、吸湿性や染色性が悪いなど欠点が多く、アパレル用としては伸び悩んでいる。

# 染色
せんしょく
DYEING

アパレル素材に色を付けたり、柄をプリントしたりすることで、華やかな感じ、上品な感じ、渋く落ち着いた感じなど、表現の可能性は大きく広がる。「染色」の手法は、布地を織ったり編んだりする前に染色する「先染め」と、織物やニットになってから染色する「後染め」に大きく分けられる。

# 染色とは

## 染色法は「先染め」と「後染め」に大分される

染色とはその名の通り、色を染めることである。繊維が糸になり製品になるまでには多くの工程があるが、どの段階で染めるかによって右ページの表のように分類される。大きくは、織ったり編んだりする前に染める「先染め」と、織物やニットになってから染める「後染め」に分けられる。

先染めでは、糸の芯までムラなく染色され、深みのある色となる。しかし製品化までのリード・タイムが長く、期中追加などのスピーディな対応ができないのがデメリットだ。

一方、後染めは製品化まであまり時間を要さないのでトレンドに対応しやすい。しかし、均一に染色できなかったり、ムラができたりするという欠点がある。

基本的には、先染めの方が後染めよりも染色堅牢度（色の耐久度）が高い。

ちなみに生成りとは、漂白していない未ざらしの色のこと。天然繊維の綿や毛では、薄いベージュとなる。

● 草木染め

化学染料が誕生するはるか昔から行われていた、伝統的な染色法。人間の手で行う染色のベーシックな手法であり、現在の日本でも小さな工房などで行われている。染料となるのは植物の花、果実、根、樹皮などで、大量生産はできないが、渋く落ち着いた趣があり、固定ファンも多い。左はマリーゴールドの染料。

**茜染め**

①茜の根を煮出しているところ。これを染料として使う。②茜色に染まった糸。③染料の濃度を変えて染色した絹糸。右端は生成り。④茜染めのウール糸で編んだベスト。

● 製造段階による染色の種類

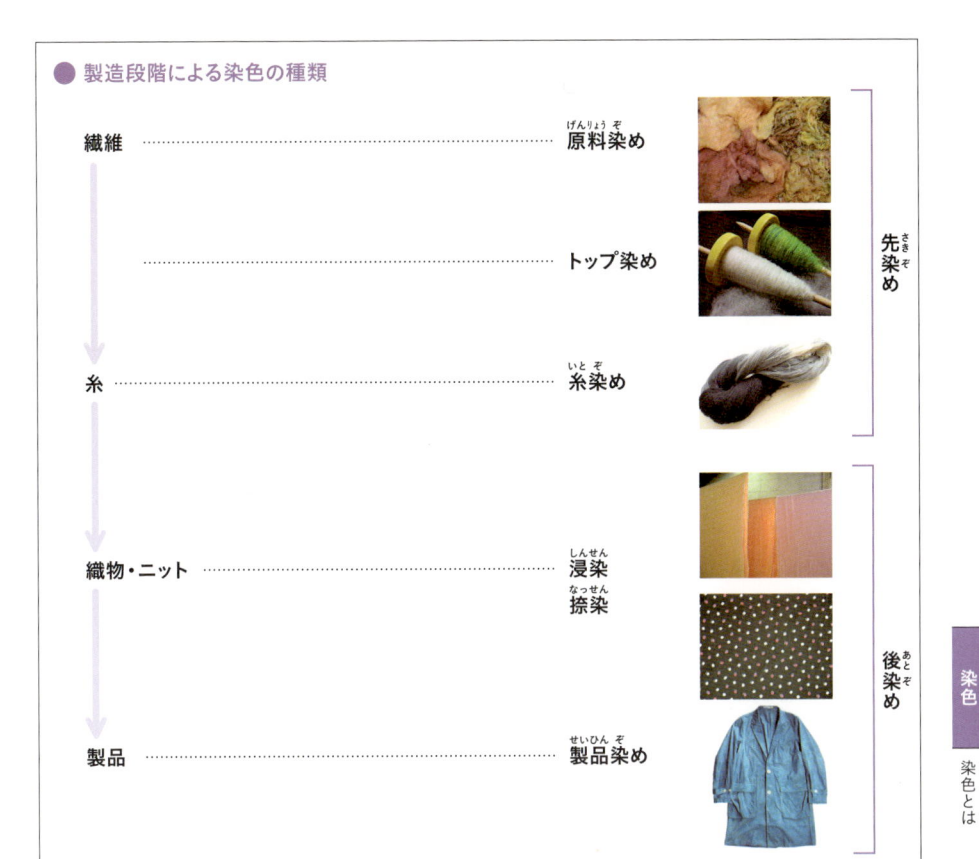

| 段階 | 染色種類 | 分類 |
|---|---|---|
| 繊維 | 原料染め（げんりょうぞめ） | 先染め（さきぞめ） |
| ↓ | トップ染め | |
| 糸 | 糸染め（いとぞめ） | |
| ↓ | | |
| 織物・ニット | 浸染（しんせん）／捺染（なっせん） | 後染め（あとぞめ） |
| ↓ | | |
| 製品 | 製品染め（せいひんぞめ） | |

染色　染色とは

## 使う色材によっても風合いや堅牢度が変わる

　染めるための色材は「染料（せんりょう）」と「顔料（がんりょう）」の2種類がある。染料は水に溶け、繊維と反応させて色素を染み込ませることができるため、風合いを損ねない。一方、顔料は水や油に溶けず、接着剤で布地表面に色を付着させる。顔料は主に「捺染（なっせん）」で使われ、その後の処理が簡単でコストも低いが、接着剤を使うため、ややゴワゴワした感触になり、繰り返し洗濯すると、はがれたりひび割れしたりすることがあるのがデメリットだ。

綿布の後染め

先染め

# 原料染め
## DOPE DYEING

### 繊維の状態で染めあげる染色法。染色堅牢度の高さが特徴

**概要** 天然繊維は紡績する前の紡ぎ取ったままの繊維の状態で、化学繊維は紡糸以前のポリマー（紡糸原液）の状態で染色すること。先染めの1種。

繊維を糸にする前の状態で染色を行うので、染色堅牢度（色の耐久度）が高くなる。また、発色がほかの染色方法より格段に鮮やかになるのが特徴だ。

さらに、染色を施してから糸を紡ぐので、2色以上の混色も可能。同色系であれば濃淡がつき、深みが出る。反対色であればカラフルで表情豊かな糸になる。

しかし、早い段階で色を決めなければならず、流行に左右されやすいアイテムに利用すると売れ残ってしまうというリスクもある。

**種類** 原料染めの代表的なものは2つある。1つは羊毛やカシミヤに用いる「原毛染め」。原毛を採取し、精練・漂白した状態で染めることで、「ばら毛染め」とも呼ばれる。原毛染めしたものを2色以上混ぜてカラフルな混色のニット糸を作ることもできる。これは、手編み用の毛糸などに多く用いられる。

高級布地であるカシミヤの風合いを失うことなく染色するには、原毛染めが最適だといわれており、カシミヤ布地の中でも、この染め方によるものはより高価なものとされている。

### 混色で紡いだ毛糸

糸になる前の状態で染色することで、複数の色味が混ざり合った、ニュアンスのある色糸が生まれる。

● カシミヤの原毛染め工程

①カシミヤの原毛

綿菓子のようなカシミヤの原毛。繊維の細さがわかる。

②染色用の釜

釜に原毛を入れて、染料の入った溶剤で煮詰めるようにして染めていく。

③乾燥

赤く染色された後、巨大な乾燥機で乾燥されるカシミヤ。この後、紡績される。

一流ブランドのカシミヤ製品は、原毛染めされたものがほとんどである。

低価格のカシミヤは糸にしてから染める「糸染め」を採用している。糸染めの方が、原料染めと比べて時間も短く、作業も容易である。しかし、1本1本の繊維をしっかりと染めあげる原料染めは、色ムラのなさ、色の深み、どれをとっても比べ物にならないほどの高いクオリティーがある。

もう1つは「原着染め」。原着とは「原液着色」の略。ナイロンやポリエステルなど、合成繊維を原料染めするときに用いる染色法で、紡糸原液に着色剤を入れて繊維化する。

これも原毛染めと同様、繊維そのものが着色されるので、染色堅牢度は極めて高い。日焼けや水塗れによる色落ちが心配なカーテン地やカーペット地、傘地に多く用いられるが、服地に用いられることは少ない。

### 傘に活かされる原着染め

雨に濡れ、色あせしやすい傘は、染色堅牢度の高い原着染めで染色される。繊維化するときに染色するので、鮮やかな色を保てる。

● 原料染めの代表的な種類

| 原毛染め | 別名「ばら毛染め」。毛を刈り取った状態で染める。混色ニット糸に多い。 |
|---|---|
| 原着染め | 合成繊維の原料染め。カーテン地や傘地、カーペット地に用いられる。 |

**DATA** 素材／すべて
用途／高級ニット糸や高級服地、カーテン地、カーペット地、傘地など。

**特徴** 先染めの1種。紡ぎ取ったままの繊維やポリマーの状態で染色すること。染色堅牢度が高く、高級毛織物などに使用される。

**関連** 糸染め ● P.57　カシミヤ ● P.132

染色　先染め　●原料染め

## 先染め
# トップ染(ぞ)め
### TOP DYEING

### 糸に独特の表情を生み出す
### 原料染めと糸染めの中間手法

**概要** トップとは、糸になる前の短繊維を太いひも状にして巻き取ったもの。この状態のまま染色することをトップ染めという。スライバーという道具を用いることから、欧米では「slivering」とも呼ばれる。

先染(さきぞ)めの1種で、繊維そのままの状態で染める「原料染め」と、糸にした状態で染める「糸染め」のちょうど中間の手法。原料染めと同様、染色堅牢度（色の耐久度）が高く、色に深みがある。トップ染め製品は高級品とされており、一般的には、毛の先染め手法として用いられている。

**糸の種類** トップ染めで紡績した糸を「トップ糸(し)」という。トップ糸には大きく分けて「無地糸(むじいと)」、「霜降糸(しもふりいと)」、「杢糸(もくいと)」の3種類がある。

無地糸は、1色のトップ糸で紡いだ糸。霜降糸は、白または淡色と濃色の2色以上のトップ糸の混紡。杢糸は、2色以上のトップ糸を混ぜたカラフルで鮮やかな糸である。一見無地に見える高級服地は、数色のトップ糸を混ぜた深みのある色合いの杢糸を使用しているものが多い。

### スライバー
西洋のこま（top）に似ていることから、トップ染めと呼ばれる。

**DATA** 素材／綿、毛
用途／手編み用のニット糸のほか、デニム生地の染色（ロープ染色）に用いられることがある。

**特徴** 先染めの1種。糸になる前の短繊維をスライバーに巻き取った状態で染色すること。染色堅牢度が高く、高級毛織物などに使用される。

**関連** 原料染め ● P.54　糸染め ● P.57

## 先染め

# 糸染め
## YARN DYEING

### 織柄や霜降状の布地に欠かせない染色法

**概要** 糸の状態で染色すること。先染めの1種。

織柄や編柄のある布地は、糸染めされた色糸を使って作られる。柄はストライプやチェック、ジャカードなど。一見無地に見える「シャンブレー」や「デニム」の布地も、糸染めの色糸と白糸を使って織ることで、霜降状の色合いを作っている。

**種類** 糸染めには、様々な技法がある。例えば、日本で古くから行われている「綛糸染め」は、最も初歩的な糸染めの技法である。染める糸を支持棒にぶら下げて、染色剤の入った桶に浸し、手で糸を上下に操り、返しながら染めていく。

また、ちりめんや紬などの和装用高級布地に多用される「絣染め」も、糸染めの1種である。日本においては古くから着物や帯などに用いられている。

工業的には「チーズ染色」、「コーン染色」など、生産性のよい方法がとられている。

**色鮮やかに染められた糸**
左は赤に染められた糸、右は黄色に染められた糸。どちらも糸染め。

**DATA** 素材／すべて
用途／織柄や編柄のある布地、デニム、シャンブレーなどの霜降状の布地など。
特徴／先染めの1種。糸の状態で染色すること。織柄のある布地などに用いられる。

**関連** デニム ● P.80　シャンブレー ● P.84
ジャカード・クロス ● P.151　ジャカード編み ● P.168
ストライプ ● P.232　チェック ● P.242
ジャカード柄 ● P.270　絣柄 ● P.288

後染め

# 浸染
### しんせん
**PIECE DYEING**

## 無地の布地を染めあげる、後染めの1種

**概要** 織りあげた布地やニットを、反物の状態で染料に浸して染色すること。後染めの1種。

後染めのため糸1本1本にしっかりと染色されない場合もあり、色ムラができやすい。そのため、先染めと比較すると発色度、染色堅牢度（色の耐久度）が劣るのがデメリットである。

ポリエステルの「ジョーゼット」などの染色は、高温高圧液流染色機で効率よく行われる。

染色性の異なる糸で織られた布地の場合は、一方の糸は染まり、もう一方には染まらない染料を用いると、先染め効果的な表情のある布地を作ることができる。

**別名** 反物の状態で染めることから「反染め」、染料に浸すことから「ずぶ染め」とも呼ばれる。また、1色に染めあげることから「無地染め」とも呼ばれる。英語では「piece dye（ピース・ダイ）」と表記される。

**色とりどりに染めあげられた布地**
綿の布地を反染めし、干してあるところ。

**DATA** 素材／すべて
用途／主に無地の織物やニット。

**特徴** 後染めの1種。織物やニットを反物の状態で染色すること。先染めと比べると染色堅牢度は劣る。

**関連** ジョーゼット ● P.146

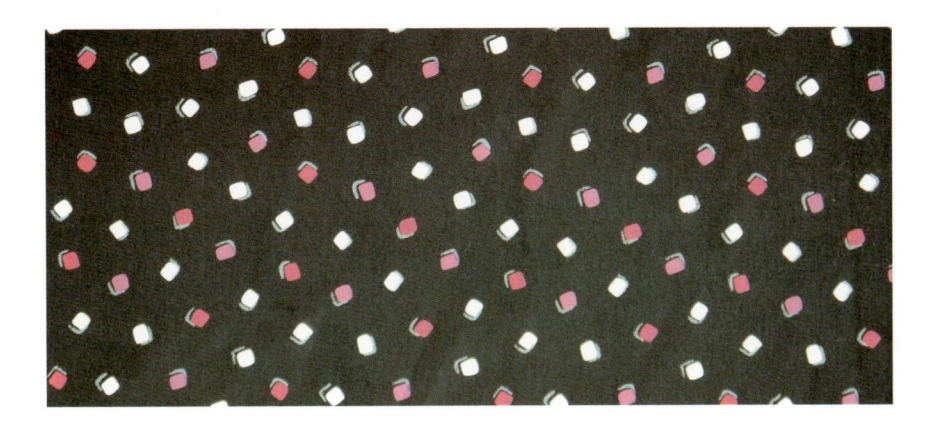

後染め

# 捺染
## なっせん
### PRINT

## 布地の表現を大きく広げるプリント柄

**概要** 主に反物状の織物に、顔料や染料を溶かした色糊で模様を印捺すること。「プリント」ともいう。

1つ1つ模様を手描きする工芸的な手法から、機械で行う大量生産向きの工業的なものまで、様々な手法がある。

**直接捺染** 糊に染料を混ぜて色糊にし、手描きで模様を表したり、型紙を使って布地に直接捺染する手法（型染め）などのこと。

**防染** 染料の着色を防ぐ糊を模様として捺染し、その後、布地全体に着色を施す。染まっていない模様部分が白く浮かびあがる。模様部分が染まらないように糊で防ぐことから「防染」と呼ばれる。

**抜染** あらかじめ布地全体を着色した後、模様となる部分に脱色を施し、模様を浮かびあがらせる。色を抜くことから「抜染」と呼ばれる。

**スクリーン捺染** スクリーンとは枠に薄い布を張ったもの。模様の部分は染料が通るようにし、ほかの部分は織目をつぶして染料が通らないようにする。スクリーンを布の上に置き、その上から染料を塗って模様を表す。直接捺染の1種。

**スクリーン捺染**
（左）スクリーンと染料。（右）スクリーンを通して布地に模様を印捺したところ。

染色 ／ 後染め ● 捺染

● 様々な捺染の布地

**浴衣地**
防染で作られた模様。模様の部分だけ、布地そのものの色が表れている。

**バティック**
マレーシアなどで作られる、ろうけつ染めの更紗。模様をろうで防染して作る。

**ピッグ・スキン**
カラフルな色合いに捺染された豚革。

## 日本の職人技が光る 伝統的な捺染法

**日本の捺染法** 日本には古くから「更紗(さらさ)」や「友禅(ゆうぜん)」、「小紋(こもん)」、「絞り染め(しぼりぞめ)」など、伝統的な捺染法がある。現代でも熟練した職人技が活きる捺染法だ。

更紗は手描きや木版、型紙を用いた型染めで作られる。友禅は手描きや型染め、小紋は型紙を使った防染、絞り染めは糸で布地を絞る防染が用いられる。

**柄のリピート** 捺染の多くは、反物全面に柄をバランスよく繰り返し表す。このような柄の繰り返し1構図のことを「リピート」という。リピート柄の布地は、柄合わせをして裁断・縫製され、製品化される。

**パネル柄** 高級ブランドのスカーフやワンピースなどに見られる柄で、そのアイテム自体で1枚の絵画のようになる柄を「パネル柄」という。製品の形に合わせて柄が途切れないようにプリントするので、手間とコストがかかり、できあがった製品には高価なものが多い。

**パネル柄のスカーフ**
モチーフが1枚の絵画のように配された高級ブランドのスカーフ。1枚1枚プリントするので、手間とコストがかかるが美しさは抜群。

**DATA** 素材／すべて
用途／服地全般のほか、雑貨、インテリア用品など多種多様。

**特徴** 後染めの1種。主に反物状の織物に、顔料や染料を溶かした色糊で模様を印捺すること。様々な手法がある。

**関連** 絞り染め ● P.62　インクジェット・プリント ● P.63
江戸小紋 ● P.286　友禅 ● P.287

# 日本の伝統技術、友禅と小紋
YUZEN&KOMON

　日本で継承されている伝統的な染織品に、「友禅」と「小紋」がある。どちらも捺染法の1種である。

　友禅（手描き友禅）は、はじめにツユクサ科の1種である「青花」の汁で下絵を描き、その下絵に沿って糸目糊で模様の輪郭を引く。「糊置」と呼ばれるこの技法は、染料のにじみを防ぎ、絵画調の柄が表現できる。後処理で糊は取り除かれ、友禅の大きな特徴である「糸目」という白い輪郭線を生み出す。続いて糸目の内側を筆や刷毛などで彩色する「色挿し」で絵柄を染め付ける。その後、彩色した模様全体を糊で覆ってから、生地の地色を染める「地染め」を行う。さらに蒸気に当てて色を定着させる「蒸し」や、「友禅流し」などの工程を経て仕上げられる。

　小紋は型紙を使った防染の技法で知られる。はじめに和紙（渋紙）を貼り合わせた「伊勢型紙」に細かい文様（小紋）を彫り抜く。次にこの型紙を白生地に乗せて糊を置く「型付け」を行う。糊が置かれた部分は染まらず、白抜き文様となるが、色糊を使って柄部分を染める場合もある。その後、地色を染め、蒸し、水洗いを経て仕上げられる。

　友禅と小紋、どちらも江戸時代に発展した染色法で、多くの工程と細かい手作業で生み出される、日本ならではの染色法だ。

● 手描き友禅の工程

**下絵**
青花の汁で模様の下絵を描く。

**糊置**
下絵に沿って糊を置き、防染する。

**色挿し**
糊で描いた輪郭の内側に筆や刷毛で彩色する。その後も多くの工程がある。

**完成品**

● 小紋の型紙

小紋の染色に欠かせない伊勢型紙。細かい文様を彫り抜いていく。

後染め

# 絞り染め
## TIE DYEING

**糸で括って防染する染色法。世界各地に存在**

【概要】 糸で布地を固く括り、防染して模様を作る染色法。捺染の1種。

　糸で括った箇所は着色されず、それ以外は着色される。単色染めはもちろん、多色染めもできる。また、糸で絞った箇所には凹凸が残り、それも味となる。海外では「tie dye（タイ・ダイ）」と呼ばれる。

【種類】 絞りの仕方によって、「鹿の子絞り」、「巻き上げ絞り」、「三浦絞り」など、100種類近くある。

【歴史】 古来から、世界各地に存在している染色法。その発祥はインド、中国などといわれており、古くはインドのアジャンター石窟群の壁画に、絞り染めと見られる衣装をまとった婦人が描かれている。

　日本では奈良時代の頃から発達したと見られており、愛知の有松や京都を中心に発達。絞り染めが施された着物は非常に美しく高価。

【皮革の絞り加工】 布地の絞り染めを応用した加工法で、皮革を薬品などに浸けてやわらかくし、しわを施したり、型を付けていく。

**タイ・ダイのスカーフ**
絞り染めはアジアの伝統的な染色工程であり、製品にはオリエンタルな香りが漂う。

DATA　素材／すべて
　　　用途／着物、帯、Tシャツ、スカーフ、スカート、雑貨など。

特徴　捺染の1種。糸で布地を固く括り、防染して模様を作る染色法。

関連　絞り柄 ● P.289　　鹿の子絞り ● P.290

後染め

# インクジェット・プリント
INKJET PRINT

**デジタル技術の進歩が布地にも。
今やプリント柄の代表的染色法**

**概要** グラフィック・ソフトを用いて製作した柄のデザインをデジタル・データ化し、捺染機械（プリンター）に読み込ませ、染料をインクジェットで布面に吹き付けて染色すること。捺染の1種。

フルカラーの染色が可能で、多くの種類を少量生産することもできる。デジタル処理で配色やモチーフの大きさも編集でき、デザインの修正も容易。写真や絵画、イラストなども自由に取り込める。また、スクリーン・プリントでは表現できない細い線や多色使いのグラデーションも表現でき、用途は急速に拡大している。

プリント用の型枠を使わずに染色できるプリンターの進歩もあり、生産コストも年々低下傾向にある。スクリーン・プリントなどに比べ水の使用量が極めて少なく、エコロジーな染色法ともいえる。

**発展** 近年では、「友禅」など一部の和装布地や皮革にも取り入れられており、以前は高度な職人技術が必要だった繊細な表現が、インクジェット・プリントで可能となった。

**インクジェット・プリントの様子**
生地に染料を乗せた後、熱をかけて染着させる。

**DATA** 素材／すべて
用途／衣類全般のほか、雑貨、インテリア用品など多種多様。

**特徴** 後染めの1種。デジタル・データの柄デザインを、インクジェットで布面に吹き付けて染色する方法。様々な表現が可能。
**関連** 友禅 ● P.287

染色 ● 後染め ● インクジェット・プリント

後染め

# 製品染め
## せいひんぞめ
### GARMENT DYEING

**独特の色ムラと濃淡が一点ものの風合いを生み出す染色法**

**概要** 製品の状態で染色すること。後染めの1種。「ガーメント・ダイ（garment dye）」とも呼ばれる。

布地を均等に染めることが難しいため、製品ごとに微妙な色ムラと濃淡が出るが、逆にその独特の風合いが人気となっている。裾から染めあげてグラデーション効果を出すこともしばしば行われる。

裏地付きの製品で表地と裏地が異素材の場合、染色による加熱で収縮差が生じ、表地が塩縮加工を施したように波打つこともある。

**メリット** 大量生産ではなく、需要に応じて小ロットで製品の量、色の染め分けを調整することができる。アパレル・メーカーは製品の仕入れリスクを軽減し、欲しい色の期中生産が可能。

**用途** Tシャツなど比較的低価格の商品で行われることが多い。ほかにはワンピースやブラウス、スカート、エプロン、肌着、セーター、靴下など。最近では皮革素材のバッグやレザー・ジャケットにも用いられている。

**ニュアンスのある色ムラは製品染めならでは**

縫製後、製品染めされた綿のコート。同じ製品でも1点1点微妙に染色の濃淡が変わり、ナチュラルな印象。

**DATA**
**素材**／すべて
**用途**／肌着、セーター、Tシャツ、靴下、シャツ、マフラー、レザー・ジャケット、バッグなど。
**特徴** 後染めの1種。製品の状態で染色すること。色ムラが出やすいが、それが味となる。
**関連** 塩縮（加工） ●P.220

# 織物
おりもの
WOVEN

"織物"とは、糸をたて方向とよこ方向に交差させて作った布地のこと。交差のさせ方（織り方）には様々あり、織り方や使う繊維によって、多くの布地が生み出されている。

※本書では織物の種類を大きく「綿織物」、「麻織物」、「毛織物」、「絹織物」の4つのジャンルに分けて紹介するが、これらは便宜上のものであり、純粋にその原料の繊維のみで作られるという意味ではない。例えば絹織物のジャンルにある「ジョーゼット」は、もともとは絹織物であるが、それに似たテクスチャーを化学繊維で表したジョーゼットもある。

# 織物とは

## 織物の大部分を占める織物の三原組織

　織物とは、たて糸とよこ糸を直角に交差させ、平面状に作ったもの。機織り機をイメージしてもらえばわかると思う。

　この糸の交差の仕方（組織）には多くの種類がある。その中でも最も基本的なものを原組織といい、「平織り」、「斜文織り（綾織り）」、「朱子織り」の3つを織物の三原組織という。平織りで織ったものは「平織物」、斜文織り（綾織り）で織ったものは「綾織物」または「ツイル」、朱子織りで織ったものは「朱子織物」または「サテン」と呼ばれる。

　三原組織のいずれかを基本にして変化を加えたものが「変化組織」。ほかに、三原組織同士を組み合わせたものや、三原組織のどれにも属さない織りをまとめた「特別組織」がある。

## 重ね組織、パイル組織……無限に広がる織りの手法

　ここまで述べた組織は、いずれもたて糸とよこ糸が1種類の「一重組織」である。ここから、よこ糸またはたて糸を2種類に増やしたものを、それぞれ「よこ二重組織」、「たて二重組織」という。よこ糸もたて糸も2種類あるものは「たて・よこ二重組織」。さらに、糸の種類を3種類（三重）、4種類（四重）と増やしていけるのが「重ね組織」の特徴である。

　「パイル組織」は、地組織にパイル糸を織り込み、パイル（輪奈）を出す組織のこと。

### ● 織物の三原組織

**平織り**

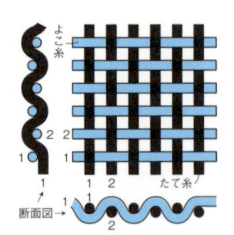

最も基本的な織り方で、すべてのたて糸とよこ糸が1本ずつ交互に上下に位置を変えて交差する。
- 糸同士の束縛性が強く、しっかりとした丈夫な布地となる
- 厚地の織物は作りにくいが、平面的でプリントや加工がしやすい

**斜文織り（綾織り）**
図：2/1のたて綾〈三つ綾〉

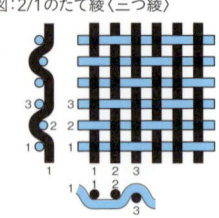

完全組織がたて糸・よこ糸3本以上で構成される。糸の交錯点が斜めに連続し、織物に斜めの畝目が表れる。
- 糸の交錯が少ないので、厚地にしてはやわらかい
- 斜文線が美しく、色糸を配置することにより特徴的な柄が表現できる

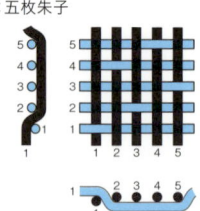

**朱子織り**
図：五枚朱子

完全組織がたて糸・よこ糸5本以上で構成。交錯点が上下左右とも隣接しないように規則的に飛ばした織り方。
- 糸が長く渡る組織のため、なめらかで滑りがよく、光沢がある
- 糸同士の束縛が少なく、ドレープ性がある。反面、引っ張りや摩擦に弱い

● **織組織の分類**

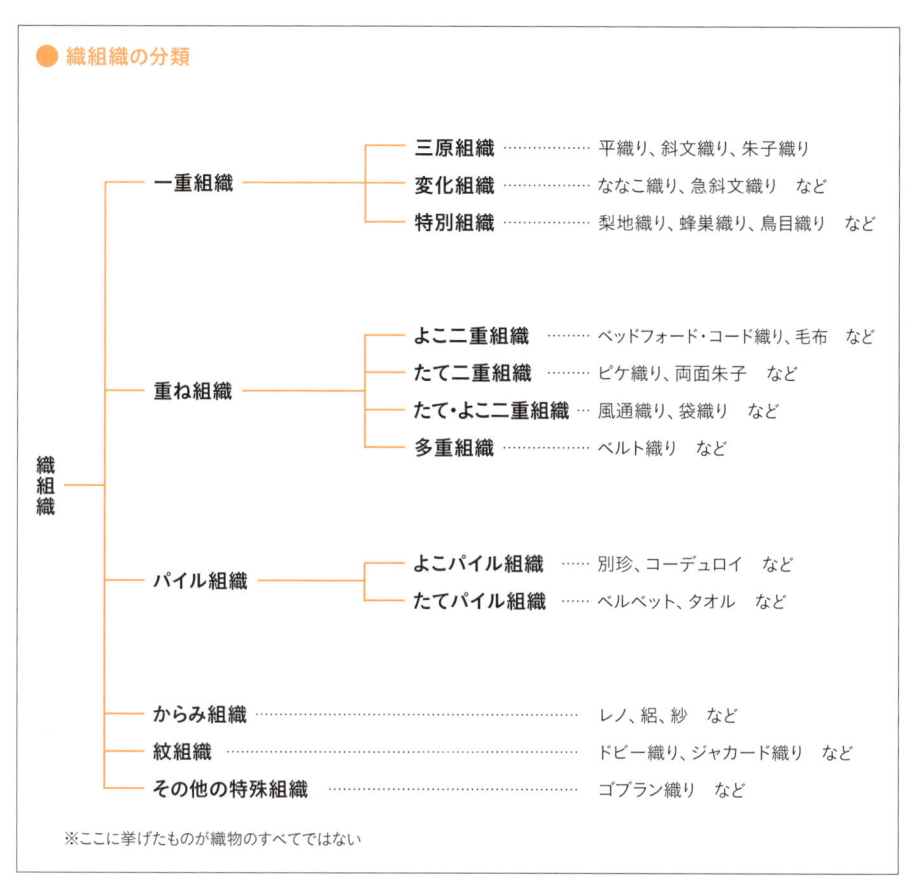

- 織組織
  - 一重組織
    - 三原組織 ……………… 平織り、斜文織り、朱子織り
    - 変化組織 ……………… ななこ織り、急斜文織り　など
    - 特別組織 ……………… 梨地織り、蜂巣織り、鳥目織り　など
  - 重ね組織
    - よこ二重組織 ……… ベッドフォード・コード織り、毛布　など
    - たて二重組織 ……… ピケ織り、両面朱子　など
    - たて・よこ二重組織 … 風通織り、袋織り　など
    - 多重組織 ……………… ベルト織り　など
  - パイル組織
    - よこパイル組織 …… 別珍、コーデュロイ　など
    - たてパイル組織 …… ベルベット、タオル　など
  - からみ組織 ……………………… レノ、絽、紗　など
  - 紋組織 …………………………… ドビー織り、ジャカード織り　など
  - その他の特殊組織 ……………… ゴブラン織り　など

※ここに挙げたものが織物のすべてではない

「別珍（べっちん）」や「ベルベット」、「タオル」などがこれに当たる。

「からみ組織」は2本のたて糸がからみ合う織り方で、糸の間に隙間（透かし）ができるのが特徴。「レノ」や和装地の「絽（ろ）」、「紗（しゃ）」などがこれに当たる。

「紋組織」は織りで紋様を作るもので、「ドビー」や「ジャカード」に代表される。

そのほか、工業的には使われないが、人の手によって時間をかけ丹念に織りあげられる「つづれ織り」や「ゴブラン織り」などをまとめて「その他の特殊組織」という。

以上が織物の組織の概要だが、これに加えて糸の種類や形状、加工などで織物の外観や性質は異なり、極めて多い種類の織物が生まれるのである。

織物　織物とは

拡大写真

綿織物

# 金巾（かなきん）
## SHIRTING

## 幅広く用いられるベーシックな薄手の綿織物

**概要** 細めの単糸（たんし）を用いて緻密に織った薄手の綿織物。

**名前の由来** ポルトガル語の「cannequin」が由来。「カネキン」とも呼ばれる。

**種類** 糊付けし、「カレンダー加工」で光沢を出した薄手の高級金巾を「キャラコ／キャリコ（calico）」という。インドのカルカッタ（Clicut）地方で生産されていた平織り綿布がもとになった布地で、名前の由来にもなっている。

1インチ（2.54㎝）間のたて糸・よこ糸が合計140本以上のものを「上キャラコ」、130本前後のものを「並キャラコ」という。

キャラコよりも薄手で、かための素材感のものは「キャンブリック」。フランスの都市・カンブレー（Cambrai）で作られていた高級リネンがもとになった布地である。

粗い糸で織った安価なものは、シーツ用の意味を込めて「シーチング」と呼ぶ。

**金巾のステテコ**
薄手でなめらかなうえ、天然素材で肌にやさしいため、夏のズボン下に適している。

**DATA**
**素材**／綿、綿とポリエステルの混紡
**織組織**／平織り
**用途**／シャツ、ブラウス、肌着などの衣類のほか、ハンカチ、テーブル・クロス、シーツなど。

**特徴** 細めの単糸を用いて緻密に織った薄手の綿織物。キャラコ、キャンブリック、シーチングなどの種類がある。
**関連** カレンダー加工 ○ P.216

綿織物

# ポプリン
POPLIN

## よこ畝(うね)が特徴的なしなやかな平織り布地

**概要** 丈夫でやわらかな手触りの平織りの織物。たて糸の密度がよこ糸の2倍近くあり、布面にあるよこ方向の細い畝が特徴的だ。もともとは、絹と毛の交織(こうしょく)で高価な布地だったが、現在では綿素材が主流になっている。

**種類** 糸の太さや品質によって呼び方が異なる。織りが緻密で光沢があり、やわらかなタイプは「ブロード」と呼ばれ、やや高級である。
また、厚手でよこ畝がはっきりと表れているものは、「タッサー・ポプリン」と呼ばれる。

**名前の由来** 原産地が14世紀のローマ法王(pope)の所領地、フランスのアビニョンであったことから、「poplin(ポプリン)」と名付けられた。当時は高級品で、法衣、聖壇、教会内装飾用などに使用されていた。

**用途** ジャケット、シャツ、スカート、エプロン、子供服、ユニフォーム、カーテンなど幅広く用いられる。毛織物のポプリンもあり、これはスーツ地に用いられる。

### ポプリンのシャツ
コットン・ポプリンのシャツ。程よい光沢感と密な織地でしゃれた雰囲気が漂う。

**DATA**
**素材**／綿、綿とポリエステルの混紡、毛
**織組織**／平織り
**用途**／スーツ、ジャケット、シャツ、スカート、カーテンなど。

**特徴** やわらかな風合いの平織物。たて糸の密度がよこ糸よりも高いため、よこ方向の畝がある。

**関連** ブロード ● P.70　　タッサー ● P.143

拡大写真

綿織物

# ブロード
BROADCLOTH

織物 / 綿織物 ●ブロード

**緻密でしなやか。いわば高級ポプリン**

**概要** 柔軟で光沢のある平織物。シャツ地の定番素材。よこ糸に比べたて糸に2倍ほどの本数を使用するため、その密度の差によって布面に細いよこ畝（うね）が表れる。「ブロード・クロス」ともいう。

もともとは、起毛したフェルト状の毛織物を指したが、現在は綿が中心。

**名前の由来** 幅広（broad）の布地の意。

**ポプリンとの違い** ブロードはコーマ糸と称される、美しい光沢を持つ丈夫な細番手の糸を使う。織密度が高く、「ポプリン」よりもよこ畝の表れ方が少なく上質になるため、高級なポプリンといわれる。ただし、イギリスではブロードはポプリンに分類されている。

**加工と活用** しばしば「シルケット加工」（シルキー加工の1種）や「サンフォライズ加工」（防縮加工の1種）が施される。この組織をベースにストライプの織柄や無地染め、プリントにと活用度は高い。

**様々なブロード生地**
（左）先染め糸を使って織ることで、チェック柄を作っている。（右）花柄プリントのブロード。「リップル加工」が施されている。

**DATA** **素材**／綿、綿とポリエステルの混紡、毛、絹、レーヨン
**織組織**／平織り
**用途**／Yシャツ、寝装着、肌着、ドレスなど。

**特徴** 光沢がありやわらかい高級平織物。細いよこ畝がある。

**関連** ポプリン ●P.69　防縮加工 ●P.202
シルキー加工 ●P.210　リップル（加工）●P.221
ストライプ ●P.232

綿織物

# ローン
## LAWN

## 上質な薄手の平織物。軽やかさと張りが持ち味

**概要** 透け感があり、軽やかで上質な雰囲気を持つ薄手の綿織物。繊細なシルキー・タッチが持ち味である。また、リネンの風合いを模しているため、適度な張りとさらりとした質感を持ち、春夏のシャツ生地に最適。

**名前の由来** もともとはフランスの町・ラン（Laon）が原産の麻の薄い織物。その風合いを綿で表したものが現在のローンである。

**構造** 織糸に60～100番手という、細くて上質なコーマ糸を使用することで、薄く繊細で光沢のある織物となる。美しいドレープを表現するのも得意だ。

**種類** 無地以外にも、花柄や水玉などのプリントを施したものも多い。

**用途** 張りがあるため、夏のシャツやブラウスに使用されることが多い。そのほかドレス、ハンカチ、エンブロイダリー・レースの基布、子供服、カーテンなど幅広く用いられる。

### ローンのシャツ・ブラウス
軽やかで張りがあるため、春夏のシャツ生地に適している。

**DATA**
**素材**／綿、綿とポリエステルの混紡、麻
**織組織**／平織り
**用途**／シャツ、ブラウスなどの春夏物の衣類のほか、ハンカチ、カーテンなど。
**特徴** 麻のような張りがある高級綿織物。薄手で軽くやわらか。
**関連** リネン ○P.107　エンブロイダリー・レース ○P.193

織物　綿織物　●ローン

拡大写真

綿織物

# ボイル
## VOILE

### 通気性がよく透け感のある夏用服地に適した平織物

**概要** 織目が粗く、透け感のある薄手の平織物。撚りの強い糸を使うため、布地には比較的張りとコシがある。また、通気性がよく、かたくしまったシャリ感のある風合いが特徴で、夏物の布地に用いられることが多い。

**名前の由来** ボイル（voile）はフランス語で、英語の「veil」（女性の顔や頭を覆う薄い布）に当たる。花嫁のベールも同じ由来。

**素材** 綿、絹、毛、麻のほか、レーヨンなどの化学繊維まで幅広い素材が使われる。綿を使った「コットン・ボイル」は、シースルー効果のあるやわらかな布地。毛を使った「ウール・ボイル」は、汗や湿気でのベタ付きや蒸れが少ないため、夏向けのウール服地（サマー・ウーステッド）としてもポピュラー。

**用途** 非常に風通しがよく、清涼感のあるさらりとした風合いから、主に夏服に用いられる。婦人用のシャツやブラウス、ドレスのほか、紳士用のシャツ、子供服、ハンカチなど用途は幅広い。

### ボイル・カーテン
帝人社が開発した「ウェーブロン」（防透・防視繊維）を使用したボイル・カーテンは戸外から見えにくく、プライバシー保護の点から近年人気となっている。

**DATA**
**素材**／絹、綿、毛、麻、化学繊維
**織組織**／平織り
**用途**／ブラウス、シャツ、スカートなど、夏物の衣類のほか、肌着、カーテンなど多種多様。

**特徴** 織密度が高く、薄くて軽い平織物。さらりとして透け感があり、夏用の服地に適している。

綿織物

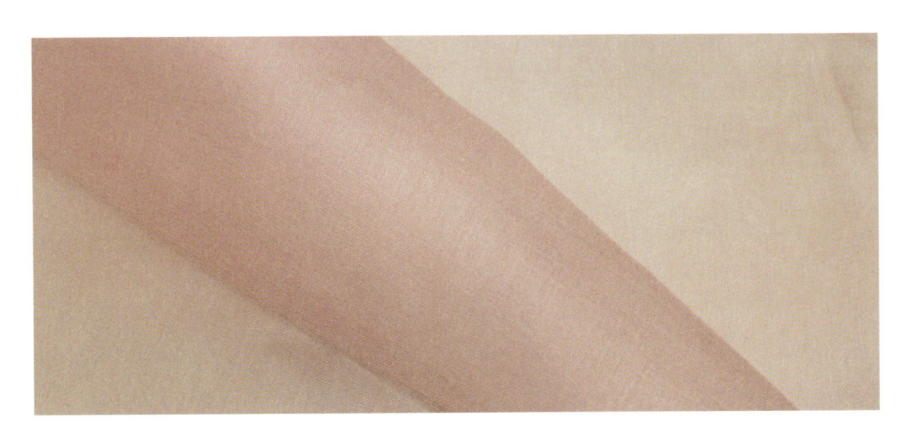

# オーガンジー
ORGANDY

**ドレッシーな装いに欠かせない透明感と光沢のある布地**

**概要** 上品な光沢のある、薄く透き通った平織りの布地。織目は隙間が見えるほど粗く、とても軽い。また、張り、コシや弾力性があるのが特徴。強撚糸で織りあげた後に硫酸処理をするため、透け感と光沢が出る。

**種類** 絹で織ったものは「シルク・オーガンジー」と呼ばれ重宝される。これは繭からとった長繊維を複数本集めて束にした生糸を強く撚った糸で織られる。この撚りと、絹が持つセシリンというタンパク質が張りやコシを生む。英語では絹のオーガンジーは「organza」と表記され、綿のオーガンジーとは異なるものとされるが、日本ではともにオーガンジーと称されるのが一般的。

最近では絹や綿よりも、化学繊維を用いたものが主流となっている。これらもシルキー・タッチで光沢感のある繊維が好まれる。

**用途** 主に、婦人向けのエレガントなドレス、ブラウス、スカーフ、アクセサリーなどに使われる。

### 洋装のみならず和装にも

近年、オーガンジーを利用して着物をより軽快でドレッシーに装う向きも出てきている。白無垢の上に、打掛に仕立てたオーガンジーを羽織るというもの。

**DATA** 素材／綿、絹、化学繊維
織組織／平織り
用途／ドレス、ブラウス、スカーフ、ペチコート、コサージュなど。

**特徴** 光沢と透け感、張り、コシのある平織物。織目は粗く、軽い。

拡大写真

綿織物

# ガーゼ
## GAUZE

**抜群の吸水性と肌触り。繰り返しの洗濯でより柔軟に**

**概要** 甘撚りの綿糸を粗く平織りにした、透け感のあるやわらかい風合いの布地。一般的には高い吸水性を活かして、包帯や傷当てなどに用いられる医療用品や布巾の生地として知られる。

**種類** 甘撚りの単糸を用いた、平織りの二重織りは「ダブル・ガーゼ」という。織りが粗いため、カジュアルな印象を与える点と、通気性に富むという特徴を活かし、夏服に多用されることが多い。糸密度を高めて織りあげることで、強度を上げたタイプもある。

また、最近では、ポリウレタンやナイロンを混ぜて、伸縮性を持たせた「ストレッチ・ガーゼ」も使われるようになってきている。

**用途** 汗をよく吸い、熱放散性にも優れているため、赤ちゃんの産着やハンカチに重宝される。洗濯を繰り返すほど、よりやわらかで気持ちのよい風合いになることから、寝具や部屋着、ストールなど、肌に直接触れるものに適している。

### ベビー肌着
多くの赤ちゃんが、この世に生まれて最初にまとうのがガーゼ素材の肌着。それだけ肌にやさしいという認識が高い。特に、オーガニック・コットン使いは人気がある。

**DATA**
**素材**／綿、化学繊維
**織組織**／平織り
**用途**／ブラウスなど夏物の衣類のほか、部屋着、肌着、布巾、ハンカチ、ストールなど。

**特徴** 甘撚り糸で粗く織った、透け感のあるやわらかい平織物。吸水性、通気性がよい。
**関連** 二重織り ●P.150

拡大写真

綿織物

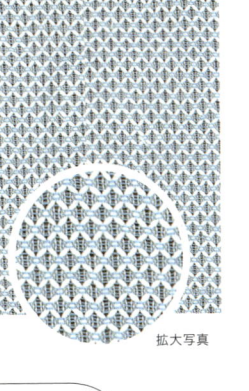

# レノ
## LENO

## レースのような透け感が涼しげな夏の服地

**概要** 網の目のように隙間のある「からみ織り」の布地の総称。「レノ・クロス」とも呼ばれる。たて糸とよこ糸を密着させずに織られているため、織目が粗く通気性に優れている。薄手で透け感があり、たて方向に波を打った太いたて糸が入るので、独特の透け目が入りレースのように見えるのが特徴。綿を使った「コットン・レノ」は、からみ織りの風通しのよさに綿の優れた吸湿性が加わり、夏用のワンピースやブラウスに最適である。

**構造** 2本のたて糸を撚り合わせた間に、よこ糸を通しからませて織ることで隙間が生まれ、たて方向に透け柄が表れる。糸同士がからみ合っているので強度があり、交差した2本のたて糸がよこ糸の動きを止めてキープするため、目ずれを起こさずに粗い目を出すことができる。

**種類** 見た目も涼しげな夏の和服地の「絽(ろ)」や「紗(しゃ)」もレノの1種。紗は全体的に透けているのが特徴である。シャリ感のある「マーキゼット」は、レースのカーテンなどに使われることが多い。

### 絽の着物
見た目に涼しげな絽は、夏の暑い時期の着物として知られる。

**DATA** **素材**／綿、絹、化学繊維
**織組織**／からみ織り
**用途**／ワンピース、ブラウス、着物、帯、和装小物、カーテンなど。

**特徴** からみ織りの布地の総称。レースのような透け目が入り、織り密度が粗く通気性がよい。清涼感があり夏の服地に最適。

織物 綿織物 ●レノ

拡大写真

綿織物

# 綿クレープ
## COTTON CREPE

## シボが特徴的な夏のカジュアル服地

**概要** 「クレープ」とは、強く撚り合わせた糸を使用し、布地の表面に縮みのような独特のしわ（シボ）が表れる織物の総称。

シボには、たて方向だけのシボと、方向性の定まらないシボがあり、前者を「片シボ」、後者を「両シボ」と呼び分けている。綿クレープは両シボである。

汗の吸収性に優れ、さらには放散して、さらりとした快適な状態を保ち続ける。また、風をよく通すため蒸れない、洗濯してもしわが気にならない、ノー・アイロンでよいなど、夏の服地にふさわしい条件を満たしている。

**名前の由来** クレープ（crepe）は「細かいしわ」の意味。お菓子のクレープは、焼いたときにできる縮みじわや焦げ模様が布地のクレープに似ていることから名付けられた。

**構造** よこ糸に強撚糸を用いて、製織後に精練を施す。すると強撚糸に撚りを戻そうとする力が働き、布面にシボが表れる。

**用途** 古くから湿度の高い日本の夏に欠かせない布地で、サマー・ドレスやジャケットなど夏物の婦人服、また夏の肌着にも好んで用いられる。

### 綿クレープのストール
薄くて軽く、汗も吸い取ってくれる綿クレープは、夏のストールにぴったり。

**DATA** 素材／綿
織組織／平織り
用途／夏物の衣類全般のほか、肌着など。

**特徴** 布地の表面に縮みのような独特のシボがある平織物。吸汗性に優れ、肌に張り付きにくいため、夏の服地に最適。

**関連** 楊柳クレープ ●P.77　クレープ・デ・シン ●P.145
ちりめん・シボ（加工）●P.219

拡大写真

綿織物

# 楊柳クレープ
## YORYU CREPE

### さらっとした肌触りが心地よい
### たて方向のシボが特徴の平織物

**概要** 「クレープ」の1種で、布地の表面にたて方向に細長いしわ（シボ）が表れる織物。シボは片シボである（P.76参照）。

汗をよく吸い、吸った汗をすばやく乾かす特性がある。風通しがよく、肌に接触する面が少ないので、布地が肌に張り付くのを防いで、汗ばむ季節もさらっとした肌触りをキープできる。蒸し暑い日本の夏に適した服地である。

**名前の由来** しだれ柳のような細長いしわから「楊柳」と名付けられた。しわ（シボ）のことを洋服地では「クレープ」という。

**構造** たて糸に無撚糸、よこ糸に強撚糸のZ撚り、またはS撚りのどちらか一方だけを使って平織りにする。その後、精練を施すと、よこ糸に撚りを戻そうとする力が働き、布がよこ方向に縮んで布面にシボを生み出す。

**用途** ノー・アイロンで着用できる気軽さから、サマー・ドレス、ブラウス、スカートなど夏物の婦人服に好んで用いられるほか、男女を問わず肌着として使用されている。

**楊柳クレープのシャツ**
汗をよく吸い、布地が肌に張り付かずさらっとしているので、夏の服地にぴったり。

**DATA** **素材**／綿、綿と麻の混紡、綿とポリエステルの混紡
**織組織**／平織り
**用途**／サマー・ドレス、ブラウス、スカートなど夏物の婦人服のほか、肌着など。

**特徴** 布地にたて方向にシボがある平織物。肌に密着せず、さらっとした肌触り。清涼感がある夏向きの服地。

**関連** 綿クレープ ●P.76 　クレープ・デ・シン ●P.145
ちりめん・シボ（加工）●P.219

織物 ● 綿織物 ● 楊柳クレープ

77

拡大写真

綿織物

# サッカー
SUCKER

**布地の凹凸が醸し出す清涼感。
夏のカジュアル服地**

**概要** 表面に波状のしわが縞状に表れる織物。波状のしわのことを「サッカーじわ」と呼ぶ。張力の異なった2種類のたて糸を配列して、収縮度の違いによって表面に細かい縮みじわを作る「しじら織り」の1種。同じ織組織の布地に「阿波しじら」がある。

**名前の由来** 日本ではサッカーと呼ぶことが多いが、「シアー・サッカー(seersucker)」が正式名。語源はペルシャ語で、「ミルクと砂糖」を意味する「shiroshaker(シーロシャカー)」といわれる。

**加工品との違い** 「リップル加工」や「エンボス加工」でも凹凸感は表されるが、これらは加工による縮みじわであり、サッカーが最もしっかりとした布地感である。また、サッカーだけの特徴として、たて糸とたて糸との間にしわがある、しわのない地の部分より、しわ部分のよこ糸の本数が多いため、布地に厚みがあるなどの点がある。しわの部分としわのない地の部分との境に太いたて糸が入っていることもある。

**歴史** インド産の織物が始まり。当初はリネンや、リネンと絹で作られた交織薄地織物で、青い縞のあるものだった。

### シアー・サッカー・ギンガムのシャツ
チェック柄のサッカーのことを特別に「シアー・サッカー・ギンガム」とも呼ぶ。

**DATA** **素材**／綿、綿とポリエステルの混紡
**織組織**／しじら織り(平織り)
**用途**／ジャケット、パジャマ、シャツ、ワンピース、子供服など。

**特徴** 波状のしわが縞状に表れる布地。しじら織りの1種。
**関連** ギンガム ●P.103　エンボス(加工) ●P.217　リップル(加工) ●P.221　ギンガム・チェック ●P.250

拡大写真

**綿織物**

# かつらぎ
## DRILL

## 急傾斜の畝が走る厚手で丈夫な綾織物

**概要** 急傾斜の畝が布表面に表れた厚地の綾織り綿布。よこ糸に14〜18番手以下の太い糸を使用する。

本来、かつらぎといえば2本の糸を撚り合わせた双糸使いの綾織りを指すのだが、現在では、ほとんどが単糸使いのものが使用されている。

漂白したものを「白かつらぎ」、カーキ色に染めたものを「茶かつらぎ」と呼ぶ。

**用途** 安価で丈夫なのでスポーツ・ウエアや作業着、調理用の白衣などに使われる。カラー・デニムやホワイト・デニムの素材に用いられることも多い。

**デニムとの違い** 一見区別が付きづらい、かつらぎ素材のカラー・デニムと「デニム」の大きな違いは染色工程にある。

デニムはたて糸に藍色の先染め糸を用いる。それに対してかつらぎは、白地の布地に一気に染色を施す後染め（無地染め・浸染）である。そのため、デニムははき続けると、たて糸の藍色のみが薄くなり、たてラインの色落ちが見られる。

### 白かつらぎのコックコート
布地が厚く丈夫なので、耐久性が求められるコック・コートに最適。

**DATA** 素材／綿、綿とポリエステルの混紡
織組織／斜文織り（綾織り）
用途／作業着、スポーツ・ウエア、調理用白衣、ホワイト・デニム、カラー・デニムなど。

**特徴** 急傾斜の畝を持つ原地の綾織物。ワーク・ウエアに用いられることが多い。「ドリル」ともいう。

**関連** 糸染め ●P.57　浸染 ●P.58　デニム ●P.80

織物　綿織物　●かつらぎ

拡大写真

綿織物

# デニム
## DENIM

**ジーンズの代名詞。**
**独特の色落ちはロープ染色から**

▊概要 しっかりとした厚みのある綾織物で、破れにくく丈夫。表面にたて糸の藍色が多く表れ、裏面はよこ糸の白色が勝って見える。

▊ロープ染色 デニムは長くはき続けたり洗濯を繰り返したりすることで、布地の表面が摩耗し、たて落ち（たて方向に白っぽく色落ち）するのが持ち味だが、これを可能にしているのがデニムの染色法である。

　糸は10番手以上20番手以下のしっかりとした太さのある綿糸を使う。たて糸は2～3本をロープ状にして糸染めする（ロープ染色）。すると、糸の芯まで染まらない「中白(なかじろ)」という状態になる。中白の状態で染められたたて糸と、白色のよこ糸を用いて斜文織りするが、布地の表面が摩耗してくると、たて糸の芯の部分が表れるため、白っぽくなる。新品の製品でも、加工することでヴィンテージ感を出すことができる。

▊カラー・バリエーション 藍色がよく知られているが、硫化染料で染めたグレーや黒のほか、現在では赤や緑などバリエーション豊富である。

▊かつらぎとの違い 「かつらぎ」はデニムと同じく太綿糸を用いる綾織物だが、後染(あとぞ)めのため、デニムのようなたて落ちはしない。ホワイト・デニムやカラー・デニムにはかつらぎが用いられていることが多い。

**たて落ち**
**破れ加工デニム**
「ウオッシュ加工」や「クラッシュ加工」を施して、ヴィンテージ感を出した製品は人気がある。

## ● いろいろなデニム・アイテム

**ストレッチ・デニム**
よこ糸に伸縮性のある糸を用いたデニムではき心地のよさを実現。女性用の細身のジーンズに多い。

**ジージャン**
「G（ジー）ジャン」は「ジーンズと同じ生地のジャンパー」の略。アメリカン・カジュアルの代表的アイテム。

**オーバーオール**
アメリカ開拓時代、鉱山作業員のために作られた胸当てズボンが始まりといわれる。サロペットとも呼ばれる。

## 丈夫なワーク・ウエアとして生まれ、今やファッションの最前線へ

**歴史** フランスのニーム地方で生産されていた丈夫な厚手の綾織物が発祥。インディゴ・ブルーに染められたこのサージ布地は「serge de Nimes（セルジュ・ド・ニーム）」（ニーム産のサージ）という名で、「ド・ニーム」がデニムの名前の由来である。

**デニムとジーンズの歴史** 1850年頃、リーバイ・ストラウスという人物が西部開拓時代のアメリカに渡り、金鉱で働く人々を相手にテント地（キャンバス）を売る商売をした。過酷な労働に耐えられるワーク・パンツとしてキャンバス地で作ったズボンを販売したところ、これが大流行。その後、生地がデニムに変更され、改良を重ねられた。これがジーンズ・ブランド「リーバイス」の原点であり、ジーンズの歴史の第一歩となった。

その後、ジーンズは19世紀末には子供服として広がり、20世紀後半になるとそれまでのワーク・パンツのイメージから、ファッショナブルなイメージへと進化する。リーバイス社はファッション雑誌『VOGUE』にジーンズの広告を出し、「イヴ・サンローラン」や「カルバン・クライン」、「アルマーニ」などのブランドがコレクションにデニムを使用。また、マーロン・ブランドやジェームス・ディーンなどのハリウッド・スターがジーンズをはきこなしたことで、若者のデニムに対する注目が一気に高まった。

こうしてジーンズは世界中にファッショナブルな日常着として広まった。現在、デニム素材のジーンズは世界で最も多くの人々が親しんでいる服といえるだろう。

**織物　綿織物●デニム**

---

**DATA　素材**／綿、綿とポリエステルの混紡、綿とポリウレタンの混紡
**織組織**／斜文織り（綾織り）
**用途**／ジーンズ、ジャンパー、スカート、オーバーオールなど。

**特徴** しっかりとした厚みのある、丈夫な綾織物。たて糸に先染めの色糸を使い、摩耗すると白っぽく色落ちするのが特徴。

**関連** かつらぎ ●P.79　サージ ●P.112
デニムの加工 ●P.208

拡大写真

綿織物

# ダンガリー
DUNGAREE

**アメリカン・カジュアルの代名詞。薄手だが耐久性の高い布地**

【概要】たて糸にさらし糸、よこ糸に先染めの色糸を使った布地。一見、薄手の「デニム」によく似ているが、たて、よこの綿糸使いがデニムのそれとは逆で、白色のたて糸が表面から多く見えるため、デニムより白っぽく見える。見た目が似ていることからデニム布地の1種として分類されることも多くある。

耐久性があり、洗濯に強い。デニムと同様、洗えば洗うほどに布地が味わい深くなる。

本来は綾織りだが、現在はさらし糸と色糸で平織りしたものが多い。

【歴史】インド産の粗野な厚地綾織綿布が発祥。Dungriという土地で織られていたことが名前の由来。元来、水夫の作業着に用いられた。

「ダンガリーズ」と複数形になると、ダンガリー製のシャツやワーク・パンツなどの作業服を指す。

【種類】ダンガリー布地には、かたさや厚みはもちろん、色や柄についても実にたくさんのバリエーションがある。プリントのものから、色糸を使ってストライプを織り出しているものまで、種類は豊富だ。

**インディゴ・ブルーの
ダンガリー・シャツでおなじみ**

【ダンガリー・シャツ】ダンガリー地のアイテムとして、一番ポピュラーなものがワーク・シャツ（機能的なデザインと実用性を第一に考えた作業用のシャツ）である。

開拓時代、アメリカ西部のカウボーイたちに愛用されたアメリカン・シャツが発祥で、装飾性を一切取り除いた、シンプルなデザインが特徴だ。アメリカ海軍の艦上用作業服としても使われている。

● 様々なダンガリー布地

**花柄プリントのダンガリー** 
メンズっぽいイメージの強いダンガリーだが、愛らしいプリント柄もある。

**ネップ・ダンガリー**
ネップとは、繊維の節が生地表面に出たもの。素朴でナチュラルな味わいがある。

**パステル・カラーのダンガリー** 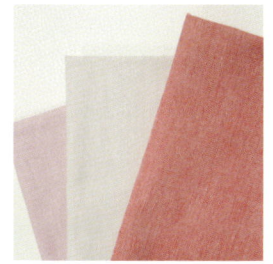
綿糸は染色しやすく、カラー・バリエーションも豊富にある。

また、近年はスタッズやレースなどの装飾を施したダンガリー・シャツも多く出回り、カジュアル・スタイルの定番シャツとして男女問わず人気がある。

**インディゴ・ブルー** インディゴ（indigo）とはもともと「インド風の」という意味で、植物染料であるインド藍のこと。このインド藍で染めた藍色を「インディゴ・ブルー」という。ダンガリーのカラー・バリエーションは多いが、この藍色が主流。

**用途** ダンガリーはやわらかで肌触りもいいことから、子供服にも多く使用されている。男児服はシャツ、女児服はワンピースによく見られる。また、デニム同様、オールマイティーにほかの洋服とコーディネートしやすいので、カジュアル・スタイルの定番素材となっている。耐久性が高いことから、作業着や作務衣にも使われている。

**ダンガリー・シャツ**
もともと作業着だったダンガリー・シャツだが、近年では「パール・コーティング」などを施した、高級感ある製品も増えてきている。

**DATA** 素材／綿、綿とポリエステルの混紡
　　　 織組織／平織り、または斜文織り（綾織り）
　　　 用途／シャツ、パンツ、ワンピース、作業着など。

**特徴** たて糸にさらし糸、よこ糸に先染めの色糸を使った綿布。薄手でやわらかい風合いだが丈夫。色はインディゴ・ブルーが代表的。

**関連** デニム ● P.80　コーティング（加工）● P.213

織物

綿織物 ● ダンガリー

拡大写真

綿織物

# シャンブレー
**CHAMBRAY**

## 色糸と白糸の交織で作られる霜降り状の織物

**概要** たて糸に色糸、よこ糸に白色のさらし糸を使った平織物。色糸と白糸が組み合わさることで霜降り効果（霜が降りたような白い斑点模様）が生まれるのが特徴。

色糸が青なら水色、黒ならグレーというように、発色が中和され、遠くから見ると淡い色合いに見える。このような異色交織の技法で得られる色をシャンブレー・カラーという。織ってから染める後染めの布地の均一な印象に比べ、独特の雰囲気や風合いがある。

近年は、生産効率上、たて糸をさらし糸にして、よこ糸に色糸を使うという、今までとは逆の製織方法が主流になっている。

**名前の由来** 原産地フランスの街、キャンブレ（Cambrai）が由来といわれる。

**バリエーション** たて糸とよこ糸に、それぞれ異なる色糸を用いて織ったシャンブレーもある。すると、光を受ける角度によって色や見え方が変わる「玉虫効果」を得られ、魅惑的な布地になる。

### 玉虫効果を表したシャンブレー生地の拡大写真

たて糸に紫、よこ糸に青の糸を使った生地。見る角度によって、布地全体が紫に見えたり青に見えたりする。

**DATA** **素材**／綿、絹、ポリエステル
**織組織**／平織り
**用途**／シャツ、ブラウス、ワンピース、ドレスなど。

**特徴** 白色のさらし糸と色糸で交織することで霜降効果を生む平織物。

織物 綿織物 ●シャンブレー

綿織物

# コットン・ベロア
## COTTON VELOUR

拡大写真

**長めの毛羽を持つ綿織物。
毛織物やニットのベロアも**

**概要** 布地の表面のパイル（輪奈(わな)）を切り、長い毛羽を立てた綿織物。通常、「別珍(べっちん)」より毛羽が長く、畝(うね)が見えるのが特徴。保温性があり、手触りがいいため、秋冬の衣類に適している。

**名前の由来** ラテン語で「毛深い」という意味の「vellosus」が由来。

**ウール・ベロア** 綿ではなく、毛を素材にしたベロアもある。紡毛織物(ぼうもう)を縮絨(しゅくじゅう)し、表面のみ起毛した後、毛羽を刈り揃えて、「ベルベット」のような風合いに仕上げる。これを「ベロア仕上げ」、または「ベルベット仕上げ」という。ウール・ベロアは織目が見えず、長く直立した毛羽が特徴。

**ニット・ベロア** 織物ではなく、ニットのベロアもある。パイル編みのパイルを切り、毛羽を立てたもの。

**用途** 秋冬の衣類全般のほか、寒い時期のトレーニング・ウエアなどに用いられる。手触りや弾力性のよさから、ぬいぐるみの生地としても使われる。

### コットン・ベロアのパーカー
綿であるが起毛しているため保温性もあり、秋冬のルーム・ウエアにも適している。

**DATA 素材**／綿
**織組織**／たてパイル織り
**用途**／秋冬の衣類全般、雑貨、インテリア用品など。

**特徴** パイルを切って長い毛羽を作った綿織物。
**関連** 別珍 ● P.88　ベルベット ● P.149　縮絨（加工）● P.222

織物　綿織物　●コットン・ベロア

85

拡大写真

綿織物

# コーデュロイ
## CORDUROY

**たて畝が特徴的な、秋冬に適したカジュアル服地**

**概要** 「よこパイル織り」により、たてに毛羽のコード状のライン（畝）が入った織物。摩擦に強く、コーデュロイで作ったパンツは、ジーンズに並ぶ日常着として人気が高い。カジュアルなファッションに欠かせない布地の1つである。

もともとは作業着として用いられていた布地だったため、かつては地味な色合いのものが大半を占めていたが、近年は柄物やパステル・カラー、ビビッド・カラーのものなど、ファッション性の幅が広がり、人気を得ている布地である。

**構造** よこパイル織りにした後、パイル（輪奈）を切ることで毛羽立ちを作る。

**種類と用途** あくまでも目安だが、1インチ（2.54cm）間に畝が3本しかない、太い畝のものを「鬼コール」、6本前後の畝が入るものを「太コール」と呼ぶ。これらはパンツやブルゾンに使用されることが多い。畝が9本入る「中太コール」は、スーツやジャケット、カジュアルなパンツやスカートなどに用いられる。畝が15本以上だと「細コール」、20本以上あるものは「極細コール」と分類される。極細コールは、シャツ素材に多く用いられるため、「シャツ・コール」とも呼ばれる。ほかに、毛羽を形成しない「アンカット・コール」や、プリントを施したものなど、多彩な種類がある。

**コーデュロイのジャンパー・スカート**
丈夫な服地として重宝され、子供服にも頻繁に用いられる。

● コーデュロイの主な種類

**鬼コール**
畝が1インチ間に3本のコーデュロイ。毛羽立ちが豊かで、暖かい。パンツやブルゾンに使用される。

**極細コール**
畝が1インチ間に21本入った、極細コーデュロイ。薄手で動きに沿うので、秋冬シャツの素材に最適。

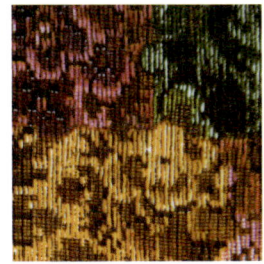

**柄物のコーデュロイ**
近年では、ストライプや花柄、水玉など柄を表したコーデュロイもあり、バラエティー豊か。

## 秋冬の服地から発展しさらにバラエティー豊かに

**サマー・コーデュロイ** コーデュロイは地厚で、毛羽立ちと畝の凹凸が空気を含み、保温性に優れているため、一般的には、秋冬の服地として適したものであるが、春夏服の素材に用いられる「サマー・コーデュロイ」もある。

サマー・コーデュロイは、コーデュロイならではのカジュアルな雰囲気はそのままに、素材をレーヨンなどの薄手で軽いものにすることで、夏でも心地よいさらりとした肌触りを実現した布地である。

**生産地** 日本で生産されているコーデュロイの90％以上が、静岡県の磐田郡福田町を中心とした地域で作られている。

**歴史** フランス王朝期、イギリスの織物業者がルイ14世にこの布地を献上。ルイ14世はフランス宮廷の執事たちにこの布地を与えた。このことから、この布地が「cord du roi」（王様のコード／ひも／たて畝）と呼ばれるようになり、これが名前の由来になった。

日本では、明治時代に鼻緒の素材として使用されるようになったのが始まり。ひと昔前は「コール天」という名前の方がポピュラーだった。

**類似織物** コーデュロイと同じく、パイルを切って毛羽を作る織物に、「別珍」や「ベルベット」がある（それぞれの違いについてはP.89参照）。

**DATA** 素材／綿、綿とポリエステルの混紡、化学繊維
織組織／よこパイル織り
用途／秋冬衣類全般のほか、帽子、タイツなど。

**特徴** たて方向に毛羽の畝がある織物。よこパイル織りで作られる。

**関連** 別珍 ○ P.88　ベルベット ○ P.149

織物 綿織物 ● コーデュロイ

**綿織物**

# 別珍
### べっちん
VELVETEEN

**暖かみのある色となめらかな手触り。高級感ある光沢布地**

**概要** 高級絹織物である「ベルベット」を綿で表した織物。肉厚で暖かく、ソフトな手触り。

**歴史** ヨーロッパで生産されていた織物「velvetteen」が明治時代に日本に輸入され、生産され始めた。

**名前の由来** 英名の「velvetteen」は「ビロードのような」という意味で、それに日本で「別珍」の字を当てた。布地の質感が特別に珍しかったことから、これらの漢字が使われたとされる。大正時代に足袋の商標として使用されてからこの名が広まったようだ。

**構造** パイル織りの1種で、よこ糸のパイル（輪奈(わな)）を切って毛羽を出す。

**種類** 地の組織は平織と斜文織りの2種類がある。地織組織が平織りの「平別珍(ひらべっちん)」より、綾織りの「綾別珍(あやべっちん)」の方が毛羽を長く、組織を密にできるため、柔軟で絹のようなしっとりとした風合いがあり、上等なものとされる。

また、パイル糸をV字型にたて糸1本で留める「ルーズ・パイル」と、複数本でW字型にしっかり留める「ファスト・パイル」とがある。

最近ではストレッチ性を持たせた機能的なものも重宝されている。

**ベルベット**
羽毛のようにやわらかな手触りの高級絹織物。

● 別珍素材のアイテム

**別珍使いのワンピース**
袖と胸、すそ部分に別珍を使用したワンピース。

**別珍の足袋**
大正時代、和装の足元に常用されていた別珍足袋。「別珍」の名は、別珍の足袋の商標として使われたことが始まりだったという。

**別珍の手袋**
別珍ならではのやわらかな素材感を活かした手袋。別珍の素材感はリッチで大人っぽい印象を作る。

## コーデュロイとベルベットは別珍の仲間

**類似織物** 別珍によく似た特徴を持つ布地が、「コーデュロイ」と「ベルベット」である。

別珍とコーデュロイはともに「よこパイル織り」で兄弟のような関係。異なるのは、別珍はパイル毛羽が布地全体に配されているのに対し、コーデュロイはたて畝を表す点である。

ベルベットは「たてパイル織り」で、絹やレーヨン、ポリエステルのフィラメント糸使い。したがって別珍よりもさらに光沢があり、パイルが直立していてヘタりにくいのが特徴だ。

**用途** やわらかで暖かみのある雰囲気と、パイルの保温性を活かして、秋冬のカジュアル・アイテムに用いられることが多い。

**コーデュロイ**
パイル毛羽が全面にある別珍に対し、パイル毛羽がない部分があり、それがたて畝になっているものがコーデュロイ。

● 類似織物の比較表

| 別珍 | コーデュロイ | ベルベット |
| --- | --- | --- |
| ● 綿が基本素材<br>● よこパイル織り<br>● 全面に毛羽がある | ● 綿が基本素材<br>● よこパイル織り<br>● たて畝がある | ● 絹が基本素材<br>● たてパイル織り<br>● 光沢が強く、ヘタりにくい |

**DATA** 素材／綿、綿とポリエステルの混紡
　　　　織組織／よこパイル織り
　　　　用途／秋冬の衣類全般のほか、手袋、帽子など。

**特徴** 絹織物であるベルベットの質感を表した、毛羽のある綿織物。

**関連** コーデュロイ ● P.86　　ベルベット ● P.149

織物 綿織物 ●別珍

綿織物

# テリー・クロス
## TERRY CLOTH

### 保水性、吸水性に優れた主にタオルに見られる織物

**概要** 「パイル織り」の代表的なもの。パイル織りとは、地組織にからませたパイル糸を引き出して、織物の片面、または両面にループ状の糸（輪奈）を作る織物の総称である。

テリー・クロスはたて糸がパイルになる「たてパイル織り」で、パイル糸は甘撚りのため、風合いはやさしく吸収性がよい。輪奈のままのものと、輪奈をカットして毛羽立てたものがあり、前者は「アンカット・パイル」、後者は「カット・パイル」と呼ばれる。

**名前の由来** テリー（terry）とは、「引き出す」という意味のフランス語「tirer」に由来する。

**別名** 「タオル地」、「タオル織り」、「タオル・クロス」とも呼ばれる。片面に輪奈を出したものを「片面タオル」、両面に輪奈を出したものを「両面タオル」と呼ぶ。

**用途** 水分をよく吸収するため、タオル類、シーツやパジャマ、部屋着などに用いられる。また、吸水性や吸湿性のよさから、夏用衣類やベビー服、子供服にも多く見られる。

### テリー・クロスのバス・ローブ

高級なものは、甘撚り糸と織りそのもので吸水性の高さと肌触りのよさを実現しているので、柔軟剤を使わなくてもふんわりソフト。

**DATA**
**素材**／綿、化学繊維
**織組織**／たてパイル織り
**用途**／タオル、シーツ、パジャマ、部屋着、バス・ローブ、子供服など。

**特徴** 柔軟で吸湿性に富むタオル地。甘撚りのループ糸が肌触りのよさを生む。

拡大写真

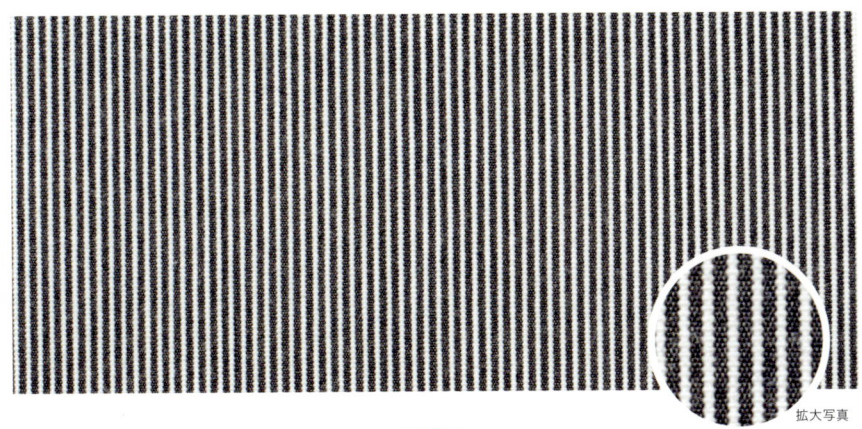

綿織物

# コードレーン
## CORDLANE

## たて方向の畝（うね）を持つ
## ドライな手触りの夏の服地

**概要** たて方向に畝を出し、ストライプの織柄を作る平織物。張りのあるかための素材感。また、さらさらとしたドライな質感で、見た目にも清涼感がある。畝があるため肌に張り付きにくいというのも特徴で、初夏から盛夏にかけてのアパレル素材として好まれる。

**構造** 畝ができる理由は、たて糸の太さの違いにある。コードレーンといえば青×白、または赤×白のストライプがポピュラーだが、これらはたて糸に白糸と色糸を数本ずつ交互に配置している。その際、色糸に太い糸あるいは引き揃え糸（2本以上の繊維を引き揃えただけで撚（よ）りをかけていない糸。太い糸と似た効果がある）を使うことによって、白糸部分との厚みが変わり、畝ができる。

**名前の由来** コード（cord）は「ひも、たて畝」を意味する。本来「コードレーン」は商標名だったが、「コード織り」の代名詞として一般的に使われている。

**用途** コードレーンを用いた代表的な服に、サマー・コットンのジャケットがある。

### コードレーンのジャケット
見た目も着心地も軽やかなコードレーンは、夏のジャケット素材の定番。

**DATA** **素材**／綿、化学繊維
**織組織**／コード織り（よこ畝織り・変化平織り）
**用途**／夏物のスーツ、ジャケットなど。

**特徴** たて畝のある織物。ストライプの織柄を作るものがポピュラー。
**関連** ストライプ ○P.232

織物
綿織物 ●コードレーン

綿織物

## ピケ
### PIQUE

**細い畝が生み出す立体感が爽やかな夏用布地**

**概要** 表面に縄を密に並べたようなよこ畝のある、厚手で丈夫な綿織物。表側は平織りで、裏側はたて糸がきつく張られ、畝を盛り上げている。ピケのように畝が出るように織られた織物の総称でもある。夏物の婦人服や子供服、帽子などに用いられる。

**種類** 畝をはっきりと盛り上げるため、凸部の中に芯糸が入っている「芯入りピケ」、入っておらず、やわらかい「芯なしピケ」がある。

**名前の由来** 「ステッチを刺す」という意味のフランス語「piqué」に由来する。

**DATA** 素材／綿、綿とポリエステルの混紡
織組織／ピケ織り(たく二重織り)
備考／波状の畝があるピケや模様のあるピケは特に「アート・ピケ」と呼ぶ。
用途／夏用のジャケット、ワンピース、パンツ、スカートなど。

**特徴** 布地の表面によこ方向の畝が細かく並んだ綿織物。

綿織物

## たてピケ
### BEDFORD CORD

**くっきりとしたコシのある畝がスポーティーな印象の織物**

**概要** 「ピケ」の畝がたて方向になったような布地だが、織り方は異なる。そのため正確にはピケではないが、見た目が似ているためこう呼ばれる。肉厚でコシがあり、さらりとした肌触りで夏の装いに向いている。畝の部分は平織りで、裏側はよこ糸がきつく張られ、畝を生んでいる。

**種類** ピケと同様に、畝に芯があるものとないものがある。また、畝幅の細いものを「ピンウエール・ピケ」、畝幅の広いものを「ワイドウエール・ピケ」という。

**DATA** 素材／綿、綿とポリエステルの混紡、毛
織組織／ベッドフォード・コード織り(よこ二重織り)
用途／夏用のジャケット、ワンピース、パンツ、スカートなど。

**特徴** 布地の表面にたて方向の畝が細かく並んだ織物。

拡大写真

綿織物

# ブッチャー
BUTCHER

## 織りの風合いが際立つ、立体感のある高級織物

**概要** 不規則で立体的な地模様がある織物。麻のような質感で、丈夫。布地にふっくらとした厚みと表情があり、密度は粗めである。摩擦に強く、強度にも優れている。布表面に凹凸が生まれることから、水分の吸収もよい。

**名前の由来** イギリスで肉屋（butcher）のエプロンに用いられていた麻織物の風合いを表したことから。

**構造** たて・よこともに2～3本ずつ糸を引き揃えて織る「ななこ織り」を、平織りに不規則に織り交ぜることで、立体感のある独特の風合いが生まれる。

**用途** 通気性があり、さっぱりとした肌触りから、夏の婦人服や子供服に広く使われている。近年は毛織物も増え、高級感を活かした紳士用のスーツ地や婦人向けのジャケットなどにも用いられている。

### ブッチャー生地のスーツ
フォーマルなシーンに使われるスーツにぴったり。写真のスーツは「ラメ加工」が施されている。

**DATA** 素材／綿、麻、毛、化学繊維
織組織／平織りとななこ織り（変化平織り）
用途／スーツ、ジャケットなど。

**特徴** 2種の織りが不規則に入り交じる、ザラッとした感触の布地。肉屋（ブッチャー）のエプロンが由来。

**関連** ラメ（加工） ●P.229

織物 / 綿織物 ●ブッチャー

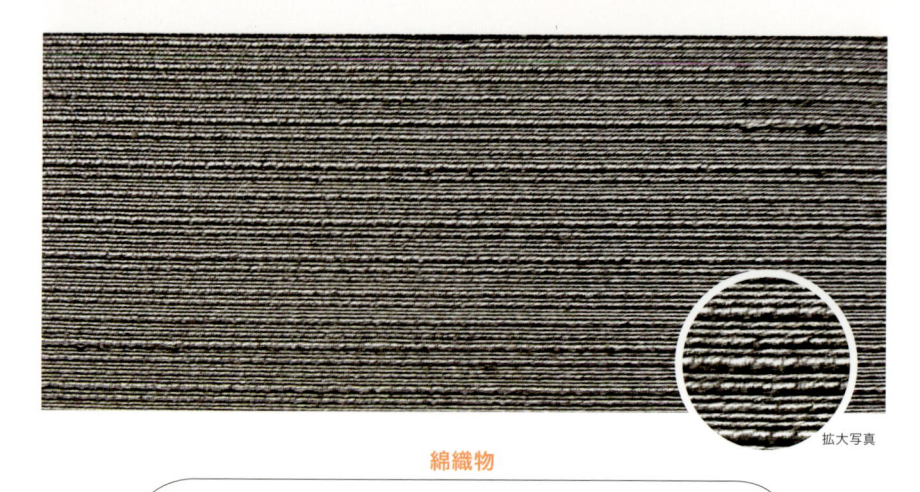

綿織物

# グログラン
GROSGRAIN

拡大写真

## 太いよこ畝がアクセント。かたく密な高級感ある布地

**概要** たて糸に細い糸、よこ糸に太い糸を使うことで、よこ方向に畝を表した織物。かたく密に織られた布地感で高級感がある。「ポプリン」より重めで地に張りがある、重厚な美しい布地。そもそもは絹織物のことを指していたが、現在は綿が主で、毛、化学繊維のものもある。

**名前の由来** 「大きな」という意味を持つグロ（gross）と、「穀物のツブ」という意味を持つグラン（grain）という言葉の掛け合わせとされる。その名の通り、布地の表面はザラッとして太い畝が表れている。

**織物** グログランに似ている布地に「ファイユ」がある。グログランより畝が扁平で小さく、やわらかい布地だ。よこ畝がある布地の中で最も畝幅が大きいのが「オットマン」。「ベンガリン」は太いよこ畝と細いよこ畝を交互にあしらっている。「タフタ」や「ポプリン」、「タッサー」にも細かい畝がある。

**グログラン・リボン** グログランで作るリボンのこと。「フェラガモ」の「ヴァラ」シリーズでも使用されている。

### グログラン・リボン
帽子や靴の装飾、服の端にデザインとして付けられることが多い。

**DATA** 素材／綿、絹、毛、化学繊維
織組織／たて畝織り（変化平織り）
用途／コート、スーツなどの衣類のほか、リボン、ネクタイなど。

**特徴** よこ畝のある、かたく密な織物。張り、高級感がある。
**関連** ポプリン ◯ P.69　タフタ ◯ P.140
ファイユ ◯ P.141　タッサー ◯ P.143

拡大写真

綿織物

# オックスフォード
## OXFORD

## バスケットのような織目を持つ、端正な雰囲気の綿織物

**概要** 「ななこ織り」という平織りの変化組織の1種。通常平織物は、たて糸1本に対して、よこ糸を1本交差させて織るところを、たて糸とよこ糸を数本ずつ引き揃え、1本の糸のように扱う織り方を用いる。この方法だと、太い糸を用いたような効果が得られる。正式名称は「オックスフォード・シャーティング」。

しなやかでしわになりにくく、優れた通気性を持つ。品のよい光沢があり、カジュアルになり過ぎないというバランスのよさが魅力。

たてに色糸、よこに白糸を使ったシャンブレー・カラーのものが一般的で、白無地や色無地のほか、ストライプ柄のものはボタンダウン・シャツでおなじみ。

**服地以外のオックスフォード** この布地以外にも、「オックスフォード」の名称を持つものがある。オックスフォード大学のテニス・ウエアとして用いられたグレーの霜降りの「フランネル」もオックスフォードと呼ばれる。また、色の世界では黒ずんだ灰色のことを指すが、由来はオックスフォード大学のスクール・カラー。

### オックスフォードのボタンダウン・シャツ
正統派のシャツとして人気が高いオックスフォードのシャツ。カジュアルながら品のよさが漂う。

**DATA** **素材**／綿、綿とポリエステルの混紡
**織組織**／ななこ織り（変化平織り）
**用途**／シャツ、スーツなど。

**特徴** ななこ織りで作られる、通気性のよい織物。
**関連** シャンブレー ● P.84　フランネル ● P.114
ストライプ ● P.232

織物　綿織物 ● オックスフォード

拡大写真

綿織物

# コットン・ギャバジン
## COTTON GABERDINE

### トレンチ・コートで有名な綿織物

**概要** 細い緻密な綿糸を「急斜文織り」にした布地に「防水加工」を施した布地で、バーバリー社製のトレンチ・コートなどが有名。

たて糸、よこ糸ともに細い双糸（そうし）を使い、緻密に織りあげる。表面に斜文線があり、手触りがよく、品のよい光沢感と高級感がある。

「綿ギャバ」、「ギャバディーン」、「クレバネット」とも呼ばれる、密な急斜文織りの綿織物。丈夫でしなやか。たて糸の本数がよこ糸よりも2倍ほど多く急傾斜の斜文線が表れるのが特徴。

**用途** 斜文線が45度以上の急傾斜で水切れがよいため、これに防水加工を施したものがコート地などに使われる。

### 第一次世界大戦時に軍服として一躍注目を浴びた高機能素材

**歴史** 1879年にバーバリー社が耐久性、防水性に優れた素材を開発し、その後、特許を取得した。

第一次世界大戦の際、バーバリー社がイギリス軍用にこの布地を使い、コートをデザインした。大戦後、このコートがトレンチ・コートという名で一般にも大流行し、同時にギャバジンも高機能素材として注目を浴びた。

さらにジョージ5世から英国王室御用達を受けたことで、裏地に採用されていた「バーバ

#### バーバリー・チェック
バーバリー社のハウス・チェック。トレンチ・コートの裏地に使われた。

● **コットン・ギャバジンのトレンチ・コート**

一番左はバーバリー社のメンズ、中央はバーバリー社のレディース、右は他社のもの。バーバリー社が独自に開発した織物の特許が切れた現在では、多くのメーカーがこの生地でトレンチ・コートを作っている。

リー・チェック」の柄とともに、バーバリー製のトレンチ・コートが大ヒット。映画などで俳優たちがトレンチ・コートを着用したことで、人気はますます過熱した。

　ちなみに、1911年に人類初の南極点到達を果たしたノルウェーの探検家アムンゼンが防寒着として着用していたのも、バーバリー社製のコートである。

**毛のギャバジン** ギャバジンはトレンチ・コートに使われる綿織物としてだけでなく、現在は上質な毛織物として高級スーツなどにも多く用いられている。毛を用いて織られたギャバジンは、しなやかで保温性の高い布地となる。これに近いものは「サージ」であるが、サージの綾目は45度。ギャバジンは急傾斜で65度から75度程度まである。

**バーバリー社のトレンチ・コートの広告**
第一次世界大戦中、バーバリー社が出した広告。軍人用にデザインしたコートが、トレンチ・コートとして広く知られるようになった。

**DATA** 素材／綿、毛、綿とポリエステルの混紡、毛とポリエステルの混紡
　　　　織組織／急斜文織り（変化斜文織り）
　　　　用途／コート、スーツ、ジャケットなど。

**特徴** 急傾斜の斜文線を持つ、丈夫な綿織物。防水性、耐久性に優れる。

**関連** サージ ●P.112　ウール・ギャバジン ●P.113
　　　　防水加工 ●P.199　バーバリー・チェック ●P.249

織物　綿織物　●コットン・ギャバジン

綿織物

# チノ・クロス
## CHINO CLOTH

拡大写真

**チノ・パンでおなじみ。
丈夫なワーク・ウエア布地**

**概要** もともとは軍服用に使われた、緻密で丈夫な綾織物。カーキ色やベージュに染色されるのが特徴。

20番手より細い綿糸の双糸(そうし)を用いたものと、単糸(たんし)を用いたものがあり、前者は厚手で粗く、かたい。後者は薄手でしなやかで光沢があり、高級とされている。

**歴史** カーキ色やベージュに染められることが多いが、これは、もともとチノ・クロスが軍服用布地だったことに由来する。19世紀、インド駐留のイギリス軍は、インドの大地になじむ色に軍服を染めた。一説にはカレーで染めたとされる。その色は黄色に茶色の混じったくすんだ色で、ヒンズー語で「土埃」を意味する「カーキ(khaki)」と名付けられた。

**名前の由来** チノ(chino)の名は中国(China)が由来とされる。なぜ中国なのかは諸説あり、フィリピン駐留のアメリカ軍が中国からこの生地を輸入していたからとも、フィリピンにいた中国人農民が着ていたからともいわれる。単に「チノ」とも呼ばれる。

**チノ・パン**
ジーンズと並ぶ人気のカジュアル・パンツ。「チーノーズ」の別名もある。

**DATA** 
**素材**／綿、綿とポリエステルの混紡
**織組織**／斜文織り(綾織り)
**用途**／パンツ、作業着、カジュアル・ウエアなど。

**特徴** 軍服用に使われた緻密で丈夫な綾織物。カーキ色やベージュのカラーが特徴。

綿織物

# ウエザー・クロス
## WEATHER CLOTH

**防水性・耐久性に富んだ、全天候対応型の綿織物**

**概要** 「weather（天候）」の名の通り、ウエザー・クロスはどんな気候にも対応できるように開発された素材である。

もともとは軍服用の布地として用いられてきた。緻密で防水性や耐久性に富み、薄くて軽いのが特徴。風合いはパリッと紙のような張りとコシがあり、「ペーパー・ライク」と表現される。

**製法** 「ポプリン」や「キャンバス」に「防水加工」を施したものがウエザー・クロスである。したがってポプリンやキャンバス地と同じようによこ畝が見られる。薄手のものから厚手のものまで種類は豊富。

**用途** トレンチ・コートやスプリング・コートなどの薄手のアウターなどに用いられる。雨の日も着用可能なことから、これらのコートを「ウエザー・コート」と呼ぶこともある。

**ウエザー・コート**
（左）ファー付きのポンチョ。（右）トレンチ・コート。どちらもライナー付きでスリー・シーズン着られるアイテム。

**DATA** **素材**／綿、綿とポリエステルの混紡
**織組織**／平織り
**用途**／コート、アウトドア・ウエアなど。

**特徴** 防水性のある薄手の織物。緻密で細かなよこ畝が見られる。
**関連** ポプリン ○P.69　防水加工 ○P.199

織物　綿織物　●ウエザー・クロス

拡大写真

綿織物

# ビエラ
VIYELLA

## 起毛感が心地よい、綿と毛の混紡の綾織物

**概要** 綿と毛の梳毛糸を使った薄手の綾織物。軽く起毛されており、やわらかな質感。

本来は綿50％、毛50％の組成で、毛100％の「フランネル」に近い風合いを持たせたものを指すが、現在では、綿や毛を起毛させた、薄手の綾織物全般をビエラと呼んでいる。

綿の肌なじみのよさと、毛の暖かみとのバランスがよく、しなやかで軽く、ふんわりとした風合いを持つ。布地にコシがあるため、ドレープが美しく表れる。また、家庭でも洗濯でき、扱いやすいのも利点である。

ビエラはもともとウイリアム・ホーリンス商会の商標のため、一般名称としては、「ビエラ・タイプ」と呼ぶのが正しいが、タイプを付けず、「ビエラ」と呼ぶのが一般的。

**類似織物** 似た風合いの布地として、「コットン・フランネル」や毛100％のフランネルなどがある。

**ビエラのスモック**
綿のよさと毛のよさを併せ持つビエラは、普段着に重宝する。

**DATA** **素材**／綿と毛の混紡、綿、毛、絹
**織組織**／斜文織り（綾織り）
**用途**／シャツ、ワンピース、ブラウスなどの衣類のほか、寝具など。

**特徴** 綿と毛の梳毛糸を使った薄手の綾織物。起毛されており、ふんわりと暖かい。

**関連** コットン・フランネル ●P.101　フランネル ●P.114

拡大写真

綿織物

# コットン・フランネル
## COTTON FLANNEL

**毛織物のフランネルを模した、短い毛羽のある綿織物**

**概要** 暖かな風合いを持つ毛織物「フランネル」の質感を綿素材で表したもの。片面あるいは両面を毛羽立たせた丈夫な綿織物。

綿を毛羽立たせたり、厚手にしたりして暖かい仕様にしたものを「ウインター・コットン」と呼ぶが、コットン・フランネルはその1つ。

**別名**「コットン・フラノ」、「綿ネル」、「ネル」、「フラネレット」とも呼ばれる。

**種類** 平織りと綾織りのものがあり、前者を「平(ひら)ネル」、後者を「綾(あや)ネル」と呼ぶ。

平ネルよりも綾ネルの方が高密度で毛羽立ちが豊かなため、風合いがよい。

**用途** 綿素材で汗を吸いやすく肌なじみがよいため、肌に直接触れる衣服やシーツなどの寝具に用いられる。また、扱いの手軽さやカジュアルな雰囲気、比較的安価という点から、シャツなどの日常着、パジャマなどにも用いられる人気の素材だ。

### ネル・シャツ
フランネルのシャツは通称「ネル・シャツ」と呼ばれる。暖かで肌触りのよい起毛素材で、かつ、洗濯が簡単。秋冬の日常着にぴったりだ。

**DATA**
**素材**／綿、綿とポリエステルの混紡
**織組織**／平織り、または斜文織り（綾織り）
**用途**／シャツ、肌着、パジャマ、ベビー服など。

**特徴** 表面を起毛させて全面に毛羽を立てた綿織物。毛織物のフランネルを綿で表したもの。
**関連** フランネル ● P.114

織物・綿織物・コットン・フランネル

拡大写真

綿織物

## コットン・サテン
### COTTON SATIN

拡大写真

綿織物

## サテン・ストライプ
### SATIN STRIPE

### 扱いやすい綿素材で絹のような光沢を実現

**概要** 絹織物である「サテン」のような光沢感を持つ綿織物。絹に似たツヤを持つが、しわが付きにくく、綿だけに吸水性がよく、洗濯も気軽にできるため、扱いはサテンより手軽である。

**構造**「シルキー加工」を施した糸で、サテンと同じ朱子織りにする。表面に絹や化学繊維、裏面に綿が出るように交織(こうしょく)したものは「コットン・バック・サテン」と呼ぶ。

**別名** 朱子織りであることから、「綿朱子(めんじゅす)」とも呼ばれる。「綿サテン」ともいう。

- **DATA 素材**／綿
  - **織組織**／朱子織り
  - **用途**／ワンピース、肌着、寝具など。
- **特徴** 絹織物のサテンの質感を、綿で表したもの。光沢感があり、汗をよく吸うため、春夏の衣類に適している。
- **関連** サテン ○P.147　シルキー加工 ○P.210

### 平織りと朱子織りが生み出す、清涼感と立体感が魅力の柄

**概要** 平織りの布地に朱子織り(サテン)を混ぜ、織組織の違いでストライプを表現した布地。ベースの平織りに朱子織りのストライプがくっきりと浮き出る布地となる。平織り部分が透け感のある「ボイル」になっている場合もあり、その場合、ストライプの間隔が広いほど透け感は強くなり、清涼感がある。春から夏にかけての素材として好んで用いられる。

**用途** 春の紳士向けカッター・シャツ、婦人用の春夏向けブラウスなどに用いられることが多い。

- **DATA 素材**／綿、綿とポリエステルの混紡
  - **織組織**／平織りと朱子織り
  - **用途**／春夏物のワンピース、スカート、パンツなど。
- **特徴** 平織りの布地に朱子織り(サテン)を織り混ぜ、ストライプの織柄を作ったもの。
- **関連** ボイル ○P.72　サテン ○P.147

綿織物

# ギンガム
## GINGHAM

拡大写真

**格子柄に代表される平織綿布。日常着に最適**

**概要** 白ともう1色からなる爽やかなチェックの織柄を持つ、綿の薄手平織物。この織柄が「ギンガム・チェック」である。

先染めの糸を使って織られるため、色落ちが少なく、洗濯に強い。軽くて通気性がよく、春夏のスポーティー、カジュアルなアイテムに使われる定番織物である。

**名前の由来** フランスのガンガン（Guingamp）地方で織られていたからという説や、マレー語で縞を意味する「ging gang」に由来するなど、諸説ある。

**ギンガム・ストライプ** ギンガムの柄はギンガム・チェックだけではない。広義には白ともう1色からなるストライプも含む。2色の縞の幅が同じで、1本ずつ交互に配列されたたて縞のものは「ギンガム・ストライプ」と呼ぶ。その中でも、ストライプの幅が5mmから10mm前後の「ロンドン・ストライプ」はイギリスのシャツの代表的な柄の1つである。

**ギンガム・チェックのショート・パンツ**
爽やかなイメージのギンガム・チェック柄は、春夏の季節にぴったり。綿織物で汗をよく吸うため、実用的でもある。

**DATA** 素材／綿、綿とポリエステルの混紡
織組織／平織り
用途／シャツ、ワンピース、子供服など夏物の衣類のほか、パジャマ、ハンカチ、テーブル・クロス、帽子など。

**特徴** 白×青、白×赤などのチェックの織柄を持つ、綿の薄手平織物。

**関連** ギンガム・チェック ▶P.250

織物 綿織物 ●ギンガム

拡大写真

綿織物

# 蜂巣織り
はちすおり
WAFFLE CLOTH

## 布面に蜂の巣のような凹凸がある立体感のある織物

**概要** たて糸、よこ糸の浮きにより、四角形の凹凸を作り出した織物。立体的な凹凸により伸縮性と吸水性に富み、肌触りのよさが持続する。夏はさらりと爽やかな感触で、冬は保温性に優れて暖かいのが特徴。

**名前の由来** 布地表面に規則正しく並んでいる凹凸が蜂の巣のように見えることから、この名が付いた。四角い凹凸があることから「枡織り（ます）」とも呼ばれる。英語ではやはり蜂の巣を意味する「honeycomb weave（ハニカム・ウィーブ）」、また、お菓子のワッフルに似ているところから「waffle cloth（ワッフル・クロス）」とも呼ばれている。

**用途** 肌触りがよく吸水性に優れているため、シーツやタオル、テーブル・クロスなどの家庭用品や、洋服地などに用いられる。

シーツなどに使われる蜂巣織りは、太い糸を使用し地厚に織られているものが多く、枡目も大きく高さもある。一方、服地として使用されるものは、細い糸を使い地薄で緻密に織られる。枡目も小さく低いもので、繊細で端正な印象となる。清潔感があり、ブラウスやシャツを仕立てるのに適した服地である。

### 紳士用シャツの蜂巣織り生地
菱形の枡目を作る蜂巣織り生地。清涼感や通気性に優れ、汗ばむ季節にもぴったり。

**DATA** **素材**／綿、綿とポリエステルの混紡
**織組織**／蜂巣織り（特別組織）
**用途**／ブラウス、シャツ、シーツ、タオル、テーブル・クロスなど。

**特徴** 糸の浮きにより、四角形の凹凸を作り出した織物。伸縮性、吸水性に富む。

拡大写真

**綿織物**

# ダマスク
## DAMASK

### 光の当たり方で模様が引き立つ上品なジャカード織り

**概要** シリアの伝統的なジャカード織物。絹のような光沢を持ち、表側と裏側に同じ図柄が表れるのが特徴。地が薄く、軽い。ナプキンやテーブル・クロスとしてもなじみが深い布地だ。

たて糸とよこ糸で同じ色を用いることが多く、織りによって模様を浮きあがらせる織り技法である。また、たて糸とよこ糸の色を変えて織ると、はっきりとした模様ができる。

もともとは絹織物だったが、現在は綿を使用したものが主流。綿素材では糸の状態で「シルキー加工」をしてから織る。

**名前の由来** シルクロードの西の終着点であったシリアのダマスカスが原産地であるからという説と、発祥は中国だがダマスカスを経由してヨーロッパに伝わり、ダマスカスで発展したからという説がある。現在でもダマスカスは伝統的な技法のもと、織物産業が根付いており、鮮やかな多数の色糸を使った装飾性の強いものを多く生産している。

**ブロケードとの違い** ダマスクよりも色数も多く重めの織物に「ブロケード」があるが、ブロケードはリバーシブルではない。

### たて糸とよこ糸の色が異なるダマスク
模様がくっきりと浮かび上がり、表と裏で色の出方が逆になる。

**DATA** 素材／綿、麻、絹、化学繊維
織組織／ジャカード織り（紋織り）
用途／テーブル・クロス、ナプキン、家具装飾品など。

**特徴** ジャカード織りで作られる、織柄のある織物。表と裏に同じ模様が表れる。

**関連** ジャカード・クロス ●P.151　ブロケード ●P.152
シルキー加工 ●P.210　ジャカード柄 ●P.270

織物 ● 綿織物 ● ダマスク

拡大写真

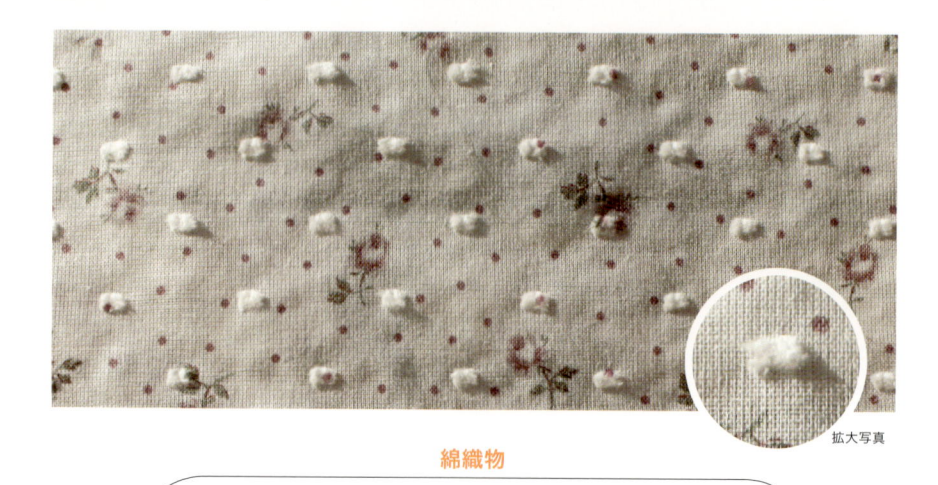

綿織物

# クリップ・スポット
## CLIPPED SPOTS

### 小さな綿毛を飛ばしたようなかわいらしい印象の織物

**概要** 平織りの「ボイル」や「ローン」に、さらにジャカード織機やドビー織機で模様を織り込み、模様部分の糸を切って毛羽立たせたもの。

離れた場所にある模様と模様の間には長い糸が浮くが、この浮いた糸を切り取り、その切断面を毛羽立てて糸を抜けにくくする手法をとる。これを「クリップ」と呼ぶ。そのクリップが表面に表れ立体的な模様が形成されたものがクリップ・スポットである。

**種類** 切り口が表面に出たものを「表切り（おもてぎり）」、裏側に出たものを「裏切り（うらぎり）」と呼ぶ。ボイルやローンに施したものはそれぞれ「カット・ボイル」、「カット・ローン」と称される。

**類似織物** クリップ・スポットに似た織物で、「ジャカード」の裏をカットした「裏切り紋（うらぎりもん）」と呼ばれる紋織物がある。これは、色糸の地組織に紋織用の糸で表面に模様を織り込み、裏側に長く浮いた糸を切断し、毛羽立たせたもの。裏側で浮いた糸を切り取ることから、この名前が付いたとされている。クリップ・スポットより柄が大きめなのが特徴。

### クリップ・スポットの表と裏
一見プリント柄に見えるが、裏を返せば一目瞭然。織りによってできた柄とわかる。

**DATA**
**素材**／綿、綿とポリエステルの混紡、絹
**織組織**／平織りとドビー織り、または平織りとジャカード織り
**用途**／ブラウス、ワンピース、スカーフ、雑貨など。

**特徴** 綿毛のような模様部分がある布地。模様部分の糸を切り、毛羽立てて作る。

**関連** ローン ●P.71　ボイル ●P.72　ジャカード・クロス ●P.151

織物
綿織物
●クリップ・スポット

106

拡大写真

麻織物

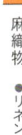

# リネン
## LINEN

**独特の風合いとシャリ感が魅力。通気性に優れた平織物**

**概要** リネンは「亜麻」(フラックス)という植物が原料である。しなやかで水分の吸収・発散が早いので、さらっとした肌触りで独特のシャリ感がある。通気性がよく蒸れを防ぐので、夏用の衣類や寝具などに用いられることが多い。

近年はナチュラル志向の女性がライフ・スタイルの一環として、ファッションやインテリアなどに好んで取り入れられている。リネン独特の風合いに加え、天然素材感があることも人気の理由の1つで、生成り使いも多い。精練・漂白後の白さや光沢は綿を上回るほどだ。

洗濯は強くもむと毛羽立つのでやさしく手洗いする必要がある。

**種類** リネン織物は使われる糸の太さによって、「シャー・リネン」、「ビソ・リネン」、「クラッシュ・リネン」の3つに分けられる。

シャー・リネンは、極細のリネン糸を用いて織られたもので、最も細い糸を使った「ハンカチーフ・リネン」と、上質な麻布である「キャンブリック」がある。

ビソ・リネンは、通常の太さのリネン糸を使って硬仕上げにしたもの。シャツ地に使われる「リネン・シャーティング」のほか、ジャケットやスーツなど主にアウター用の服地として用いられる。

太くて不均一な糸で織られたクラッシュ・リネンは、カジュアルな雰囲気のジャケットや芯地などに使用される。

織物　麻織物　●リネン

**DATA** **素材**／麻
**織組織**／平織り
**用途**／シーツ、タオル、テーブル・クロス、ジャケット、シャツ、バッグ、帽子など。

**特徴** 亜麻の平織物。吸湿性や放質性が高く、さらっとした肌触り。

麻織物

## クラッシュ
### CRASH

**カジュアルな夏の装いに。**
**織目の粗い麻織物**

**概要** 太くて不均整な糸を使い、粗く織った平織物。表面に不規則な効果が表れ、ナチュラルな雰囲気がある。
　本来は亜麻織物だが、綿素材のクラッシュもあり、亜麻素材のものは「クラッシュ・リネン」と呼ばれて区別されることもある。

**用途** 夏用のワンピースやシャツ、タオルなどに用いられる。クラッシュ素材のタオルは「クラッシュ・タオル」と呼ばれ、色糸の縁飾りや縞の織柄のあるものが多い。

**DATA** 素材／麻、綿
　　　　織組織／平織り
　　　　用途／ジャケット、ワンピース、シャツなど夏物の衣類のほか、テーブル・クロス、タオルなど。
**特徴** 不均一な糸を使い粗く織った、やや肉厚な麻織物。
**関連** リネン ● P.107

---

麻織物

## ダック
### DUCK

**厚手でしっかりした**
**トート・バッグの定番生地**

**概要** 太い糸で緊密に織りあげた、厚手のしっかりとした平織物。ざっくりとした風合いがあり、耐久性に優れている。

**別名** 広義では「キャンバス」や「ダック」も含めて日本では「帆布(はんぷ)」と呼ぶ。船の帆に用いられることから「セール・クロス」ともいわれる。かつて運動靴のことを「ズック」と称したのは、この布地を使ったことにちなむ。

**用途** スニーカー、鞄、画布(油彩キャンバス地)などに使われるほか、ジャケット、スカートなどの服地や、インテリア用品にも使用される。

**DATA** 素材／麻、綿、化学繊維
　　　　織組織／平織り
　　　　用途／ジャケットなどの衣類のほか、スニーカー、鞄、パンツ、画布、テント、帆布など。
**特徴** 帆布に使われた、耐久性のある厚手の平織物。

拡大写真

毛織物

# モスリン
## MUSLIN

## 発色性に優れた軽くてソフトな薄織物

**概要** 梳毛の単糸を使って平織りにした薄地の毛織物。「メリンス」や「唐縮緬」ともいわれる。軽く、暖かく、ソフトな肌触りでしわになりにくいのが特徴である。発色性に優れていることから、友禅染めなど捺染をして使われることが多い。

綿素材のものもあり、それは「綿モスリン」と呼ばれる。

**歴史** 染色の美しさから、戦前はウールの着物地や長襦袢、寝具、風呂敷など様々な用途で用いられ、繊維産業として一大ブームを巻き起こした。しかし、戦後は化学繊維の台頭と着物離れにより、衰退した。

**名前の由来** イラクの都市Mosul（モスール）で織られた薄地の綿布を、アラビア人が「モセリニ」という名称で各地に輸出。フランスでモスリンと名付けられたとされる。

**類似織物** モスリンによく似た繊維に、「シャリー」がある。モスリンと同じく発色性に優れていることから、ペイズリー柄や小花柄など多彩なプリントを施して、ネクタイやドレス、スカーフなどに用いられる。

**シャリー**
細い梳毛糸で平織りまたは斜文織りにした薄手の毛織物。軽くてやわらかく、発色性に優れている。

**DATA**
素材／毛、綿
織組織／平織り
用途／着物、長襦袢、帯などの和服地、ブラウス、スカートなど。

**特徴** 薄くて軽いやわらかな毛織物。発色がよく捺染して使われることが多い。

**関連** 捺染 ○P.59　花柄 ○P.256
ペイズリー柄 ○P.278

織物／毛織物／●モスリン

拡大写真

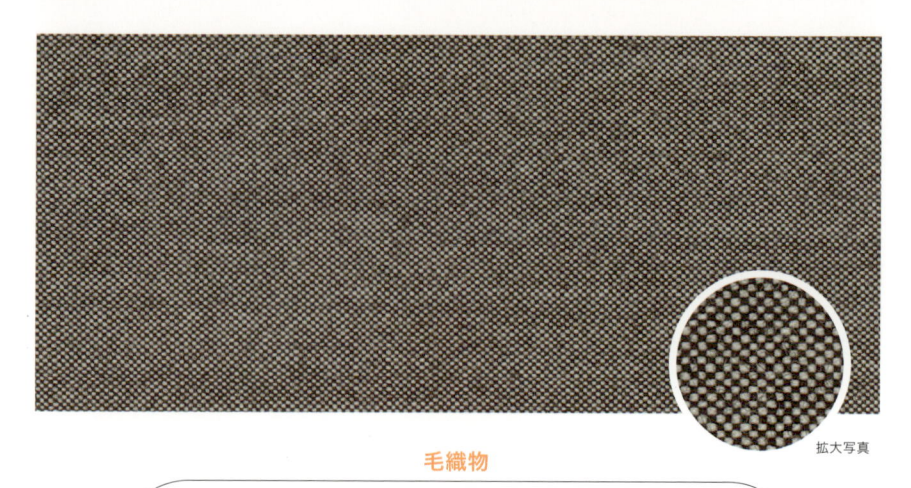

毛織物

# トロピカル
## TROPICAL

## 風通しがよく、さらりとした質感が特徴の夏向け毛織物

**概要** 紳士用の夏服地としてポピュラーな、薄手の梳毛織物。織目はざっくりと粗く、さらりとした感触。張りがあり、通気性がいいのが特徴である。夏向きのウールである「サマー・ウーステッド」、「クール・ウール」の1つだ。

**名前の由来** 暑い地域に適した布地のため、マレーシアやインドに輸出されていたことから、「tropical（熱帯）」という名が付いた。「トロ」と略される。

**柄と用途** 一般的には無地や霜降り、ストライプのものが多く、紳士向けのサマー・スーツに適している。

**類似織物** トロピカルに似た織地に「パームビーチ」がある。アメリカのパームビーチ社が作った薄手の毛織物で、やはり夏用のスーツに多く使われる。「パンピース」という別名もある。

**紳士用盛夏スーツの定番**
今も昔も、涼しくかつ品格のある紳士服の素材として愛用されている。

**DATA** 素材／毛、毛とポリエステルの混紡
織組織／平織り
用途／夏物のスーツ、パンツ、ワンピースなど。

**特徴** 織目が粗く風通しのいい、夏用の毛織物。サマー・ウーステッドの1つ。
**関連** ストライプ ◎ P.232

毛織物

# ポーラ
## PORAL

拡大写真

## 強撚糸でさらりとした感触を出した夏向けの毛織物

**概要** ざらざらした独特の感触を持つ3本撚りのポーラ糸という強撚梳毛糸を使い、平織りにした布地。織目が粗く、また、強撚糸使いのためさらりとした質感があり、毛羽がなく光沢があるのが特徴。

**名前の由来** 「porous」（多孔の意）に由来。開発したエリソン社が名称として使ったのが始まり。正しい発音は「ポーラル」だが、日本では「ポーラ」という呼び方が浸透している。イギリスでは「ポーラ」ではなく「フレスコ」の名で通っている。

**用途** 風通しのよい夏向けのウール素材として、70年代には比較的高級な、紳士用ジャケットなどによく使われた。しかし、夏の服地としてはやや肉厚で重いため、現在では生産量は少なくなっている。だが、独特のシャリ感、丈夫でしわになりにくいという長所などから、愛好者は少なくなく、「サマー・ウーステッド」としても人気がある。

### ポーラ生地のジャケット
ポーラ独特のシャリ感があり、夏場でも快適に着用することができる。

**DATA** 素材／毛、毛とポリエステルの混紡
織組織／平織り
用途／春夏物のスーツ、ジャケットなど。

**特徴** 強撚梳毛糸を使った平織りの毛織物。さらりとした質感と光沢感。丈夫でしわになりにくい性質や独特のシャリ感がある。

拡大写真

毛織物

# サージ
SERGE

**学生服などに使われる最もポピュラーな毛織物**

**概要** 毛織物の中で最もポピュラーな織物で、学生服に多用される。耐久力は高いが、擦れやすく何度も着ているうちにテカリが出てくるのが欠点。

紺色や黒のものが圧倒的に多く、かつては非常に幅広く用いられてきたが、あまりにも大衆化しすぎたため、最近は敬遠される傾向にある。

**名前の由来** ラテン語「serica」(絹の意) が語源とされ、元来は絹織物であったとされる。フランスのニーム地方で生産されていたサージは「デニム」の原型となった。

**種類** スーツや礼服、学生服などに多く用いられる最も一般的なサージは、梳毛糸で織られた「ウーステッド・サージ」。雑種羊毛のガリ糸を使った「ガリ・サージ」は、織目がかたく、手触りも悪い下級品。そのほか、「コットン・サージ」、「シルク・サージ」など、使用する素材や織り方の違いによって、様々な種類に分けられる。

**学生服**
一般的な学生服の素材に多く使われているサージは、だれもが一度は触れるであろう、ポピュラーな布地だ。

**DATA** **素材**／毛、毛と綿やポリエステルの混紡、綿、絹
**織組織**／斜文織り(綾織り)
**用途**／スーツ、制服、作業服など。

**特徴** 耐久性が高い、ポピュラーな毛織物。斜文線は45度の角度。擦れやすく、テカリやすいのが欠点。
**関連** デニム ● P.80

拡大写真

**毛織物**

# ウール・ギャバジン
## WOOL GABERDINE

**織りが密で、丈夫な綾織物。コートの素材として有名**

**概要** たて糸がよこ糸の2倍以上の密度で織られた綾織物。織目の密度が非常に高いため、保温性に優れている。

布地には、美しいほのかな光沢があり、しなやかな手触りが持ち味。45度から75度ほどの急傾斜で綾目がくっきりと表れるのが特徴。

張りがあり、適度にやわらかく、ドレープがきれいに出るのでジャケットやコートの素材として人気が高い。

**別名** 「ギャバ」、「ギャバディーン」、「クレバネット」とも呼ばれる。

**歴史** 中世時代、ユダヤ人が着ていた丈の長いコートや、農民の上着にこの生地が使われていたといわれる。もともとは、このコートや上着が「ギャバジン」と呼ばれており、生地の名前の由来にもなった。

**素材** 現在は毛を中心に、天然繊維から化学繊維まで様々な繊維が用いられている。

特に綿を使ったものは、「コットン・ギャバジン」「綿ギャバ」などと呼ばれる。

一般に、トレンチ・コートなどによく使われる布地は、綿で織ったギャバジンに、さらに特殊な「防水加工」を施したものである。

織物 ● 毛織物 ● ウール・ギャバジン

**DATA** **素材**／毛、毛とポリエステルの混紡、綿、綿とポリエステルの混紡、化学繊維
**織組織**／急斜文織り（変化斜文織り）
**用途**／コート、ジャケット、スーツなど。

**特徴** 急傾斜の斜文線を持つ綾織物。緻密な織りと美しい光沢、しなやかな手触りが持ち味。

**関連** コットン・ギャバジン ● P.96　防水加工 ● P.199

拡大写真

## 毛織物
# フランネル
### FLANNEL

**品のある風合いが魅力。軽く暖かな冬の定番素材**

**概要** 平織りや斜文織りの毛織物を起毛して、毛羽を出したソフトな風合いの布地。軽くて暖かいのが特徴で、冬の定番素材の1つである。「ネル」とも呼ばれ、下着やパジャマにも用いられる。やや厚地のものは「フラノ」と呼ばれ、よりしっかりと弾力や張りがあり上品。そのため、スーツやブレザーなど外出着に用いられることが多く、特に「紺ブレ」と称される紺色のブレザーは人気アイテムの1つ。

**コットン・フランネル** フランネルには綿素材のものもあり、「コットン・フランネル」と呼ばれる。毛のフランネルに比べ、よりやわらかで薄手のため肌へのなじみがいいという特徴を活かして、パジャマやシャツ、ベビー服などに用いられる。

**カラー・バリエーション** 「色フラノ」と呼ばれる無地のほかに、グレーや茶系などの霜降りのものや、縞模様の織柄が多く見られる。

**工程** 布地にした後、縮絨(しゅくじゅう)を施す。その後、布地の表を起毛させ、均一に刈り揃える。縮絨を強く行うと「メルトン」という布地に近付く。

### フランネルの ハーフ・パンツ
カジュアルなアイテムであるハーフ・パンツも、素材がフランネルならきちんとした印象になる。

**DATA**
**素材**／毛、綿
**織組織**／平織り、または斜文織り(綾織り)
**用途**／スーツ、ブレザー、パンツ、スカート、パジャマ、ベビー服など。

**特徴** 縮絨・起毛した毛織物。暖かくソフトな風合いで、軽い。

**関連** コットン・フランネル ● P.101　メルトン ● P.125
縮絨(加工) ● P.222

拡大写真

毛織物

# サキソニー
## SAXONY

## 高級スーツに用いられる やわらかな毛織物

**概要** 毛羽のある、やわらかな毛織物。緻密なツイード調の布地で、薄手のものも厚手のものもある。

風合いは「フランネル」と「メルトン」の中間的な感じで、極めてやわらかく、なめらか。「サージ」と似ているが、サージには毛羽がない。

**工程** 羊毛の紡毛糸（ぼうもうし）または梳毛糸（そもうし）を、平織りまたは斜文織りにしてから縮絨（しゅくじゅう）をかけて地を密にする。その後、軽く起毛して毛羽を出し、短く刈って揃えるという「メルトン仕上げ」を行う。

**名前の由来** ドイツのザクセン（Saxony）地方が産出した最高級メリノ・ウールを用いたことによる。現在ではその他のメリノ種やオーストラリアのボタニー地方のボタニー種などの羊毛が用いられ、元来のサキソニーに似せたテクスチャーのものが作られている。

### やわらかい手触りが特徴
上質スーツの布地として定番のサキソニー。オーダーメード・スーツの服地として好まれる。

**DATA** 素材／毛
織組織／平織り、または斜文織り（綾織り）
用途／コート、スーツなど。

**特徴** 縮絨・起毛した高級毛織物。とてもやわらかく、なめらかな風合い。

**関連** サージ ◯P.112　フランネル ◯P.114
ツイード ◯P.116　メルトン ◯P.125
縮絨（加工）◯P.222

織物 ●毛織物 ●サキソニー

拡大写真

毛織物

# ツイード
## TWEED

織物　毛織物●ツイード

**ざっくりとした素材感が魅力。冬用ジャケットに多用される紡毛織物**

**概要** 紡毛織物の1種で、本来はスコットランド産の羊毛を太く紡いだ糸で手織りした綾織物のことを指す。地厚で、ざっくりとした素朴な印象。現在は、素材の原産地にこだわらず、厚手の紡毛織物の総称として使われる場合が多い。機械織りも多く、綾織りのほかに平織りもある。

ツイードは染色した糸を用い、織ることで細やかな模様、柄を表現できる。また織りあげた後、縮絨（しゅくじゅう）や起毛をしないので、織目がはっきり見えるのが特徴である。秋冬の人気素材である。

**名前の由来** スコットランドの言葉で「綾織り」という意味の「tweel」が語源という説と、スコットランドのツイード川流域でこの織物が作られていたから、という説がある。「スコッチ・ツイード」とも呼ばれる。

**種類** ツイードは産地や羊毛の種類などにより、多くの種類がある。有名な産地のものに「ハリス・ツイード」、「ドネガル・ツイード」などがある。

また、細い糸を使ったものもあり、これは「ライト・ツイード」と呼ばれる。毛ではなく、麻や綿、絹、化学繊維で織られた布地は「サマー・ツイード」と呼ばれ、こちらも人気が高い。絹素材の「シルク・ツイード」は華やかな光沢を持ち、おしゃれなジャケットやスーツに用いられる。

また、伝統的なダークな色合いではなく、カラフルな色糸を使った「ファンシー・ツイード」や「シャネル・ツイード」もある。

**用途** ブリティッシュ・トラッド調のジャケット、パンツ、スーツ、コートに最適。耐久性が高いため、ヨーロッパでは親子三代にわたってツイード・ジャケットを受け継ぐ家庭もあるという。

● ツイードの代表的な柄

**千鳥格子**（ちどりごうし）

千鳥の飛び立つ形や足跡に似ているところから名付けられた「千鳥格子」。欧米ではこれを犬の牙に見たて、「ハウンド・トゥース」と呼ぶ。

**グレン・チェック**

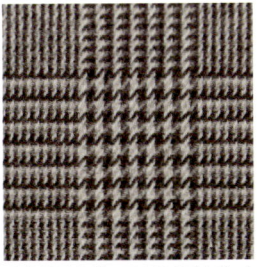

千鳥格子や細いストライプなど、4種類の柄を組み合わせた格子柄の1種。

**ヘリンボーン**

正斜文と逆斜文を組み合わせて作る、魚の骨のような織柄。「杉綾織り」ともいう。

## ツイードの中でも最高品質を誇る「ハリス・ツイード」

**概要** スコットランドの北西にあるハリス島、ルイス島の一流の職人の手で作られる最高品質のツイードを「ハリス・ツイード」という。

スコットランド産羊毛の新毛で紡いだ紡毛糸を用い、綾織りや「杉綾織り（ヘリンボーン）」などにされる、粗めで地厚の織物だ。

**歴史** ハリス・ツイードは、19世紀中頃までは地元だけで知られた布地だった。1846年、領主のダンモア夫人が島の産業として奨励し、世界中に知られる存在となった。

1909年にはハリス・ツイード協会が発足し、現在も手織りにこだわり、伝統と技術を守り抜いている。

**ハリス・ツイード**

伝統的な手法で作られるハリス・ツイード。「ケンプ」という、太く短い銀白色の毛がちらちらと飛び出るのが特徴。

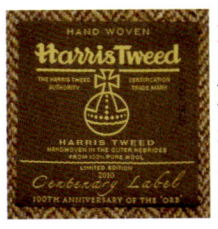

**ハリス・ツイードのマーク**

ハリス・ツイード協会から認められたものには、写真の商標マークがある。王冠と十字架がモチーフ。

**DATA** 素材／毛、綿、麻、絹、化学繊維
織組織／斜文織り（綾織り）、または杉綾織り（変化斜文織り）、または平織り
用途／ジャケット、パンツ、スーツ、コートなど。

**特徴** 地厚でざっくりとした紡毛織物の総称。産地や羊毛の種類などにより多くの種類がある。

**関連** ファンシー・ツイード●P.118　ヘリンボーン●P.119
縮絨（加工）●P.222　千鳥格子●P.246
グレン・チェック●P.247

織物　毛織物●ツイード

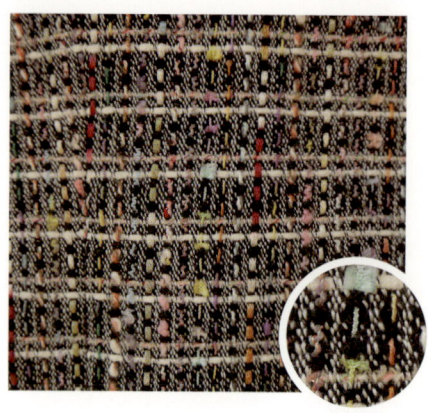

拡大写真　　　　　　　　　　　　　　　　拡大写真

毛織物　　　　　　　　　　　　　　　　　毛織物

## ファンシー・ツイード
### FANCY TWEED

## ホームスパン
### HOMESPUN

**意匠糸で織る紡毛織物。遊び心のあるフェミニンなツイード**

**手織りの暖かさが魅力のざっくりとしたツイード**

【概要】 毛羽のあるもこもこしたモール糸やラメ糸、輪奈のあるループ糸、テープ状の細い布など、変わった形状の意匠糸（ファンシー・ヤーン）を用いて織られた装飾的なツイード。ファンシー（fancy）は「装飾的」という意味。

多彩な色使いと様々な表情を持つ意匠糸が織りなす模様は、女性の華やかさを表現するのにふさわしい。

【シャネル・ツイード】 高級ブランド「シャネル」のスーツに使われる「シャネル・ツイード」もファンシー・ツイードの1種。

【概要】 ホームスパン（homespun）は「家庭で紡いだ」という意味で、原毛を手染めして紡ぎ、手織りしたもの。太さの揃っていない毛糸を用いた厚手の粗い織物で、不揃いさや素朴さが魅力。仕上げに縮絨をしないため手触りが粗く、野趣あふれる雰囲気がある。現在では手織りのホームスパンに似せて機械織りしたものも多く出回っている。

【歴史】 もともとはアイルランドやスコットランドの農家で織られていた。その技術を継承し、現在は北海道や東北地方でも生産されている。

---

**DATA** 素材／毛
織組織／平織り、または斜文織り（綾織り）
用途／婦人用のジャケット、スカート、バッグ、小物など。

【特徴】 カラフルな糸や変わった形状の糸を用いて織った装飾的なツイード。女性らしいイメージ。

【関連】 ツイード ●P.116　ファンシー・ストライプ ●P.238

**DATA** 素材／毛
織組織／平織り、または斜文織り（綾織り）
用途／コート、ジャケット、マフラー、ストール、インテリア用品など。

【特徴】 本来は手で紡いで手織りした毛織物を指す。現在では手織りに似せて作られた機械織りのものも多い。

【関連】 原料染め ●P.54　ツイード ●P.116

毛織物

# ヘリンボーン
## HERRINGBONE

拡大写真

## 「ニシンの骨」という意味の
## イギリスの伝統織物

**概要** ツイードの1種で、正斜文（右綾）と逆斜文（左綾）を等間隔に組み合わせた織物。イギリスの伝統的な毛織物の1つである。

型崩れが少なく丈夫であることから、紳士服に多く用いられる。糸は梳毛（そもう）、紡毛（ぼうもう）の両タイプがある。毛織物以外にも、綿や化学繊維のものもある。

**名前の由来** 織りによってできる柄が魚の骨に似ていることから。ヨーロッパで最も身近な魚であるニシン（herring）にちなみ、「ヘリンボーン（ニシンの骨）」と名付けられた。日本では杉の枝葉に似ていることから「杉綾織り（すぎあやおり）」と呼ばれる。

**柄としてのヘリンボーン** ヘリンボーンは織物名であるとともに、柄の名でもある。イギリスの伝統柄の1つで、カテゴリーとしてはストライプに分類される。軍服の腕章にヘリンボーン柄が使われたこともあった。

和服の着物や帯地にも好まれて使われている。

### ヘリンボーンのスーツ
イギリスの伝統的な織物であり、ツイードを代表するヘリンボーンには高級感があり、英国紳士の着こなしを実現させる。

織物　毛織物　●ヘリンボーン

**DATA** **素材**／毛、綿、絹、化学繊維
**織組織**／杉綾織り（変化斜文織り）
**用途**／ジャケットやコート、パンツやスカートなど。柄としてはネクタイやシャツにも用いられる。

**特徴** 正斜文と逆斜文が等間隔に表れる織物。ニシンの骨に似ていることからこの名がある。イギリスの伝統毛織物の1つ。

**関連** ツイード ● P.116　ストライプ ● P.232

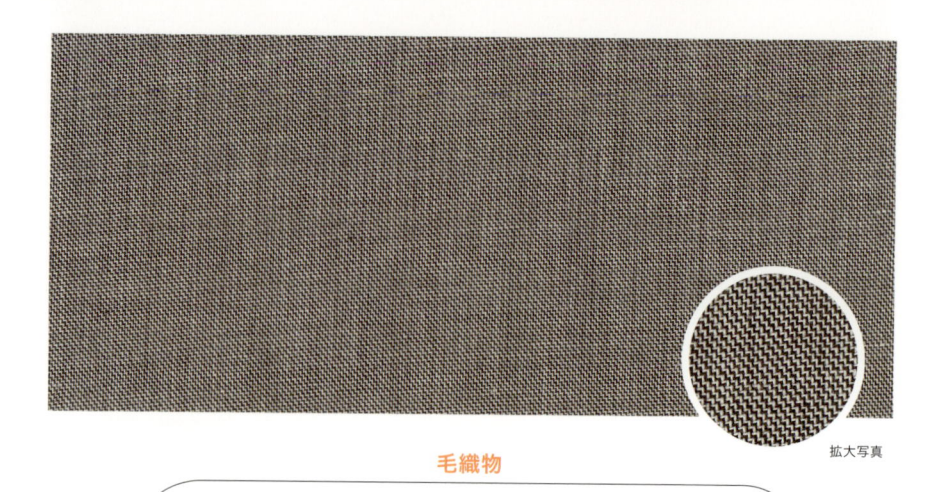

拡大写真

毛織物

# シャークスキン
SHARKSKIN

**鮫皮のような織地が特徴。トラッドな春秋向け服地**

**概要** ざらざらとした鮫皮（sharkskin）のような手触りと外観を持つことから、「シャークスキン」と名付けられた梳毛織物。

**構造** 濃色の色糸と白糸で斜文織りをして、濃色と白色の細かい配列模様を出す。綾目は右上がりでも、斜めに走る細かいジグザグ模様は左上がりになるのが特徴。

製織後、表面の毛羽をカットする「クリアー仕上げ」を施すため、すっきりした印象になる。布の表面は光沢があり、ややかため。

**カラー・バリエーション** オーソドックスな生地として各色揃っているが、シャークスキンといえば灰色がスタンダード。トラディショナル・スタイルには欠かせない紳士的な着こなしが実現できる。

**綿素材のシャークスキン** 綿を使ったシャークスキンは、太めの糸を使って「ななこ織り」し、かたい手触り感を出したもの。梳毛織物とは異なるテクスチャーで、糸が盛り上がっているような外見。「オックスフォード」に似ているが、それよりも厚地で布面がざらついたための織地になる。

**シャークスキンの背広**
紳士用スーツの代表的な素材であり、英国的な仕立てには最適。

**DATA** 素材／毛、綿、化学繊維
織組織／斜文織り（綾織り）、またはななこ織り（変化平織り）
用途／スーツ、ジャケット、コート、シャツなど。

**特徴** 鮫皮のような手触りと外観を持つ布地。濃色と白色の細かい配列模様がある。

**関連** オックスフォード ● P.95

毛織物

# バーズ・アイ
BIRD'S EYE

拡大写真

**スーツの織柄の定番。
トラディショナルな印象に**

**概要** 白くて丸い斑点の中に、小さな黒い点のある、鳥の目を思わせる織柄を布地一面に配した織物。英国の伝統柄でもあり、上品でドレッシー。落ち着いた印象で、定番の人気がある。

梳毛織物でよく用いられ、黒や紺、茶などの落ち着いた地色のものが多い。最後に表面の毛羽をカットする「クリアー仕上げ」を施し、模様をはっきりさせる。

**別名** 日本では、「鳥目織り」や「石目織り」という名もある。ごく小さな柄のものは「ピン・ヘッド」とも呼ばれる。点の部分をビーズなどで強調したものは、猫の目のような模様から「キャッツ・アイ」とも呼ばれる。

**バーズ・アイ・ピケ** バーズ・アイの織り方を取り入れた「ピケ」は「バーズ・アイ・ピケ」と呼ばれ、菱形の中心が凹んでいるのが特徴。

**スーツの定番柄**
トラディショナルで落ち着いた雰囲気のバーズ・アイのスーツは、永遠の定番。貫禄のある印象で、エグゼクティブ層に好まれる。

**DATA** 素材／毛、綿、麻
織組織／鳥目織り（特別組織）
用途／スーツ、コートなど。

**特徴** 鳥の目を思わせる小さな模様が配された織物、織組織。上品でドレッシー、落ち着いた印象を与える。
**関連** ピケ●P.92

織物
毛織物 ●バーズ・アイ

121

毛織物

# 梨地織り
## CREPE WEAVE
### なしじお

拡大写真

### ざらざらとした質感で肌触りのいい織地

**概要** 「梨地織り」によって表面に細かい凹凸（しじら）を表した織物。織組織だけでも凹凸は作られるが、さらに強撚糸を使うことでシボ（しわ）を作り、凹凸を強調するものが多い。

**名前の由来** 表面が梨の皮のようにざらざらとしていることから。織組織の名前でもある。

**構造** たて糸とよこ糸を交差させ、糸を浮かせる長さと箇所を不規則にして織ることで、細かな起伏が生まれしじらを作る。このしじらによるふくらみが生地に表情を持たせ、高級感のある仕上がりとなる。

**種類と用途** 梨地織りの代表的なものに、「アムンゼン」がある。捺染のできる新しい毛織物として愛知県で開発されたものだが、その当時、南極探検に成功したノルウェーの探検家アムンゼンが話題であったことから、その名にちなんで名付けられた。もともとは梳毛織物だが、綿やポリエステルを使ったものも多く、肌離れがよいので、汗ばむ季節に適した素材である。

「梨地ジョーゼット」は、強撚糸を使って梨地織りした織物で、シボとしじらの両方の特徴を持つ。しわになりにくくマットな質感が落ち着いた印象を与えることから、婦人用の礼服に用いられることが多い。

このほかにも、「モス・クレープ」や「オートミール」も梨地織りの1種である。日本では徳島県の「阿波しじら」がよく知られる。

**DATA** 素材／毛、綿、化学繊維
織組織／梨地織り（特別組織）
用途／礼服、ドレス、スカートなど。

**特徴** 布面に細かいしじらで起伏を出した織物、織組織。高級感があり、さらりとした肌触り。

**関連** 捺染 ●P.59　ジョーゼット ●P.146
梨地編み ●P.170　ちりめん・シボ（加工）●P.219

毛織物

# ドスキン
## DOESKIN

### 牡鹿のなめし皮に似た風合いの光沢感のある高級毛織物

**概要** 紳士用礼服などに用いられる高級毛織物。非常にやわらかな手触りと、豊かな光沢を持つ。

**構造** 上質なメリノ・ウールの梳毛糸、もしくは紡毛糸を用いて、緻密な朱子織りにする。仕上げには「ドスキン仕上げ」が施される。これは、十分な縮絨と起毛を行い、毛羽を刈り揃えた後、毛を伏せて密な毛羽にしてツヤを出す加工である。

**名前の由来** ドスキンとは「牝鹿（doe）の皮（skin）」の意味。布地の見た目や質感が牝鹿の皮に似ていることに由来する。カシミヤを使ったドスキンは「カシドス」（カシミヤ・ドスキンの略）とも呼ばれる。

**用途** 黒無地染めが多く、フォーマルな礼服のほか、コートやスーツ地、軍服などにも使われる。

**類似織物** 似た質感のものに、「牡鹿（buck）のなめし皮」という意味の名を持つ「バックスキン」がある。ドスキンよりも目が詰まっていて厚手で、変化朱子織りされるのが特徴。

### 制帽
高級布地であるドスキン。紳士用の礼服への利用が多いが、消防士や警察官の制帽、また、将校の軍服などにも使われる。

**DATA**
素材／毛
織組織／朱子織り
用途／タキシードやモーニングなどの紳士用の礼服のほか、制帽、軍服、スーツなど。

**特徴** 上質なメリノ・ウールの糸で朱子織りされる高級毛織物。やわらかく、豊かな光沢を持つ。

**関連** カシミヤ ● P.132　縮絨（加工）● P.222

拡大写真

毛織物

# ベネシャン
## VENETIAN

## マットな質感が印象的なメンズ・フォーマル向けの織物

**概要** 朱子織り、または変化斜文織りで作られる紡毛織物。布面に急角度の細い畝（うね）が斜めに入る。光沢のある、なめらかな手触りが特徴。厚手でしわになりにくく丈夫であるが、摩擦に弱い。

**名前の由来** イタリアの都市venice（ベニス）に由来。「ベネチア風の」という意もある。「ベネッシャン」とも呼ばれる。

**素材** もともとはたて糸、よこ糸ともに梳毛糸（そもうし）を用いたもの。紡毛や綿、レーヨンなどが使われることもある。

**用途** 夏を除くスリー・シーズンのスーツ、コート、カジュアル・ジャケットなど。耐久性の必要な軍服への使用も多い。非常に手の込んだ織物なので、モーニング・コートや燕尾服（えんびふく）、略礼服用のブラック・スーツなどにも好まれる。

また、化学繊維で織られたベネシャンは、遮光カーテン、クッション・カバーなどのインテリア製品にも活用される。

### ベネシャンのコート
厚手でしわになりにくいベネシャンはコートの布地にぴったり。

**DATA** 素材／毛、綿、化学繊維
織組織／朱子織り、または変化斜文織り
用途／コート、スーツ、ジャケット、カーテン、クッション・カバーなど。

**特徴** 急角度の細い畝が表れる紡毛織物。厚手でしわになりにくい。丈夫な織物で、なめらかな手触り。

織物
毛織物
●ベネシャン

拡大写真

毛織物

# メルトン
MELTON

**ピー・コートの素材として有名な丈夫で暖かい冬の布地**

**概要** 太めの紡毛糸を使って平織り、もしくは斜文織りした毛織物。厚地で暖かみのある感触が特徴で、主にコート地に用いられる。また、古くから船員が防寒着として着用したピー・コートの素材としても有名。
梳毛糸を使って織ったものは「梳毛メルトン」、「ウーステッド・メルトン」と呼ばれ、紡毛糸のメルトンよりも張りや重厚感に欠ける。

**工程** 織りあげた後に、強い縮絨を施して織目を密に詰める。これによって、布面が毛羽で覆われる。基本的に起毛はせず、毛羽は短く刈り揃えて仕上げる。このような仕上げ加工を「メルトン仕上げ」という。

**名前の由来** イギリスの地名Meltonにちなむという説や、この織物を最初に考案したハロー・メルトンの名前からとったという説がある。

**ピー・コート**

漁師や船乗りの防寒服だったコート。厚手で耐久性が高いことから、メルトンが使われた。また、メルトンはダッフル・コートやスタジアム・ジャンパーの素材としても有名である。

**DATA** **素材**／毛、綿
**織組織**／平織り、または斜文織り（綾織り）
**用途**／ピー・コート、ダッフル・コート、スタジアム・ジャンパー、ジャケットなど。

**特徴** 厚手で暖かい紡毛織物。短い毛羽がある。防寒着に多く用いられる。
**関連** 縮絨（加工） ● P.222

織物 ● 毛織物 ● メルトン

毛織物

# モッサ
MOSSER

拡大写真

## 苔のような触り心地の
## 保温性に優れた冬の定番コート地

**概要** ふんわりとした毛羽立ちが特徴の紡毛織物。保温性に優れ、主に冬物のコート地として用いられる。緻密でやや厚手の布地だが、見た目よりも軽い。

**名前の由来** まるで苔（moss）のような見た目や手触りから、「moss finished cloth」と名付けられた。「モッサ」は日本の造語。「モッサー」ともいう。

**工程** しっかりとした地の紡毛織物の片面を起毛して毛羽を立て、その毛羽を短く刈り揃える仕上げを施す。これを「モッサ仕上げ」、または「モス仕上げ」という。直立した毛羽はヘタリにくく、密集しているため、織目は見えない。

**類似織物との違い** 「フランネル」とは織目が見えない点で、「ビーバー」とは毛羽の長さが違う点で区別される。

**モッサのコート**
暖かくやわらかいモッサは、冬のコート地の定番。見た目より軽いので、肩も凝らない。

**DATA** **素材**／毛、毛と化学繊維の混紡
**織組織**／平織り、または斜文織り（綾織り）
**用途**／主にコート。

**特徴** 苔のような見た目と感触のある紡毛織物。やわらかな触り心地で、布地は厚みがあるが、見た目よりも軽い。

**関連** フランネル ●P.114　ビーバー ●P.127

毛織物

# ビーバー
BEAVER

拡大写真

## 上品な光沢とやわらかな感触。ビーバーの毛皮のような風合い

**概要** 長めの毛羽で覆われた紡毛織物。主に冬場のコート地に使われる。色は主に、黒や茶、紺の無地、もしくは霜降りなどのダーク・カラー。

**名前の由来** やや長めで伏せている毛羽の感じや手触りが、動物のビーバー(beaver)の毛皮に似ていることから、この名前が付いた。ビーバーは北米、ヨーロッパ北部、ロシアなどに生息する動物で、良質な毛皮を持つ。

**工程** 紡毛織物に強く縮絨をかけ、起毛して長い毛羽を出す。それを一定の長さに刈り揃え、プレスしてたての方向に寝かせる。これを「ビーバー仕上げ」という。やわらかな毛羽で密に覆われ、表面には美しい光沢が生まれる。

**素材** メリノ・ウールなどの紡毛が使われるが、毛と化学繊維の混紡が用いられる場合もある。

### ウールとモヘヤを使ったビーバー
ビーバーには珍しい、深い赤色。モヘヤを使うことでさらに光沢が増す。

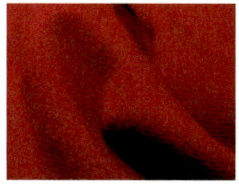

### ビーバー仕上げのコート
表面が毛羽で密に覆われており、やわらかで暖かみのある感触が特徴。表面には優しい光沢があり、上品な雰囲気になる。婦人用のコートに用いられることが多い。

**DATA** **素材**／毛、毛と化学繊維の混紡
**織組織**／斜文織り（綾織り）、または朱子織り
**用途**／コート、ズボン、帽子など。

**特徴** やや長めの毛羽で覆われている紡毛織物。ビーバーの毛皮のような手触りと風合い。

**関連** モヘヤ ● P.134　縮絨（加工） ● P.222

織物　毛織物　● ビーバー

毛織物

# フリース
## FLEECE

**抜群の吸水性と肌触り。
繰り返しの洗濯でより柔軟に**

**概要** 紡毛織物を縮絨した後、起毛させて、織目がまったく見えないくらいに毛羽を密生させる仕上げを施した布のこと。毛羽は刈り揃える。

本来はメリノ・ウールを用いるが、近年はポリエステルを使うことが多い。

軽くて保温性があり、タウン・ユースはもちろん、アウトドアなどでも重宝される。欠点は、洗濯によって毛玉ができやすい、防風性があまりないなど。

**名前の由来** 羊1頭の毛をきれいに刈り上げると1枚の毛皮のようになる。これをフリース（fleece）という。この刈り取った羊毛の外観に似ていることから名付けられた。

**エコ素材としてのフリース** フリース・ウエアの歴史を作ったのは、環境保護活動でも有名な、アウトドア・ブランドの「パタゴニア」だ。パタゴニア社におけるフリースの歴史は長く、モルデン・ミルズ社と共同開発した「シンチラ・フリース」を1985年に発表。1993年からは、消費者から回収されたペット・ボトルからの再生フリース製品を販売している。こういったパタゴニア社の取り組みに続けと、ペット・ボトルをリサイクルして作られるフリース製品が他メーカーでも増えている。

**羊から刈り取ったフリース**
フリースという名称のもともとの意味は、羊1頭から刈り取られた羊毛である。上手な人が刈ると、まるで1枚の毛皮のような形になる。

## ● 様々なフリース・ウエア

### パタゴニアのフリース

パタゴニア社のフリース製品は、消費者から回収・リサイクルされたペット・ボトルを原料として使用することで、環境保全に貢献している。

### ユニクロのフリース

1998年の大ブレイク以来、ユニクロの代名詞となったフリース。毎年少しずつモデル・チェンジを重ねながら、現在も人気商品であり続けている。

また、モルデン・ミルズ社は「ポーラテック」という商標名で、吸湿性・速乾性の高い高機能なフリース素材を開発。冬のみならず夏場にも適した素材であるため、様々なアウトドア・ブランドに採用されている。

**ユニクロのフリース** 日本でフリースという素材の知名度を一気に押し上げたのは、「ユニクロ」だ。1998年に低価格で色とりどりのフリース・ジャケットを大々的に販売。驚くべき安さと暖かさで人気に火が付き、大行列ができるほどだった。

**ブランケットとの違い** フリースとよく似たものに、「ブランケット」がある。フリースは毛羽を刈り揃えるのに対して、ブランケットは毛羽を刈り揃えないため、毛羽は長く、長さもまちまちなのが違いである。

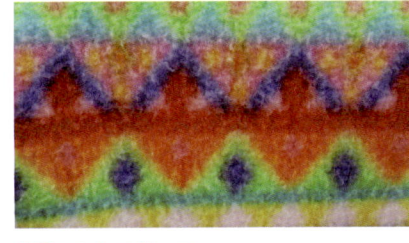

### カラフルなフリース
色の豊富さがフリースの魅力の1つ。柄物のフリースもある。

### 毛羽が長めのフリース
フリースは毛羽を刈り揃えるのが普通だが、やや長めの毛羽でブランケットに近いものもある。

織物 ● 毛織物 ● フリース

**DATA** 素材／毛、化学繊維
　　　　織組織／平織り、または斜文織り（綾織り）
　　　　用途／アウトドア・ウエア、アウター、インナーなど。

**特徴** 毛羽が密生した紡毛織物。本来の素材は毛だが、最近ではポリエステルを使ったものが一般的。保温性が高く、軽量。

**関連** ブランケット ● P.130　縮絨（加工）● P.222

拡大写真

毛織物

# ブランケット
BLANKET

## 仕上げ加工で
## 保温効果を高めた毛織物

**概要** いわゆる毛布のこと。斜文織りや二重織りなどの紡毛織物を縮絨した後、両面を十分に起毛させ、毛羽を密生させる「ブランケット仕上げ」を施したもの。

毛足が長く、ボリューム感と肌触りのよさ、保温性の高さが特徴。無地や織柄のほかにプリント柄もあり、ファッション性も豊かである。

以前はブランケットといえば織物が中心だったが、近年はドイツのカール・マイヤー製のラッセル編み機による、「マイヤー毛布」と呼ばれるニット毛布も多くなっている。

**名前の由来** フランスで作られた古代の白い毛織物・ブランシェ(blanchet)に由来する。

**素材** 質のよいものには、たて糸、よこ糸ともに羊毛が用いられるが、綿や、レーヨン、アクリルなどの化学繊維で織られるものもある。

**フリースとの違い** 「フリース」と似ているが、フリースでは仕上げに毛羽を均一に刈り揃えるのに対して、ブランケット仕上げでは毛羽を刈り揃えることはしない。

**ブランケットの手織機**
紡いだ糸を機械にかけ、織り出していく。使用する毛糸が細ければ薄手となり、ショールのような軽やかさが出せる。

**DATA**
素材／毛、綿、化学繊維
織組織／平織り、または斜文織り(綾織り)、またはたて二重織り、またはたて・よこ二重織り
用途／寝具、ひざ掛け、ショール、ストールなど。

**特徴** いわゆる毛布のことで、長めの毛羽のある紡毛織物。暖かく、肌触りがよい。

**関連** フリース ○P.128　ラッセル編み ○P.172
縮絨(加工) ○P.222

拡大写真

毛織物

# シャギー
SHAGGY

## もじゃもじゃした毛羽が印象的な肌触りのよい紡毛織物

**概要** もじゃもじゃの長い毛羽に覆われた厚手の紡毛織物。モヘヤやアルパカ、アンゴラなどの獣毛を使い、その美しさを十分に活かした、ゴージャスでヘアリーな毛織物である。

ループ糸をたて糸に用いて織り、そのループを切って毛羽を出すものが多い。パイル織りで長いパイルを切って作るシャギーもある。

色柄は無地や霜降り、チェック柄などもあり、変化に富む。

もともとは獣毛を使った毛織物だが、綿や化学繊維のものもある。

**名前の由来** シャギー（shaggy）とは「毛深い」、「毛むくじゃら」の意味で、質感のイメージからこの名前が付いた。

**用途** 最もポピュラーな用途はラグ・マット。長い毛羽は肌触りがよく、弾力性もあるため素足でも気持ちいい。通気性もいいため、夏場でも蒸れることなく使える。

### シャギー素材のコート
細いモヘヤ系を使った手触りのよいシャギーが使用されている。

**DATA** 素材／毛、綿、化学繊維
織組織／平織り、または斜文織り（綾織り）、またはたてパイル織り
用途／ラグ・マット、コート、セーターなど。

**特徴** 長い毛羽に覆われた厚手の紡毛織物。ラグ・マットにされることが多い。

**関連** モヘヤ ◎ P.134　アンゴラ ◎ P.135
アルパカ ◎ P.136

織物　毛織物　●シャギー

131

拡大写真

毛織物

# カシミヤ
### CASHMERE

**「繊維の宝石」という名にふさわしい、ツヤと手触りが絶品の獣毛織物**

**概要**／カシミヤ山羊の毛で作った毛織物。または毛そのものを指す。薄地で軽く、やわらかい手触りを持つ。光沢が美しく、ツヤがあり、また保湿性に優れている。

**素材**／カシミヤ山羊は表面がゴワゴワした粗毛（そもう）で覆われており、その下にやわらかく細い柔毛（じゅうもう）が密生しているが、この柔毛がカシミヤと呼ばれる。山羊1頭から200gほどしかとれず、セーター1枚を作るには約4頭分のカシミヤ山羊の毛が必要とされる。高級素材の代表的存在であり、「繊維の宝石」と呼ばれている。とりわけ、淡い色に染めることができる純白のホワイト・カシミヤは最高級品とされる。

**名前の由来**／インド北部高山地帯の古い呼び名、Kashmir（カシミール）に由来する。もともとはカシミール地方産の山羊の毛を斜文織りにした毛織物のことをカシミヤと呼んでおり、19世紀にペイズリー柄のカシミヤ・ショールが大流行したことにより、知名度が上がった。

**カシミヤ織りとの違い**／カシミヤの質感をウールで表したものを「カシミヤ織り」という。単にカシミヤと表現されることも多いが、別物である。

**貴重なカシミヤ山羊**
カシミヤ山羊は高地にしか生息せず、また、1頭からとれるカシミヤ繊維はごくわずかである。

**DATA**
**素材**／カシミヤ、カシミヤとウールの混紡
**織組織**／平織り、または斜文織り（綾織り）
**用途**／セーター、マフラー、手袋、コート、ジャケット、パンツ、毛布など。

**特徴**／最高級繊維であるカシミヤを使用した毛織物、または毛そのもの。軽くて暖かく美しい光沢がある。型崩れしやすい、擦り切れやすいなどの欠点もある。

**関連**／ペイズリー柄 P.278

拡大写真

毛織物

# パシュミナ
## PASHMINA

## ストールで一世を風靡した上質なカシミヤ織物

**概要** カシミヤ山羊からとれる、最上級の毛で作った織物。日本では2000年頃に女性の間で流行し、その後定番化したパシュミナ・ストールがなじみ深い。

軽さややわらかさなどはカシミヤよりさらに上だが、型崩れしやすい、擦り切れやすいという欠点も大きくなる。

**曖昧な定義** カシミヤの定義ははっきりしているが、パシュミナの繊維の定義は曖昧である。カシミヤ山羊の首の産毛とするものもあれば、カシミヤの中の15μm以下の毛とするものもある。いずれにしても、カシミヤの中で最高級品という位置付け。近年では薄手のカシミヤ混紡繊維やウール繊維のものも、高級品の位置付けとしてパシュミナと呼ばれることもある。

**名前の由来** ペルシャ語で「細くやわらかい毛」という意味。パシュ(pash)は「羊毛」、ミナ(mina)は「やわらかい」、「細い」という意味。「パシュミーナ」、「パシミーナ」とも呼ばれる。

### パシュミナのストール
やわらかい肌触りときれいな発色で、女性の間で一躍人気になった。

**DATA** 素材／カシミヤ、カシミヤとウールの混紡、ウール
織組織／平織り、または斜文織り(綾織り)
用途／主にストール。

**特徴** カシミヤの中の最高級品。肌触りのよさと薄さ、軽さが一番の特徴。保温性もあり、女性に人気がある。
**関連** カシミヤ ○ P.132

織物 ・ パシュミナ

拡大写真

毛織物

# モヘヤ
## MOHAIR

## アンゴラ山羊の毛で作られる高級毛織物

**概要** アンゴラ山羊の毛で作られる毛織物。または毛そのもの。

**素材** モヘヤは最もしわになりにくい天然繊維の1つである。白色で、絹を上回るツヤと輝きを持っていることから「ダイヤモンド・ファイバー」とも呼ばれている。貴重で価値の高い獣毛で、吸湿性に富み、張りがあるのでさらりとした質感。

**名前の由来** モヘヤ（mohair）とはアンゴラ山羊の毛を指し、アラビア語で「選ぶ」という意味。アンゴラと呼ばないのは、アンゴラうさぎからとれる「アンゴラ」と区別するためである。

**生産地** トルコ、南アフリカ、テキサスがモヘヤの三大産地で、特に南アフリカのモヘヤは最高級といわれる。

**モヘヤのランク付け** 刈り取るときのアンゴラ山羊の成長段階によって、「キッド」、「ヤング・ゴート」、「アダルト」の3ランクに分けられる。

**用途** 風合いを活かし、ウールとの混紡によるサマー・スーツは夏のおしゃれアイテム。服地のほかに、マフラーやショール、ニット製品にも利用される。

### キッド・モヘヤ
仔山羊のモヘヤは最高級品。絹のような光沢を持ち、上質なサマー・スーツの布地となる。

**DATA** **素材**／モヘヤ（アンゴラ山羊の毛）、モヘヤとウールの混紡
**織組織**／平織り、または斜文織り（綾織り）
**用途**／スーツ、コート、マフラー、カーペットなど。

**特徴** アンゴラ山羊の毛（モヘヤ）から作られる高級毛織物、または毛そのもの。吸湿性に富み、さらりとした質感。
**関連** アンゴラ ● P.135

拡大写真

毛織物

# アンゴラ
ANGORA

## 羽のような軽さとやわらかさを持つ毛織物

**概要** アンゴラうさぎの毛で作られる毛織物。または毛そのもの。アンゴラ地方（現在のトルコ・アンカラ）が原産であることからこの名が付いた。

**素材** 手触りが非常にやわらかく、モヘヤを上回る。絹のように細い。また、毛の中心が空洞になっているため軽く、保温性にも優れている。

ただし摩擦に弱く、毛羽立ちやすく毛玉ができやすい。また静電気も起こりやすく、表面がなめらかなため毛がすべって抜けやすいという弱点もある。

**生産地** アンゴラうさぎは免疫力が弱いため室内飼育され、現在はほとんどが中国で生産されている。

**用途** 繊維が白いのでパステル・カラーの染色も可能で、繊細な発色が得られる。この特徴を活かしてウールやアクリルなどの化学繊維と混紡し、セーターやアンサンブルなどのニット製品にすることも多い。

### アンゴラのセーター
ふわふわで軽いアンゴラ・セーターは女性に人気がある。

**DATA** 素材／アンゴラ（アンゴラうさぎの毛）、アンゴラとウールの混紡
織組織／平織り、または斜文織り（綾織り）
用途／セーター、アンサンブル、スーツ、コート、ショール、帽子など。

**特徴** アンゴラうさぎの毛（アンゴラ）から作られる高級毛織物、または毛そのもの。暖かく、軽く、非常にやわらかい。

**関連** モヘヤ ● P.134

織物　毛織物　●アンゴラ

### 毛織物
## アルパカ
### ALPACA

### 毛織物
## キャメル
### CAMEL

**南米生まれの
毛足の長い獣毛織物**

**毛の１％に満たない希少繊維。
ラクダ独特の色合いが人気**

**概要** 南米の高地に生息する、ラクダ科のアルパカの毛で作られる毛織物、または毛そのもの。天然繊維として使用される獣毛の中では、最も毛が長く手触りがなめらか。絹のような光沢があり、軽くて保温性、耐久性にも優れている。

**用途** 以前は毛皮がベッド・カバーなどに珍重されていた。現在では毛織物のほかに、ニットにも高級素材として使用されるようになった。色はこげ茶、グレー、白、黒など20種類ほどある。

**概要** ふたこぶラクダ（camel）の毛で作った毛織物、または毛そのもの。ラクダの成長は遅く、また年に一度だけ毛を刈る、もしくは拾い集めるという採取方法なので、希少な繊維である。

　ふたこぶラクダが生息する地域は夏と冬、昼と夜の気温差が激しい。その環境の中で生き延びるために、ふたこぶラクダの毛は弾力性があり軽く、かつ保温性が高い毛に発達したといわれる。

**備考** ひとこぶラクダは毛質が悪く、衣料には使われない。

**DATA** **素材**／アルパカ（アルパカの毛）、アルパカとウールの混紡
**織組織**／平織り、または斜文織り（綾織り）
**用途**／毛布、セーター、マフラーなど。

**特徴** 最も長い獣毛であるアルパカの毛で作られる毛織物、または毛そのもの。なめらかな手触りと光沢がある。

**DATA** **素材**／キャメル（ふたこぶラクダの毛）、キャメルとウールの混紡
**織組織**／平織り、または斜文織り（綾織り）
**用途**／毛布、コート、ジャケット、ニットなど。

**特徴** ひとこぶラクダの毛（キャメル）から作られる希少毛織物、または毛そのもの。高い保温性と弾力性がある。

# 織物の風合いと素材感
**TEXTURE OF WOVEN**

　織物の評価には、それぞれの繊維が持つ特徴や機能だけでなく、着心地を左右する布地の触感（テクスチャー）や、その外観も大きく関わってくる。風合いは主に、張りやコシがあるか、しなやかでなめらかか、ドレープ性があるか、厚みがあるか、ボリュームがあるか（ふっくら、ふんわりしているか）、などがチェックポイントとなる。

　本書で紹介している布地を、風合いや素材感別にすると下記のような表になる。

● 風合い・素材感別織物表

| 風合い・素材感 | 布地名 |
|---|---|
| プレーン、平面的 | 金巾、ポプリン、モスリン、トロピカル、ポーラ |
| 薄地 | ローン、ボイル、オーガンジー、ガーゼ、レノ、モスリン、シフォン、ジョーゼット |
| 厚地 | デニム、ダック、ツイード、ホームスパン、メルトン、ブランケット |
| 野趣・ナチュラル | ブッチャー、クラッシュ、ツイード、ホームスパン、シャンタン、タッサー |
| 光沢 | ベネシャン、ドスキン、サテン、タフタ |
| シボ・しじら | 綿クレープ、楊柳クレープ、サッカー、クレープ・デ・シン、ジョーゼット |
| たて畝 | コーデュロイ、コードレーン、たてピケ |
| よこ畝 | ブロード、グログラン、タフタ、ファイユ、タッサー |
| 斜め畝（斜文線・綾目） | デニム、チノ・クロス、ビエラ、バーバリー、サージ、ギャバジン、ヘリンボーン |
| 輪奈・毛羽 | コーデュロイ、別珍、テリー・クロス、ベルベット、ベロア |
| 起毛 | ビエラ、ドスキン、モッサ、ビーバー |
| やわらかい | ローン、ガーゼ、モスリン、カシミヤ、羽二重、富士絹、クレープ・デ・シン |
| 張り・コシがある | オーガンジー、グログラン、ダック、トロピカル、ポーラ、シャークスキン、タフタ |
| 織柄 | ギンガム、ダマスク、バーズ・アイ、綸子、ジャカード、ゴブラン、ブロケード |

※ここに挙げたものが織物のすべてではない

絹織物

# シフォン
## CHIFFON

**ドレッシーな雰囲気が漂う
ウエディング・ベールの素材**

**概要** 最も薄い絹織物の1つで、生糸を使い、粗めの平織りにしたもの。糸と糸の間には隙間があり透けて見える。精練しない生糸を使うため、光沢は控えめでマットな質感、軽量でやわらかい中にも張りがあり、ドレープが出やすい。

本来は絹織物だが、近年ではレーヨンやナイロンなどの化学繊維のものも少なくない。また、片撚り糸を使うのが本来のシフォンだが、強撚糸を使うものもあり、それらはシボ（しわ）が表れるため「シフォン・クレープ」と呼んで区別する場合もある。

**名前の由来** シフォン（chiffon）とはもともとフランス語で「ボロ布」、「切れ端」の意味。そこから転じて「薄く、やわらかい」の意味になった。シフォン・ケーキは、布地のシフォンのやわらかさにちなんでいる。

**用途** 美しい透け感やドレープの美しさを活かして、ウエディング・ベールや、イブニング・ドレス、ブラウス、帽子の装飾品などに用いられる。

**シフォンのワンピース**
繊細な透け感とやわらかな張り感により、女性らしい雰囲気を醸し出している。

**DATA**
**素材**／絹、化学繊維
**織組織**／平織り
**用途**／ウエディング・ベール、ドレス、スカーフ、ブラウス、ペチコート、装飾品など。

**特徴** 非常に薄くて軽い絹織物。絹の生糸を使っているためほどよい張りがある。
**関連** 綿クレープ ●P.76　楊柳クレープ ●P.77
クレープ・デ・シン ●P.145　ちりめん・シボ（加工）●P.219

絹織物

# 羽二重
## HABUTAE

拡大写真

## しなやかで上品な光沢を放つ
## 日本の代表的絹織物

**概要** 薄くしなやかで上品な光沢を持つ、目の細かな絹織物。軽さと適度な張りがあり、なめらかな手触りで、布地を結ぶとキュッキュッという絹ならではの「絹鳴り」という摩擦音を発するのが特徴。白地の絹織物では最も美しいとされ、「ちりめん」と並ぶ、日本を代表する高級絹織物である。

**製法** たて糸・よこ糸ともに無撚りの生糸で織りあげた後、精練する後練り織物。織地を引き締めて光沢を出すために、たて糸は細い2本にして、よこ糸は水で湿らせてやわらかくしてから織る「湿緯(しめよこ)」といわれる製織法を用いる。よこ糸をしっかりと打ち込めるので、組織が密になる羽二重独特の技法である。

**名前の由来** 通常はたて糸を1本通す筬羽(おさは)の1目に、細いたて糸を2本通して織ることからこの名がある。

**種類** 平織りの「平羽二重(ひらはぶたえ)」が一般的だが、斜文織り(綾織り)で織りあげた「綾羽二重(あやはぶたえ)」、より軽くするためにたて糸を1本にして裏側が透き通るほど薄くした「片羽二重(かたはぶたえ)」など、多くの種類がある。

### 羽二重の訪問着
友禅染めで幾何学模様を配されている。

**DATA** **素材**／絹、化学繊維
**織組織**／平織り、または斜文織り(綾織り)
**用途**／着物、帯、袴、ドレス、ブラウス、ストール、ハンカチなど。

**特徴** 軽く薄手で上品な光沢を持つ、日本の代表的絹織物。湿緯で製織され、後練りされる。

**関連** ちりめん ●P.144　友禅 ●P.287

織物

絹織物 ●羽二重

絹織物

# タフタ
## TAFFETA

**ウエディング・ドレスにも用いられる格調高い、フォーマルな布地**

**概要** 通常、タフタとはシルク・タフタのことを指す。平織りで薄地、布地の密度が高く、しまりのある布地である。「サテン」のようなやわらかな光沢とは異なる硬質な光沢感があり、張りがある。たて糸が密で、よこ糸がやや太めのため、細いよこ畝（うね）が表れ、見た目は「ポプリン」にも似ている。

**素材** 現在では、絹のほか、レーヨンやナイロン、ポリエステルやアセテートなどでも織られ、なかでもナイロン・タフタは流通量が多い。

**種類** 単色だけでなく、たて糸とよこ糸の色を変えた、異色交織（いしょくこうしょく）のシャンブレー・カラーもある。これは光の当たり方で発色が変わる玉虫のような色合いが美しい。
主流は無地だが、縞や格子柄のタフタもある。

**用途** 美しいドレープを作れることから、カクテル・ドレスやイブニング・ドレスなどに用いられることが多い。なかでも白のタフタはウエディング・ドレスの布地として人気がある。そのほか、ブラウスやスカーフ、裏地、リボンなどにも用いられる。

**名前の由来** ペルシャ語で「糸を紡ぐ」を意味する「taftan」に由来するといわれる。また、江戸時代に京都の西陣で織られ始めたという「琥珀織り」（こはくおり）はタフタと同じ製織法のため、タフタは「薄琥珀」（うすこはく）（薄手の琥珀織りの意）とも呼ばれる。日本から輸入していたイギリスでは、「MIKADO」の呼称もある。

**DATA** 素材／絹、化学繊維
織組織／平織り
用途／ウエディング・ドレス、ブラウス、スカーフ、リボンなど。

**特徴** かたい光沢と張り感のある、平織りの絹織物。最近ではナイロン・タフタも多い。

**関連** ポプリン ◎ P.69　シャンブレー ◎ P.84
サテン ◎ P.147

絹織物

## ファイユ
### FAILLE

### よこ畝が優雅で美しいやわらかい布地

**概要** よこ糸を太くし、たて糸を密にすることで繊細なよこ畝を出した平織物。さらりとした手触りのやわらかな布地で、優雅な印象。ドレープ性があり、ブラウスやドレスなどドレッシーな服装に適している。シボ（しわ）のある「ファイユ・クレープ」や、はっきりとしたよこ畝の「ファイユ・タフタ」などのバリエーションがある。

**グログランとの違い** 「グログラン」もファイユと同様によこ畝があるが、畝はファイユよりも丸みがあり、盛り上がっている。ファイユの方が畝幅が広く扁平である。

**DATA** 素材／絹、化学繊維
織組織／平織り
用途／ブラウス、ドレス、スーツなど。

**特徴** 繊細なよこ畝のある、やわらかな平織物。

**関連** 綿クレープ ○P.76　楊柳クレープ ○P.77
グログラン ○P.94　クレープ・デ・シン ○P.145
タフタ ○P.140　ちりめん・シボ（加工）○P.219

---

絹織物

## 富士絹（ふじぎぬ）
### FUJI SILK

### 羽二重の代用品として使われたソフトな地合いの絹織物

**概要** たて糸・よこ糸ともに、繭くずや製糸くずを紡績した絹紡糸（けんぼうし）を使った平織物。やや毛羽のあるソフトな地合いで、絹紡糸特有のツヤ消しの質感がある。漂白しないものは黄色味を残した暖かみのある色合い。精練と漂白を施し、無地染めや捺染（なっせん）したものもある。「羽二重」の実用的な代用品として、着物の裏地や襦袢（じゅばん）、風呂敷、寝具などに用いられた。

**名前の由来** 明治末期に富士瓦斯という紡績会社で初めて作られたことに由来する。

**DATA** 素材／絹
織組織／平織り
用途／ブラウス、ドレス、スカーフ、裏地、寝具など。

**特徴** 羽二重のリーズナブルな代用品。絹紡糸を使うため、毛羽がありツヤ消しの質感。

**関連** 羽二重 ○P.139

拡大写真

絹織物

# シャンタン
## SHANTUNG

### 不規則な節が表現された高級感ある地厚の絹織物

**概要** たて糸に生糸、よこ糸に太さが一定でない節糸を用いる平織りの絹織物。これにより、布地の表面によこ方向の節が不規則に入り、絹の光沢とあいまってほどよいよこ畝模様が表れる。地厚でシック、上品なイメージがあり、パーティー・ドレスの布地として人気が高い。

**素材** 本来は柞蚕絹という、野生の蚕からとれる絹が使われるが、現在では綿や毛のほか、ナイロン、レーヨンなど化学繊維が用いられることの方が多い。化学繊維の場合、よこ糸にフィラメントを巻き付けて節にしたり、ランダムに節のあるスラブ・ヤーンという意匠糸を使う。

**名前の由来** 柞蚕絹の主産地である中国の山東省が由来。そのため「山東絹」とも呼ばれる。

**類似織物** 似た風合いのものに「ポンジー」がある。野蚕糸を使い平織りにした重めの絹織物で、中国が発祥。名前は「自家製の織物」を意味する中国語にちなむ。

### シャンタンのパーティー・ドレス

なめらかな手触りと適度な張り、そして独特の地合いが特徴のシャンタンは、パーティー・ドレスに使われることが多い。

**DATA** 素材／絹、綿、毛、化学繊維
織組織／平織り
用途／ドレス、スーツ、ブラウス、スポーツ・ウエア、カーテンなど。

**特徴** 太さが一定でない節糸をよこ糸に使用するため、布地に不規則に節が入る絹織物。

絹織物

# タッサー
## TUSSAH

## 丈夫な野蚕の絹を使った野趣に富む厚手の織物

**概要** 野生の蚕からとれる柞蚕絹（さくさんぎぬ）で織った織物で、「タッサー・シルク」とも呼ばれる。また、繊維そのもののことも指す。

柞蚕絹は普通の絹より強いが、糸の太さはムラがあるため野趣に富み、素朴な風合いとなる。布地は丈夫でやわらかい。

柞蚕絹は漂白が困難なため、天然色のまま使われるのも特徴。色はベージュや濃い茶色まで幅があり、茶系の濃淡があるナチュラルな雰囲気の布地に仕上がる。

**類似織物** タッサー・シルクに似た風合いの厚手の綿織物もタッサーと呼ばれる。平織りで太めのよこ糸を使うことではっきりとしたよこ畝（うね）が表れる。「ポプリン」と似た製織法のため「タッサー・ポプリン」とも呼ばれる。

ほかに、背広などに使われるよこ畝のある梳毛（そもう）織物もタッサーと呼ばれる。

**用途** スーツ、ジャケット、ワンピースなど婦人服に用いられることが多い。

**タッサーのストール**
落ち着いた光沢が持ち味のタッサー。織地は素朴だが、なめらかな肌触り。

**DATA** 素材／絹、綿、毛
織組織／平織り
用途／スーツ、ジャケット、ワンピースなど。

**特徴** 柞蚕絹を使った素朴で厚手の織物。天然色のまま使われる。
**関連** ポプリン ➡ P.69

拡大写真

絹織物

# ちりめん
## CHIRIMEN

## 海外でも人気の高い、日本産の美しいシボ織物

**概要** 織物の表面に縮みによるしわ（シボ）が表れる平織物。「ちりめん」は日本での呼び名で、欧米の「クレープ」に該当する。クレープの場合は薄手のものが一般的だが、ちりめんはやや厚手のものが多い。

後染めで美しい色柄に染めることができ、友禅や小紋の染色法で和装や風呂敷などによく用いられる。近年は日本のちりめんが欧米でも人気があり、「ちりめんクレープ」と呼ばれている。

**歴史** 日本には、16世紀に中国の明から伝わったとされている。

**製法** たて糸に無撚りの生糸、よこ糸に強撚糸のS撚り、Z撚りを2本ずつ交互に打ち込んで平織りにする。その後、精練すると強撚糸が戻ろうとする力によって布地の表面に細かいシボができる。

**種類** 強撚糸の使い方によってシボの出方が変わり、様々な種類がある。細かく繊細なシボが特徴の「一越ちりめん」や、シボが大きい「鬼ちりめん」、「うずらちりめん」、ジャカード織りで模様を出した「紋ちりめん」など多数。

### ちりめんのポーチ
風呂敷以外にもさまざまな和雑貨にちりめんが使われている。

**DATA** 素材／絹、化学繊維
　　　 織組織／平織り
　　　 用途／振袖、訪問着、羽織、和装小物など。

**特徴** 表面にシボがある日本産の絹織物。
**関連** 綿クレープ ●P.76　楊柳クレープ ●P.77
　　　 クレープ・デ・シン ●P.145　ジャカード・クロス ●P.151
　　　 ちりめん・シボ（加工）●P.219　江戸小紋 ●P.286
　　　 友禅 ●P.287

絹織物

# クレープ・デ・シン
## CREPE DE CHINE

拡大写真

## 細かいシボが特徴の薄くてやわらかい絹織物

**概要** しわ（シボ）のある「クレープ」生地の1種で、繊細なシボが特徴。薄くてやわらかく、ドレープ性があり、絹ならではの光沢としなやかさを持つ。滑りがいいので裏地にも適している。
　最近ではポリエステルなど化学繊維のものも多い。

**製法** たて糸に無撚糸(むねんし)、よこ糸に強撚糸(きょうねんし)のS撚り、Z撚(エ)りを2本ずつ交互に使用して平織りする。織りあげた後、精練すると、強く撚(よ)ってある糸が戻ろうとする力によってシボが表れる。

**名前の由来** 「Chine」は「中国」で、フランス語で「中国ちりめん」の意。1820年頃、フランスのリヨンで中国のちりめんをまねて作ったもので、「フランスちりめん」とも呼ばれる。単に「デシン」ともいう。

**類似織物** 「フラット・クレープ」はクレープ・デ・シンとほぼ同じ製法だが、シボが平たくて低い。「パレス・クレープ」はフラット・クレープよりさらにシボが低い織物である。

**フラット・クレープ**
クレープ・デ・シンよりたて糸の密度が少し高く、シボが低く平ら。

**DATA** 素材／絹、化学繊維
　　　　織組織／平織り
　　　　用途／ドレス、ブラウス、スカーフ、裏地、下着など。

**特徴** 細かいシボのある絹織物。クレープの1種。
**関連** 綿クレープ ●P.76　楊柳クレープ ●P.77
　　　 ちりめん ●P.144　ちりめん・シボ（加工）●P.219

織物　絹織物　●クレープ・デ・シン

145

拡大写真

絹織物

# ジョーゼット
## GEORGETTE

**やわらかく優しい印象。
シボのある、透け感が美しい布地**

**概要** しわ（シボ）が特徴の「クレープ」生地の1種。たて糸、よこ糸ともに強撚糸のS撚り、Z撚りを交互に使う「たて・よこちりめん」で、たて方向・よこ方向両方にシボがある。

やや密度の粗い平織物で、薄く透け感がある。やわらかく、ドレープや細かいギャザーがきれいに出るため、エレガントなブラウスやスカートなどに適している。シャリ感があり、さらりとしていて軽く、しわになりにくい。

**名前の由来** ジョーゼット（Georgette）は女性の名前で、フランスの婦人服商の夫人の名。もともとはこの布地の商標名だった。正式には「ジョーゼット・クレープ」、または「クレープ・ジョーゼット」という。

**種類** 「シフォン・ジョーゼット」、「サテン・ジョーゼット」など多くの種類がある。

**類似織物** 毛を使ったジョーゼットもある。強撚糸によってシボを出すのではなく、「梨地織り」をしてざらざらとした感触を出すため、「梨地ジョーゼット」という。

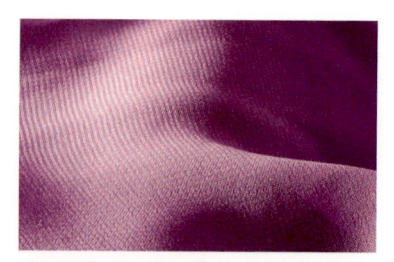

**ジョーゼットのアップ**
表面に細かいシボがあるのがわかる。

**DATA** 素材／絹、毛、化学繊維
織組織／平織り
用途／ブラウス、ドレス、スカート、ベール、ショールなど。

**特徴** たて糸にもよこ糸にも強撚糸を使ってシボを出したクレープの1種。

**関連** 綿クレープ ●P.76　楊柳クレープ ●P.77
梨地織り ●P.122　シフォン ●P.138
ちりめん ●P.144　クレープ・デ・シン ●P.145
サテン ●P.147　ちりめん・シボ（加工）●P.219

絹織物

# サテン
SATIN

## 美しい光沢に高級感が漂う朱子織りの絹織物

**概要** サテンとは朱子織りのことで、織物の三原組織の1つ。織物としてのサテンは、先練り糸（さきねりいと）を使って朱子織りにしたものを指す。豊かな光沢とすべらかでやわらかな手触りが特徴の、フォーマル・ウエアに欠かせない高級感ある織物である。

**朱子織り** 糸の交錯が少なく、布面に糸を長く浮かせた織り方。光沢やなめらかさが得られる反面、糸が引っ掛かりやすく、摩擦に弱い。

**素材** 近年は化学繊維のサテンも多いが、やはり絹のサテンと比べると質感が劣る。綿のサテンは英語で「sateen」と表記され、絹のサテン（satin）とは区別される。

**用途** 光沢があり、なめらかな質感が特徴のサテンは気品が漂い、ヨーロッパでは昔から貴族などの上流階級に愛されてきた。現代でも日常衣類というよりはむしろ、婦人用ドレスを始めとするフォーマル・ウエアに用いられることが多い。特に白いサテンは、ウエディング・ドレスに適している。

### サテン地のウエディング・ドレス
サテンにしか出せない光沢となめらかな肌触りが、優雅で高貴な印象を与える。

**DATA** **素材**／絹、化学繊維
**織組織**／朱子織り
**用途**／ウエディング・ドレスなどのフォーマル・ウエア、スーツやコートの裏地など。

**特徴** 先練り糸を使った朱子織物。抜群の光沢感を持ち、なめらかでつるりとした肌触り。

織物　絹織物　●サテン

拡大写真

絹織物

# 綸子
## りんず
### RINZU

**模様が浮き出た**
**ゴージャスな印象の絹織物**

**概要** 絹の紋織物。「ジャカード」の1種。生糸の無撚糸を使って、表朱子と裏朱子で模様を表した織物。やわらかく、光沢に富む。

地は朱子織りの表を出し、模様の部分は朱子織りの裏を出して織った後、後練り・後染めをする。着物の打掛や襦袢などに用いられる。

**歴史** 中国の綸子織物を、安土桃山時代から江戸時代にかけての時期に、京都・西陣でまねて作り始め、後に加賀（石川県）に広まった。

**種類** 強撚糸を使ってしわ（シボ）を出した「綸子ちりめん」は、友禅などの高級着物に用いられる。ほかに、細い強撚糸で織った厚手の「駒綸子」などがある。

**類似織物** 同じ織り方だが、生糸で織った後に後練り・後染めする綸子に対し、先練り・先染め糸を使って織る重めの布地を「緞子」という。

**素材** 最近では化学繊維を使ったものも多く、無地染めや捺染されて洋服地に使われることもある。

**綸子の着物**
白地の綸子に友禅染めで古典的な模様を描いた、豪華絢爛な振袖。

**DATA** **素材**／絹、化学繊維
**織組織**／ジャカード織りと朱子織り
**用途**／打掛、振袖、白無垢、帯地、訪問着、裏地、襦袢など。

**特徴** 絹の紋織物。朱子織りの表と裏の組み合わせで模様を織り出す。
**関連** ちりめん ● P.144　ジャカード・クロス ● P.151
友禅 ● P.287

絹織物

# ベルベット
**VELVET**

## 直立した毛羽がなめらかな高級感ある織物

**概要** 「たてパイル織り」でパイル（輪奈(わな)）を作り、そのパイルをカットして作った毛羽で布面を覆った織物。パイルは短く、直立していてヘタリにくい。パイルの密度が高いほど高級とされる。なめらかな質感で美しい光沢があり、高級な織物の1つとされてきた。

**名前の由来** 「毛むくじゃら」という意味のラテン語「velvetum」が由来。「ビロード」とも呼ばれるが、これは同じ意味のポルトガル語「velludo」から来ている。
　日本では昔「天鵞絨(てんがじゅう)」と呼ばれていた。天鵞とは白鳥のことで、美しい織物として重宝されていたことがわかる。

**種類** パイルをカットせずループのままにしたもの、ジャカードで模様を表した「紋ビロード」、「オパール加工」で透かし模様を作ったものなど、多くの種類がある。

**素材** 絹のものが高級。レーヨンを使ったものは「シフォン・ベルベット」と呼ばれる。

**別珍との違い** ベルベットと同じように、全面に毛羽のある「別珍(べっちん)」は綿の「よこパイル織り」。ベルベットはたてパイル織りである。また、ベルベットの方が光沢もあり、ヘタリにくい。

**紋ビロード**
ジャカードで模様を表したもの。

**DATA** 素材／絹、綿、化学繊維
　　　　織組織／たてパイル織り
　　　　用途／ドレス、スーツ、コート、リボンなど。

**特徴** パイルをカットしてできた毛羽が一面を覆う織物。光沢があり、なめらかな質感。

**関連** 別珍 ●P.88　シフォン ●P.138
　　　ジャカード・クロス ●P.151　オパール（加工）●P.224

織物 / 絹織物 ●ベルベット

絹織物
## 二重織り
### DOUBLE CLOTH

絹織物
## ふくれ織り
### BLISTER CLOTH

**表と裏で異なる色や模様を表せる布地**

**概要** 2枚の織物を重ねたような作りの織地、または織組織。表と裏で色や模様を変えたり、保温力の高い布地を作ることができる。たて糸で2枚をつなぎ合わせたものを「たて二重織り」、よこ糸でつなぎ合わせたものを「よこ二重織り」、両方でつなぎ合わせたものを「たて・よこ二重織り」という。

**種類** 「風通織り(ふうつうおり)」は、表と裏の糸を部分的に入れ替えて表裏で色違いの模様を作ったもの。「袋織り(ふくろおり)」は2枚の織物を耳の部分だけで綴じたもの。両方ともたて・よこ二重織り。

**DATA** 素材／絹、綿、毛、化学繊維
織組織／たて二重織り、よこ二重織り、たて・よこ二重織り
用途／コート、ジャケット、タオル、ハンカチ、カーテン、ラグなど。
**特徴** 2枚の織物を重ねたような作りの織物、または織組織。リバーシブルの布地が作れる。

**水泡のように浮きあがった模様の立体感ある布地**

**概要** 織物の表面がふくれあがって模様のようになった織物。ジャカード織りで、浮きあがらせる部分を二重織りにする。表側は無撚糸(むねんし)、裏側は強撚糸を使って二重織りした後に精練することで、裏側だけが縮み、縮まない表側がふくれたようになる。熱で縮む繊維を使って作ることもある。

**名前の由来** 英名の「blister(ブリスター)」とは「水ぶくれ」の意味。「マットレス」という意味の「matlasse(マトラッセ)」と呼ぶこともある。和装では「縮緬織り(こうけちおり)」と呼ばれる。

**DATA** 素材／絹、綿、毛、化学繊維
織組織／ジャガード織りとたて・よこ二重織り
用途／ドレス、スーツ、コート、バッグなど。
**特徴** 表面に水泡のようにふくれあがった模様のある織物、織組織。
**関連** ジャカード・クロス ●P.151　ブリスター ●P.169

絹織物

## ジャカード・クロス
### JACQUARD

**ジャカード織機による表現力に優れた紋織物**

**概要** ジャカード織機で作った紋織物の総称、または織組織。細かく繊細な模様から、布幅いっぱいの大きな模様、単色の地模様から、100色を超える絵画のような模様まで、多彩な模様を作ることができる。

**用途** 洋服地や和服地、カーペット、ネクタイ、毛布まで、広く使われている。

**種類** 「ブロケード」、「ダマスク」、「綸子(りんず)」などもジャカードの1種。

**ドビーとの違い** ドビー織機も紋織物を作るが、ジャカードよりも小さく単純な柄。

**DATA** 素材／絹、綿、毛、化学繊維
織組織／ジャカード織り(紋織り)
用途／衣類全般のほか、カーペット、カーテンなど。

**特徴** ジャカード織機で作った織物の総称、織組織。小柄、大柄問わず、複雑な模様が表現できる。

**関連** ダマスク ○P.105 　綸子 ○P.148
ブロケード ○P.152 　ジャカード編み ○P.168
ジャカード柄 ○P.270

---

絹織物

## ラメ・クロス
### LAME CLOTH

**ゴージャス感のあるキラキラ素材。ドレッシーな装いに**

**概要** ラメ糸(メタリック・ヤーン)を使った織物。ジャカードで模様を出した、高級な絹織物が多い。

**ラメ糸** 金属糸のこと。金・銀・アルミなどの箔を和紙に貼り合わせて細く切ったものや、金属をポリエステルに蒸着させて細く切ったもの、普通の糸を芯にしてらせん状に箔を撚(よ)り付けたものなどがある。

**用途** イブニング・ドレスなどのドレッシーな装いに多く用いられてきたが、近年ではセーターやストッキングなどにも用いられる。

**DATA** 素材／絹、綿、化学繊維
織組織／ジャカード織り(紋織り)、または平織り
用途／ドレス、ストッキング、スーツ、セーター、着物の帯など。

**特徴** ラメ糸を使った織物。ゴージャスでドレッシーな装いに多く用いられる。

**関連** ラメ(加工) ○P.229 　ジャカード柄 ○P.270

織物 ● 絹織物 ● ジャカード・クロス／ラメ・クロス

絹織物

## ゴブラン
### GOBELIN

絹織物

## ブロケード
### BROCADE

### フランス・ゴブラン家発祥の重厚な紋織物

**概要** 「つづれ織り」の1種。フランスのゴブラン家のタペストリーで有名になったことからこの名がある。室内の壁飾りなどに使われる、絵画のような織柄の布地で、全盛期のものは芸術作品としても優れたものが多い。現在はゴブラン織りに似た織柄の織物も含む。

**つづれ織り** よこの色糸で模様を表す。平織だが、よこ糸は全幅に通らず、その色の部分だけを往復する。ジャカードを使わずに美しい模様を表すことができる。よこ糸は数百色使うこともあり、手間のかかる高級織物。

**DATA** 素材／絹、綿、毛、化学繊維
織組織／ゴブラン織り（特殊組織）
用途／タペストリー、クッション・カバー、ラグなど。

**特徴** タペストリーに代表される、絵画のような紋織物。つづれ織りで手間をかけて作られる高価で重厚な織物。

**関連** ジャカード・クロス ●P.151　ジャカード柄 ●P.270

### 刺繍のように浮き出た模様が華やかな布地

**概要** ジャカードによる紋織物の1種。「よこ二重織り」で、地組織は朱子織りや斜文織り。部分的によこ糸を浮かせて模様を作る。その盛り上がった模様は刺繍のようにも見える。

**歴史** もともとは中国の先染め絹織物で、チャイナ・ドレスに多く使われた。そのため、現在でも唐草文様やエキゾチックな花柄などの模様が多い。その後、ペルシャやヨーロッパに伝わった。

**類似織物** 「錦」（金糸・銀糸や色糸で模様を浮き織りにした絹織物）も同じ製法である。

**DATA** 素材／絹、綿、化学繊維
織組織／ジャカード織りとよこ二重織り
用途／チャイナ・ドレス、カーテン、テーブル・クロス、ネクタイなど。

**特徴** 浮かせたよこ糸で刺繍のように盛り上がった模様を作った織物。

**関連** 二重織り ●P.150　ジャカード・クロス ●P.151
ジャカード柄 ●P.270　唐草文様 ●P.285

# ニット
KNIT

ニットとは編んだ布のことで、組織的には糸でループを作り、それを連結させたもののこと。織物よりも伸縮性や保温性があるため、インナー・ウエアや秋冬の衣類に多く用いられる。多くの編み方があるが、大きく「よこ編み」と「たて編み」に分類される。

# ニットとは

## ニットは「よこ編み」と「たて編み」に大きく分類される

ニットとは編んだ布のことで、糸でループを作り、連結させて布地を作ったもののことである。このループにより、伸縮性などニットならではの性質を生み出す。

編み方には多くの種類があるが、大きくは「よこ編み」と「たて編み」に分けられる。

よこ編みは、よこ方向にループを作っていく編み方。手編みでは棒針編みがこれに当たる。セーターはほとんどがよこ編みである。

一方、たて編みはたて方向にループを作っていく編み方で、手編みではかぎ針編みがこれに当たる。よこ編みよりも伸縮性が低く、安定性のある編地ができるため、裁断・縫製がしやすい。

● ニットの基本的な性質

❶ 伸縮性が大きく、体にフィットしやすい
❷ ドレープ性がある
❸ 柔軟でしわになりにくい
❹ 含気性に富み、保温性または通気性がある
❺ 一部のニットでは成型性が得られる
❻ 寸法安定性に乏しく、型崩れしやすい
❼ 一部のニットではラン（ループがほどける）、カール、斜行（ゆがむ）しやすい
❽ 裁断・縫製しにくい

よこ編みの基本組織である「平編み」、「ゴム編み」、「パール編み」は、ニットの最も基本的な組織だ。この3つはニットの三原組織ともいわれる。この3つのいずれかを基本にして変化を加えたものを「変化組織」という。たて編みの場合も同様である。

● よこ編みとたて編みの違い

**よこ編み**
図：平編み

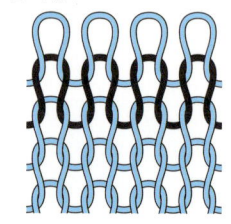

よこ方向にループを作っていく編み方。手編みの棒針編みと同じ原理。機械では主に「横編み機」か「丸編み機」で作られる。
● 伸縮性が高い
● 編み終わりからほどけやすい

**たて編み**
図：シングル・トリコット編み

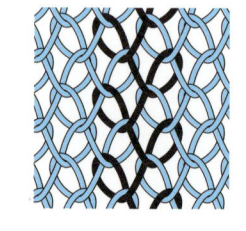

たて方向にループを作っていく編み方。手編みのかぎ針編みと同じ原理。機械では主に「トリコット編み機」か「ラッセル編み機」で作られる。
● 伸縮性はよこ編みほどなく、織物に近い張り・コシがある
● 編み終わりからほどけにくい
● 薄手のものも編める

## ● 編組織の分類

- 編組織
  - よこ編み
    - 基本組織
      - 平編み
      - ゴム編み
      - パール編み（ガーター編み）
    - 変化組織
      - タック編み
      - 浮き編み
      - 両面編み
      - 針抜き編み
      - 裏毛編み
      - パイル編み
      - 振り編み
      - ジャカード編み
  - たて編み
    - 基本組織
      - くさり編み
      - シングル・トリコット編み
      - シングル・アトラス編み
      - シングル・コード編み
    - 変化組織
      - プレーン・トリコット編み
      - ハーフ・トリコット編み
      - サテン編み
      - インレイ編み
    - その他の組織
      - ラッセル編み
      - ミラニーズ編み

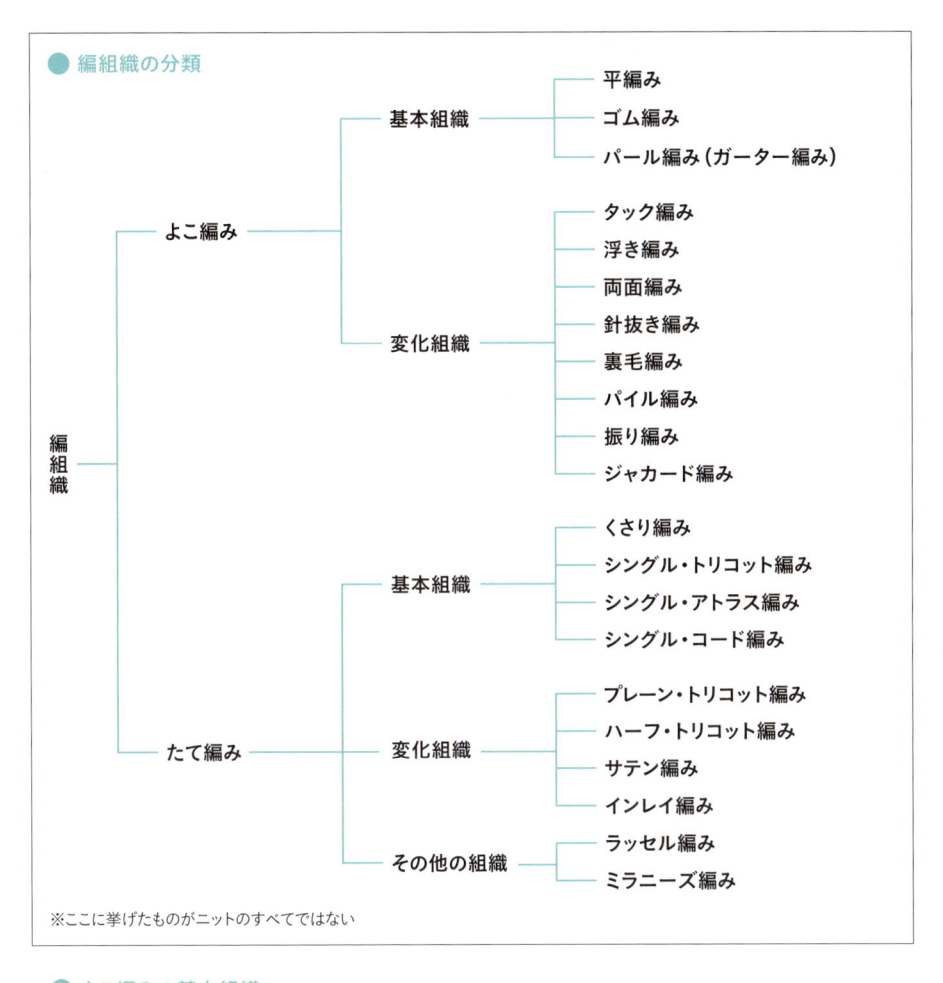

※ここに挙げたものがニットのすべてではない

## ● よこ編みの基本組織

### 平編み

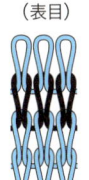

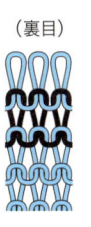

（表目）　（裏目）

最も基本的な編み方で、片面は表目、もう片面は裏目だけで作られた編地。
- 編地の表裏がはっきりしている
- よこ方向の伸縮性が高い
- 布地がカールしやすい

### ゴム編み

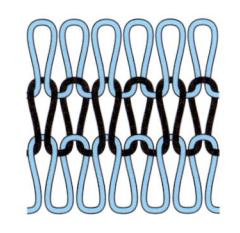

よこ方向に、表目と裏目が交互に配列された編地。袖口、裾などに多用される。
- よこ方向の伸縮性が高い
- 布地がカールしにくい

### パール編み（ガーター編み）

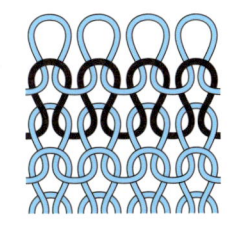

たて方向に表目と裏目が交互に配列された編地。
- たて方向の伸縮性が高い
- 平編みに比べて重厚
- 布地がカールしにくい

ニット

ニットとは

## よこ編み
# 平編み(ひらあ)
## PLAIN STITCH

**最も基本的な編地。**
**よこ方向への伸縮性が高い**

**概要** よこ編みの基本組織の1つ。ニットの組織としては最も広く使われている、基本的な編地である。

軽くて薄く、たて方向よりよこ方向への伸縮性が大きい。片面はすべて表目、もう片面はすべて裏目のため、張力（テンション）の差が生じ、編地が端からカールしてしまうという難点がある。

**構造** 片面はすべて表目、もう片面はすべて裏目で編む。見た目は、表面と裏面の違いが明確で、表はV字型、裏は半円型の編目が表れる。

**別名** 平織りは「天竺(てんじく)編み」、「メリヤス編み」とも呼ばれる。天竺編みの名は、外国からの輸入品は「天竺」、「唐物(からもの)」と呼ばれたことに由来する。また、裁断・縫製（カット・ソー）して使われる反物状のものは「シングル・ジャージー」とも呼ばれる。

**用途** Tシャツや肌着のほか、セーターやカーディガン、靴下など幅広く利用されている。

**平編みの裏面**
裏面はすべて裏目になる。すべて表目の表面とは張力に差ができる。

**DATA**
**素材**／すべて
**編組織**／平編み
**用途**／Tシャツ、カット・ソー、セーター、カーディガン、帽子、靴下、肌着など。

**特徴** よこ編みの基本組織の1つで、最も基本的な編地、編組織。片面はすべて表目、もう片面はすべて裏目で、よこ方向への伸縮性が高い。
**関連** ジャージー ●P.171

よこ編み

# ゴム編み
## RIB STITCH

### 袖口や裾に欠かせない、伸縮性抜群の編地

**概要** よこ編みの基本組織の1つで、表目と裏目が交互に配列された編地。その名の通り、ゴムのように伸縮性に富み、よこ方向によく伸びる。そのため、ニット衣類の袖口や裾、靴下などには欠かせない編地となっている。

**構造** 表目と裏目を交互に配列し、たて方向に平行する畝と畦を作る。平編みと異なり、表と裏で見た目は変わらない。表と裏で張力(テンション)のバランスがよいため、編地はカールせず、裁断しやすい。

**別名** 「リブ編み」、「畦編み」とも呼ばれる。リブ(rib)とはリブ・ステーキでおなじみの「あばら骨」の意味で、あばら骨が並んだような見た目から付けられた。丸編み機で編まれる場合は「フライス」とも呼ばれる。

**種類** 表目・裏目を1列ずつ交互に配列したものは「1×1ゴム編み」、2列ずつは「2×2ゴム編み」、表目2列、裏目1列は「2×1ゴム編み」という。

**2×2ゴム編み**
表目と裏目を2列ずつ交互に配列したもの。ページ上の写真は、「1×1ゴム編み」。

**DATA** 素材/すべて
編組織/ゴム編み
用途/衣類全般の袖口や裾、肌着、セーター、靴下、マフラーなど。

**特徴** よこ編みの基本組織の1つで、表目と裏目を交互に配列する編地、編組織。ゴムのように伸縮性に富み、よこ方向によく伸びる。

ニット　よこ編み●ゴム編み

拡大写真

よこ編み

# テレコ
TEREKO

## なめらかで伸縮性のある
## ゴム編みの変化組織

**概要** 丸編み機によるゴム編み「フライス」の中で、表目と裏目が同数に見えるもの。普通のゴム編みに比べて編目がゆるく、よこ方向への伸縮性がいっそう高い。なめらかで肌触りがよく、セーターなどの裾や袖口のほか、体にフィットするセーターや下着などに用いられる。

**名前の由来** テレコは関西の方言で「互い違い」という意味。表目と裏目が互い違いに配列されることからこの名が付いたといわれる。英語ではゴム編みと同じ「rib stitch」。

**構造** 見た目は表目と裏目が同数のゴム編みだが、実際は「針抜き編み」というゴム編みの変化組織によって作られる。針抜き編みとは、部分的に編み針を抜いて編む手法で、針を抜いた部分は編目ができず、たて畝が際立つ。

例えば「2×1針抜きゴム編み」は、2針ごとに1針抜いて編むもので、見た目は「2×2ゴム編み」になる。

編み機の針が二重なので、テレコは「ダブル・ジャージー」の1種といえる。

### テレコ素材の
### カット・ソー

テレコの特徴であるフィット感を活かしたカット・ソー。裁断してもほつれにくいので、カット・ソーにしやすい。

**DATA** 素材／綿
編組織／針抜き編み（変化ゴム編み）
用途／肌着、セーター、カット・ソー、衣類全般の袖口や裾など。

**特徴** 丸編み機で、針抜き編みで作られるゴム編みの1種。よこ方向への伸縮性がとても高い。

**関連** ゴム編み ● P.157　ジャージー ● P.171

## よこ編み
# ガーター編み
### GARTER STITCH

**表目だけで編める手編みの基本。機械編みは「パール編み」**

**［概要］** よこ編みの基本組織の1つ。表目と裏目を1段ずつ交互に配列した編地。

収縮して表目と裏目が重なりあい、全体が裏目のように見える。表と裏で見た目は変わらない。たて方向への伸縮性が高く、編地はカールしにくい。

**［構造］** 手編みで作る場合は、表目で1段編み終えたら、編地を裏返して再び表目で編むという作業を繰り返す。機械編みの場合は、表目と裏目を1段ずつ交互に編む。表目1段、裏目1段の1×1が基本だが、2×1、3×1、2×2などもある。

**［別名］** 「ガーター編み」というのは手編みの場合の名称で、機械編みの場合には「パール編み」という。もしくは「リンクス・アンド・リンクス」、または単に「リンクス」ともいわれる。

**［用途］** ガーター編みのマフラーは、編み物初心者の定番。編地によこ畝（うね）が入るので、ボーダー柄なども映える。

### 柄を浮きあがらせる効果も

ガーター編みは凹部分を構成するので、縄編みなどの編柄をくっきりと浮かびあがらせる効果を持つ。

**DATA** 素材／毛、絹、化学繊維
編組織／ガーター編み（パール編み）
用途／手編みのマフラー、帽子、カーディガン、ベスト、ルーム・ソックスなど。

**特徴** よこ編みの基本組織の1つで、手編みで表目と裏目を1段ずつ交互に配列する編地、編組織。機械編みの場合は「パール編み」と呼ばれる。

**関連** パール編み ● P.160　縄編み ● P.164

拡大写真

よこ編み

# パール編み
PEARL STITCH

たて方向の伸縮性に富んだ厚めの編地。ガーター編みの機械編み

**概要** 「ガーター編み」を機械編みしたもので、表目と裏目が1段ずつ、または数段ずつ交互に表れる編地。よこ編みの基本組織の1つである。

特徴はガーター編みと同じで、見た目は表と裏の区別がなく、表裏ともに平編みの裏面によく似ている。また、たて方向の伸縮性が大きく、編みあがりは厚めの編地になる。編地はカールしにくい。

**別名** 両頭編み機(リンクス・アンド・リンクス機)を使って編まれることから「両頭編み」、「リンクス・アンド・リンクス」、または単に「リンクス」とも呼ばれる。

**パール編みの梨地** 表目と裏目を不規則に組み合わせて、梨の皮のような細かい凹凸感を出した「梨地編み」もある。セーターやポロ・シャツ、スポーツ・ウエアなどに用いられる。

梨地編みは平編みがベースになったものもあるが、パール編みの梨地の方が表面の凹凸が大きく、梨地の効果が十分に表れる。

**パール編みのカーディガン**
厚めでしっかりした編地のため、寒い季節に適している。

**DATA** 素材／すべて
編組織／パール編み
用途／セーター、カーディガン、ジャケット、靴下など。

**特徴** よこ編みの基本組織の1つ。ガーター編みを機械編みしたもの。地厚で、たて方向への伸縮性が大きい。

**関連** ガーター編み ● P.159　梨地編み ● P.170

拡大写真

よこ編み

## ラーベン編(あ)み
### RAHBEN STITCH

**立体感ある編目が特徴。
シンプル・ニットとの相性良好**

「概要」 平編みやゴム編みに「タック編み」を組み合わせて変化させた編地。様々な装飾性のある編目柄がある。単色のものと、複数の色糸を使ったものがあるが、無地でもその編目柄によって十分にニュアンスが出せる。主にラーベン編み機によって作られる。

「構造」 平編みやゴム編みにタック編みを組み合わせて作る。タック編みとは、ある特定のループに糸を通さずに重ねておき、次の段を編むときに2本まとめて糸を通す編み方。3本以上まとめて糸を通すこともある。

タック部分が穴の開いたような感じになるが、ラーベン編みではこのタックを積み重ねたり、配列を変化させたりすることによって、隆起柄や透かし柄など装飾性に富んだ様々な柄を作ることができる。「鹿の子柄(鹿の子編み)」は代表的な柄の1つ。

タックの部分により通気性があり、比較的厚地の編地ができる。

### ラーベン編みのカーディガン

亀甲状の柄を表した、独特の凹凸感のあるラーベン編み。無地でもニュアンスがある。

「DATA」 **素材**／すべて
 **編組織**／ラーベン編み(平編みやゴム編みにタック編みを組み合わせた変化組織)
 **用途**／セーター、カーディガンなど。

「特徴」 タック編みを組み合わせて凹凸感や様々な柄を出せる編地、編組織。ラーベン編み機によって作られる。

「関連」 平編み ●P.156 ゴム編み ●P.157
 鹿の子編み ●P.162

ニット ／ よこ編み ● ラーベン編み

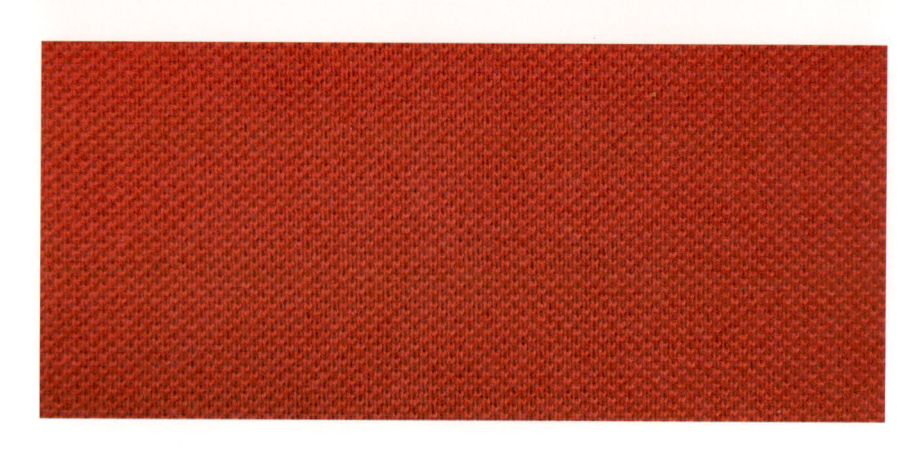

よこ編み

# 鹿の子編み
### (かのこあみ)
MOSS STITCH

**ポロ・シャツでおなじみの細かい凹凸が特徴の編地**

**概要** 平編みやゴム編みに「タック編み」を組み合わせて、小さめの凹凸の編目柄を編地全体に作ったもの。「ラーベン編み」の1種。
　編地の表と裏で見た目に違いはなく、タック部分により通気性がある。

**名前の由来** 鹿の斑紋のような細かい編目柄による。絞り染めの「鹿の子絞り」も同じ由来。

**タック編み** ある特定のループに糸を通さずに重ねておき、次の段を編むときに2本以上まとめて糸を通す編み方。タックした部分が穴の開いたような感じになり、タックを積み重ねたり配列を変化させたりすることによって、凹凸感を出し、装飾性に富んだ様々な柄を作ることができる。

**種類** タック編みの組み合わせ方によって、「並鹿の子」、「浮き鹿の子」、「表鹿の子」、「総鹿の子」、「たて縞鹿の子」などの種類がある。

**用途** 通気性がありサラリと着られるので、夏のカーディガンやサマー・セーター、スポーツ・ウエアにも用いられる。鹿の子編みのポロ・シャツは定番である。

**鹿の子編みのポロ・シャツ**
通気性がよくサラッとした着心地の鹿の子編みは、ポロ・シャツの定番生地。

**DATA**
素材／すべて
編組織／ラーベン編み（平編みやゴム編みにタック編みを組み合わせた変化組織）
用途／夏物のポロ・シャツ、サマー・セーター、カーディガンなど。

**特徴** ラーベン編みの1種で、鹿の子柄の編目柄を作る編地。通気性があるので夏の服地にも適している。

**関連** 平編み ● P.156　絞り染め ● P.62
ラーベン編み ● P.161　鹿の子絞り ● P.290

よこ編み

# ポップコーン編み
## POPCORN STITCH

丸いつぶつぶがポップコーンのよう。
立体的でボリューム感のある編地

**概要** ポップコーンのようにぽっこりと玉状に盛り上がった編目を作ったもの。立体的でボリューム感がある。手編みのかぎ針編みの技法として人気が高い。

「ラーベン編み」の1種で、基本的には「鹿の子編み」と同じ編み方だが、手編みのため、鹿の子編みよりも大きな玉を作ることができるのが特徴。襟や袖などの一部分に飾りとして用いられることも多い。

**類似ニットとの違い** 似たような外観のものに「玉編み」がある。玉編みも玉状の盛り上がりがあるが、ポップコーン編みとは編み方が異なり、やや平面的な仕上がりとなる。

**ポップコーン編みのワンピース**
ぽこぽことしたポップコーン編みが全体に施されたワンピース。単色でも表情がある。

**DATA** **素材**／毛、化学繊維
**編組織**／ラーベン編み（平編みやゴム編みにタック編みを組み合わせた変化組織）
**用途**／セーター、カーディガン、マフラー、バッグ、帽子など。

**特徴** ポップコーンのような玉状に盛り上がった編目の編地。ボリューム感、立体感がある。

**関連** ラーベン編み ⊃ P.161　鹿の子編み ⊃ P.162

## 縄編み (なわあみ)
### よこ編み
### CABLE STITCH

**ニット・アイテムに欠かせない、暖かみのある装飾編み**

**概要** 縄のような模様をたて縞状に表したもの。代表的な装飾編みの1つ。「ケーブル編み」ともいう。

**構造** 平編みの表目を一定間隔ごとに交互に移し替え（目移し）、ねじれた状態を作る。

同じ幅の2束が交差する縄模様が一般的だが、2束の幅が異なっていたり、3束が三つ編み状に交差したりするものもある。

手編みのものも機械編みのものもあるが、縄の模様を引き立てるため、ミドル・ゲージかロー・ゲージでざっくりと編み、ボリューム感やカジュアル感を出したものが多い。また、縄模様を引き立たせるため、それ以外の部分は、ガーター編みや平編みなど、ベーシックな編地となっていることが多い。

縄模様以外の部分が裏目のみになっている編地は、ゴム編みの変化組織ともいえる。

**用途** アラン・セーターやチルデン・セーターが代表的。靴下や帽子などにも用いられる。

**縄編みのあるニット帽**
太めの糸に存在感のある縄編みが、ボリューム感と暖かみを感じさせる。防寒用のカジュアル・アイテム。

**DATA**
素材／すべて
編組織／目移し編み（変化平編み）
用途／セーター、帽子、手袋、マフラーなど。

**特徴** 装飾編みの1つで、縄状の模様を表す編地。目移しの技法で作る。

**関連** 平編み ● P.156　ゴム編み ● P.157
ガーター編み ● P.159

拡大写真

よこ編み

# インターロック
## INTERLOCK STITCH

**なめらかでやさしい肌触り。「両面編み」、「スムース」の別名も**

（概要）ゴム編みを重ね合わせるように編んだもの。代表的な「ダブル・ジャージー」である。

裁断してもほつれにくい。緻密でなめらかな編地で、型崩れしにくいのが特徴。

（名前の由来）インターロック機で編まれることからこの名がある。また、編地の表も裏も、平編みの表目のように見えることから、「両面編み」とも呼ばれる。さらに、編地の表面が緻密ですべすべしていることから「スムース」の別名もある。ゴム編みを2つ重ねたようなその構造から「ダブル・リブ」とも呼ばれる。

（疑似ニット）インターロックは「1×1ゴム編み」を二重に編むもの。「2×2ゴム編み」を二重に編むものは「エイトロック」という。インターロックよりたて畝が目立ち、厚手の編地である。

（用途）適度な伸縮性があり肌触りがいいので、肌着やTシャツ、カット・ソーなど幅広く使われている。やや厚みがあるため、春夏など暖かい時期の肌着にはあまり向かない。

### インターロックのベビー服
表面、裏面ともになめらかな質感でやさしい肌触りであることから、ベビー服にもよく用いられる。

（DATA）素材／すべて
編組織／両面編み（変化ゴム編み）
用途／肌着、カット・ソー、Tシャツなど。

（特徴）1×1ゴム編みを二重にした編地。編地は表も裏も平織りの表目のように見え、なめらか。

（関連）平編み ◉ P.156　ゴム編み ◉ P.157
ジャージー ◉ P.171

拡大写真

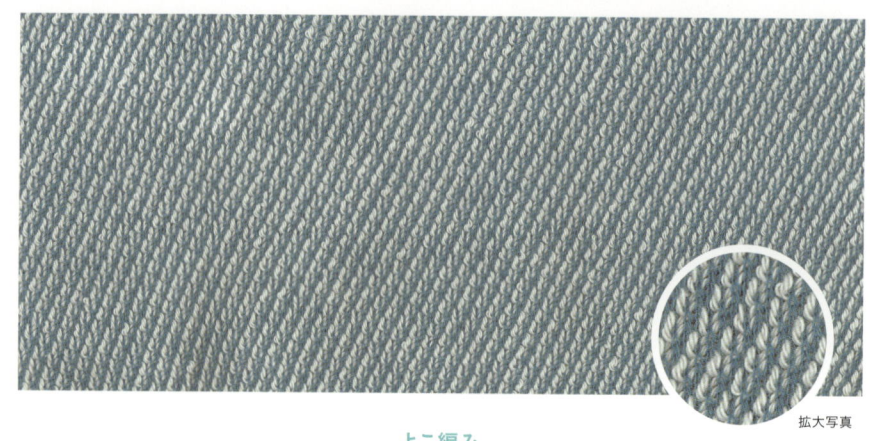

よこ編み
## 斜文編み
しゃもんあ
TWILL STITCH

**斜めの線が表れる**
**斜文織りのような編地**

**概要** 斜文織りのような斜めの線（斜文線）が表れる編地。ただし織物と異なり、斜文線が表れるのは表だけで、裏面はゴム編みになっている。編地は「ツイル・ニット」とも呼ばれる。

「インターロック」の変化組織の1つで、保温性が高く厚手のものが多い。各種の変わった編み方ができる三段両面編み機によって作られる。

**カラー・バリエーション** 単色のものもあるが、上の写真のように2色の色糸使いで斜文線がはっきり見えるようにしたものも多い。

**用途** ジャケット、コートなど保温性が求められる衣類に用いられることが多い。斜文線のある編地が「デニム」のように見えることから、デニム・ライクのレギンス・パンツなどにも多く使われる。

**斜文編みの表と裏**
斜文線が表れるのは表面だけということがわかる。

**DATA** 素材／すべて
編組織／両面編み（変化ゴム編み）
用途／カット・ソー、ジャケット、コート、パンツなど。

**特徴** 斜文線のある編地。インターロックの1種。
**関連** デニム ● P.80　インターロック ● P.165

拡大写真　　　　　　　　　　　　　　　拡大写真

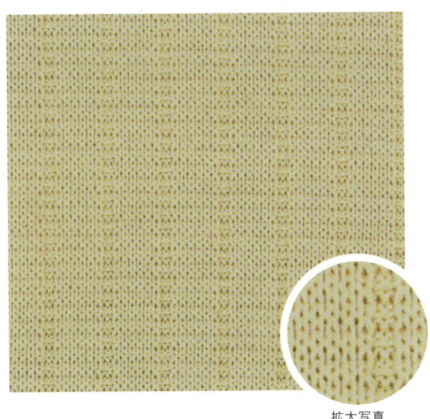

よこ編み

## ミラノ・リブ
### MILANO RIB STITCH

よこ編み

## リップル編み
### RIPPLE STITCH

**イタリアのミラノで作られた
しっかりした地合いの編地**

**立体的なよこ畝が
さざ波のように見える編地**

**概要** ゴム編み（リブ編み）と「袋編み」（筒状の編地を作る編み方）を組み合わせたもの。「ダブル・ジャージー」の1種。編地は表と裏で違いがなく、表面に細かいよこ畝が表れる。伸縮性が少なく、しっかりとした地合い。ややかため、重めの質感。秋冬用のニット・スーツやジャケットなどに用いられる。イタリアのミラノで作られたことからこの名がある。

**疑似ニット** ミラノ・リブに似た編地に「ポンチ・ローマ」がある。ポンチ・ローマは両面編み（インターロック）の変化組織である。

**概要** 立体的なよこ畝の隆起を出した編地。ゴム編みに「浮き編み」を組み合わせるものと、ゴム編みに「タック編み」を組み合わせるものがある。無地やベーシックな柄の服地にニュアンスを出すのに使われることが多い。

幾何学的な隆起を出すものもあり、それは「フィギュアド・リップル」と呼ばれる。

**名前の由来** リップル（ripple）とは「さざ波」の意味で、よこ畝がさざ波のように見えることから。「コード」、「オットマン」、「ブーレ」とも呼ばれる。俗に「テレビ柄」ともいう。

**DATA** 素材／すべて
　　　編組織／変化ゴム編み
　　　用途／コート、ジャケット、スーツ、スカート、パンツなど。

**特徴** 伸縮性が少なく、張りがあるしっかりとした編地。イタリアのミラノ発祥の生地。

**関連** ゴム編み ●P.157　インターロック ●P.165　ジャージー ●P.171

**DATA** 素材／すべて
　　　編組織／変化ゴム編み
　　　用途／ワンピース、スカート、ジャケット、カーディガン、コート、襟ぐりや袖まわりなど。

**特徴** さざ波状のよこ畝が入った編地。

**関連** ゴム編み ●P.157　リップル（加工）●P.221

ニット｜よこ編み ● ミラノ・リブ／リップル編み

よこ編み

# ジャカード編み
## JACQUARD STITCH

### ジャカード編み機によって細かな模様が表現できる編地

**概要** 2列の針を利用して2色以上の模様を編み込んだもの。ゴム編みに「浮き編み」を組み合わせて複雑な模様を作る。多いと6色以上の色を使うこともある。

**種類** 「シングル・ジャカード」と「ダブル・ジャカード」に大きく分けられる。シングル・ジャカードは地編みに対して柄糸が裏側に水平に飛び、糸の浮きが見える。「フロート編み」ともいう。ダブル・ジャカードは完全編み込み式で二重編みになっており、しっかりした編地になる。糸の浮きは見えない。

**名前の由来** ジャカード編み機によって作られることから。ジャカード編み機は、フランスの織り機技術者ジョセフ・ジャカールが19世紀に発明したジャカード織機の原理を応用したもの。柄出しには穴を開けて模様を表したパンチ・カードを用いた。それまで複雑な模様と配色のニットは手間のかかる高級品であったが、ジャカード編み機の登場によって一気に市場に広まった。最近はパンチ・カードではなくコンピューターを利用して作られるものが多い。

### ジャカード編みのカーディガン
多色使いで鳥やハート柄、幾何学模様などが表現されている。

**DATA** 素材／すべて
編組織／ジャカード編み(変化ゴム編み)
用途／セーター、コート、ワンピース、手袋、マフラー、靴下など。

**特徴** 2色以上の色糸を使った複雑な柄が表現できる編地、編組織。ジャカード編み機で作られる。

**関連** ジャカード・クロス ◯P.151　ゴム編み ◯P.157
ジャカード柄 ◯P.270

よこ編み

## ブリスター
### BLISTER STITCH

細かな隆起のある編地が特徴。
ジャージーの定番素材

**概要** ゴム編みに「浮き編み」を組み合わせて、編地全体に細かい隆起を作ったもの。「シングル・ブリスター」と「ダブル・ブリスター」があり、後者の方が隆起が大きい。ジャカード編み機により作られる。通気性がよいため、細かい隆起のブリスター編地は、スポーツ・ウエアによく用いられる。

**名前の由来** ブリスター(blister)とは、「水泡」の意味。細かな隆起があることからこの名が付いた。「ブリスター・ジャカード」、「レリーフ・ジャカード」、「クロッケ」とも呼ばれる。

**DATA** 素材／すべて
編組織／変化ゴム編み
用途／Tシャツ、スポーツ・ウエアなど。
**特徴** 編地の一面に水泡のような細かな隆起がある編地。
**関連** ゴム編み ●P.157　ジャカード編み ●P.168
ジャージー ●P.171

よこ編み

## 裏毛編み（うらげあみ）
### FLEECY STITCH

冬のカジュアル素材の定番。
いわゆるスウェット生地

**概要** いわゆるスウェット生地のことで、平編みの変化組織である「添え糸編み」の1種。地編糸とは別に、裏糸に地糸より太い糸を添えて何目か飛ばして編み、その太糸を浮かせてパイル状にする編み方のこと。表地は平編みになっている。パイルを長くすると「裏毛パイル」、パイルを起毛すると「裏起毛」と呼ばれることもある。

**用途** 保温性や保湿性、吸汗性が高く、布地が厚くて丈夫なため、トレーナーなどカジュアル用途の素材として幅広く用いられる。

**DATA** 素材／綿、毛、絹、化学繊維
編組織／裏毛編み（変化平編み）
用途／トレーナー、ジャケット、タオル、靴下など。
**特徴** 裏地がパイル状になる編地、編組織。丈夫で保温性や吸汗性に優れている。
**関連** 平編み ●P.156

ニット　よこ編み　●ブリスター／裏毛編み

拡大写真

よこ編み
## 梨地編み
### CREPE STITCH

薄くて軽いストレッチ感のある素材。
ワーク・ウエアやスポーツ・ウエアに

**概要** 表面に細かな凹凸が表れる編地。軽くてストレッチ性があり、表面の凹凸で肌に密着せず、さらりと着られるのが特徴。

**構造** 平編みの変化組織の1つで、ジャカード編み機によって作られる。平編みの中に「タック編み」を不規則に配列することで、表面に細かな凹凸がランダムに出て、ざらざらとした質感になる。規則的にタックが並ぶのを避けるため、1完全組織の大きな編組織となる。

また、「パール編み」の梨地編みもあり、これは表目と裏目を不規則に組み合わせて作る。平編みのものより凹凸が大きいのが特徴。

**名前の由来** 果物の梨の表面のような、ざらざらとした質感による。織物にも「梨地織り」と呼ばれる、ざらざらとした手触りのものがあり、外観はよく似ている。梨地織りが別名「アムンゼン」とも呼ばれることから、梨地編みもアムンゼンと呼ばれる。

**用途** 軽くて伸縮性があるため、スポーツ・ウエアやポロ・シャツによく用いられる。

**梨地編みのポロ・シャツ**
軽くてストレッチ性のある梨地編みは、ポロ・シャツやスポーツ・ウエアに適している。

**DATA** 素材／すべて
編組織／梨地編み（変化平編み）
用途／スポーツ・ウエア、ポロ・シャツ、ワーク・ウエア、カーディガン、ワンピースなど。

**特徴** 梨の表面のようなざらざらとした手触りの編地、編組織。ストレッチ性が高く、さらりとした肌触り。

**関連** 梨地織り ●P.122　平編み ●P.156
パール編み ●P.160　ジャカード編み ●P.168

拡大写真

よこ編み

# ジャージー
## JERSEY

## カット・ソーして製品化される反物状のプレーンな編地

**概要** 反物状に編まれたプレーンな編地の総称。ニットは織物に比べると、一般的にほつれたり伝線しやすいので縫製しにくいが、ジャージーは裁断・縫製（カット・ソー）しやすいのが特徴。伸縮性、安定性に優れている。

基本的によこ編みのものが多いが、たて編みのジャージーもある。

**種類** 一重組織の「シングル・ジャージー」と二重組織の「ダブル・ジャージー」に大きく分けられる。シングル・ジャージーの代表的なものは「天竺」(平編み)や「鹿の子編み」。ダブル・ジャージーの代表的なものは「テレコ」、「インターロック」、「ミラノ・リブ」、「ブリスター」など。

**名前の由来** ドーバー海峡にあるジャージー島でとれる羊毛を原料とした毛糸でセーターを編んだことが由来とされている。

**備考** 服では、ゆったりとしたスポーツ・ウエアのことも「ジャージー」というが、これは日本独自の呼称。もともとジャージー生地で作られたことによる。

### ジャージー素材のジャケット
ジャージ特有の伸縮性とリラックス感を持つジャケット。

**DATA** 素材／すべて
用途／カット・ソー、コート、ジャケット、スーツ、ワンピース、スポーツ・ウエアなど。

**特徴** 反物状の編地で、織物のように裁断・縫製されて使われるものの総称。編組織は様々。

**関連** 平編み ◎P.156　テレコ ◎P.158
鹿の子編み ◎P.162　インターロック ◎P.165
ミラノ・リブ ◎P.167　ブリスター ◎P.169

ニット　よこ編み ● ジャージー

拡大写真

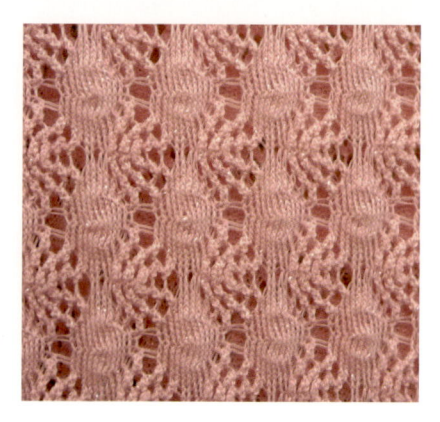

## ハーフ・トリコット
### HALF TRICOT STITCH
たて編み

## ラッセル編み
### RASCHEL STITCH
たて編み

### ランジェリーなどに使われる代表的なたて編みの編地

**概要** トリコットはたて編みの代表的な編み方で、トリコット編み機で作られるもの。筬の数によって「シングル・トリコット」、「ダブル・トリコット」などの種類があり、「ハーフ・トリコット」はその代表的なもの。軽くて薄く、やわらかい。丈夫で安定性があり、切りっぱなしにしてもほつれない。風合いがやさしいので、直接肌に触れるランジェリーなどに用いられる。

**名前の由来** トリコット（tricot）とはフランス語で「編む」という意味。「デンビー編み」ともいう。

### ラッセル編み機で作られる多種多様な編地

**概要** たて編みのラッセル編み機で作られる編地の総称。ラッセル編み機はトリコット編み機よりも筬の枚数が多く左右の振り幅も大きいため、編み方の自由度が高く、様々な柄を作ることができる。レース、ネット、チュールなどの目の透いたものから、厚手のブランケットまで、多種多様なものを作ることができる。

**ラッセル・レース** ラッセル編み機で編んだレースのことで、様々な柄を表現することができる。仕上がりは薄くて平ら。

**DATA** 素材／化学繊維
編組織／ハーフ・トリコット編み（シングル・トリコット編みの変化組織）
用途／ランジェリー、キャミソール、手袋、ボンディングなどの加工用基布、産業資材など。

**特徴** トリコット編み機で作られる編地、編組織の1つ。軽くて薄く、やわらかいので肌着などに人気。

**DATA** 素材／綿、化学繊維
編組織／ラッセル編み
用途／レース、ネット、チュール、毛布、カーペットなど。

**特徴** ラッセル編み機で作られる編地、編組織の総称。様々な柄を作ることができる。薄手のものも、厚手のものも多種多様にある。

**関連** パワー・ネット ⊃ P.175　チュール ⊃ P.175
ラッセル・レース ⊃ P.189　チュール・レース ⊃ P.190

拡大写真

たて編み

## インレイ編み
### INLAY STITCH

靴下の口ゴムでおなじみ。
地編みに糸を挿入する編み技法

**概要** インレイ（inlay）は「はめ込む」という意味。土台の編地の編目の間に、地糸とは別の糸（インレイ糸）を挿入する技法。インレイ糸は編み込むのではなく、くぐらせたり、引っかけたりするだけなので、太い意匠糸やゴム糸など、様々な特殊糸を使うことができる。編み込んでいないので糸が抜けやすいのが難点。「挿入編み」ともいわれる。

たて編みの場合が多いが、よこ編みにもある。

**用途** 裏側がループ・パイルになった「裏毛編み」に使われたり、靴下の口ゴム部分に、スパンデックス（ポリウレタン弾性糸）などの

ストレッチ・ヤーンを差し込んで伸縮性を出すのに使われる。地糸とは素材や太さ、色などが異なる意匠糸を挿入して、装飾効果を高めることもある。

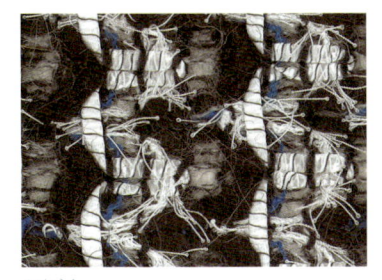

**意匠糸を使ったインレイ編み**
黒い編地に、銀色や青の糸を挿入して、装飾性を高めている。

**DATA** 素材／すべて
編組織／インレイ編み（たて編みの変化組織）
用途／装飾性の高いニット、靴下の口ゴム部分など。

**特徴** 土台の編地に別の糸を挿入（インレイ）して、装飾性を高めたり、伸縮性を出したりする編地、編組織。
**関連** 裏毛編み ● P.169

たて編み

# メッシュ
MESH

## 抜群の通気性を持つドライな感触の網状の編地

**概要** トリコット編み機やラッセル編み機で網状に編まれたものの総称。チュールやネットも含まれる。

　目が粗いので、通気性に優れている。また、肌への接触面積が小さいので、ドライな感触と張り感があり、さらりとした肌触りを実現する。汗をかいてもベタ付き感がなく、爽やかさを保てるため、スポーツ・ウエアや夏物衣類の裏地として用いられることが多い。

　ラッセル編み機で作ったものを「ラッセル・メッシュ」、トリコット編み機で作ったものを「トリコット・メッシュ」と呼ぶこともある。織物でも網状のものはメッシュと呼ぶ。

**用途** 夏用ジャケットやスポーツ・ウエアの裏地、靴下など。リュックサックの背中の部分や、帽子の内側の額に当たる部分など、汗で張り付きやすい部分に使用されることも多い。

**ジャンパーの裏地に使われるメッシュ**
メッシュ素材がさらりとした肌触りを実現し、運動や作業に適している。

**DATA**
素材／化学繊維
編組織／トリコット編みやラッセル編みの変化組織
用途／スポーツ・ウエアや夏物衣類の裏地、リュックサックや帽子の一部など。

**特徴** 網目状の編地。抜群の通気性がある。編目が大きいので引っかかりやすいのが難点。

**関連** ハーフ・トリコット ◉P.172　ラッセル編み ◉P.172
パワー・ネット ◉P.175　チュール ◉P.175
ラッセル・レース ◉P.189　チュール・レース ◉P.190

拡大写真　　　　　　　　　　　　　　　拡大写真

たて編み　　　　　　　　　　　　　　　たて編み

## パワー・ネット
POWER NET

## チュール
TULLE

**女性用下着に用いられる
伸縮性の高い網状の編地**

**[概要]** メッシュにポリウレタン弾性糸を編み込み、強い伸縮性を持たせたもの。トリコット編み機やラッセル編み機によるレース編みの1種。薄くて軽く、通気性、ストレッチ性が高い。

**[用途]** 伸縮性、通気性を活かして、女性用のガードルやブラジャーなどに用いられる。緊迫性があるので体型をサポートして美しくスリムに見せられる。

　最近では、重ね着用の透け感のあるカットソーなど、服地にも使われることがある。

**花嫁のベールにも使われる
六角形の網目の布地**

**[概要]** 薄い網状の編地で、六角形の網目（亀甲目）が特徴。透けており、軽く、張りがある。撚った糸をからませて作る撚成網の1種。チュールに刺繍などを施して模様を作ったものが「チュール・レース」である。

**[名前の由来]** フランスのチュール市で初めて作られたことに由来するといわれる。

**[用途]** ウエディング・ベールやパーティー・ドレス、バレエのコスチュームなどに装飾的に使われる。

ニット　たて編み　●パワー・ネット／チュール

---

**DATA** 素材／化学繊維
編組織／トリコット編みやラッセル編みの変化組織
用途／ガードル、ブラジャー、コルセット、カットソーなど。

**[特徴]** ストレッチ性が強いメッシュのこと。軽くて薄く、透け感がある。

**[関連]** ハーフ・トリコット●P.172　ラッセル編み●P.172　メッシュ●P.174　ラッセル・レース●P.189

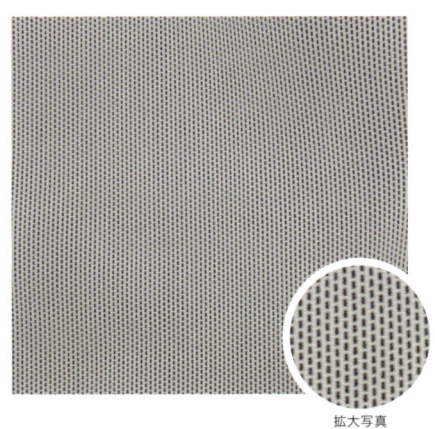

**DATA** 素材／絹、綿、化学繊維
編組織／トリコット編みやラッセル編みの変化組織
用途／パーティー・ドレスやウエディング・ベール、バレエの衣装、装飾品、カーテンなど。

**[特徴]** 六角形の網目の編地。メッシュの1種。透け感と張りのある布地で、装飾的に使われることが多い。

**[関連]** メッシュ●P.174　チュール・レース●P.190

拡大写真

## 方眼編み（ほうがんあみ）
### SQUARED STITCH
たて編み

**ます目状に模様を編み込む手編みのレース編み**

**概要** かぎ針で編む手編みレースの1つ。四角い方眼状に図案を作り、ます目に従って編んでいく技法、またはその編地。

目を詰める部分と透かしの部分を組み合わせて柄を作るシンプルな編み方で、くさり編みと長編みの組み合わせで、花や雪の結晶、幾何学模様など、様々な絵柄を表現することができる。

比較的簡単に作成できるので、気軽に取り組める手芸として、初心者から愛好家まで人気が高い。

**別名**「ます目編み」、「窓編み（まどあみ）」とも呼ばれる。

**用途** ドイリーやテーブル・クロスなどに用いられることが多い。ドイリーとは花瓶などの下敷きやテーブル・センターなどに用いられる小さな敷物のこと。

**鳥かごモチーフのドイリー**
ポイントに花のモチーフが付き、立体的な作品になっている。

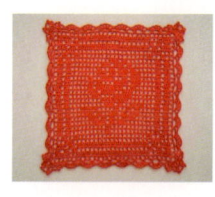

**バラのモチーフのドイリー**
赤い糸を使ったドイリー。中央にバラのモチーフがある。

**DATA**
**素材**／綿、絹、化学繊維
**編組織**／くさり編みと長編み
**用途**／ドイリー、コースター、テーブル・クロス、ストール、バッグなど。

**特徴** 方眼状の図案に従い、かぎ針編みで作る手編みレース。様々な絵柄を表現できる。
**関連** 花柄 ●P.256　幾何学模様 ●P.272

ニット　たて編み　●方眼編み

# その他の素材
OTHERS

アパレル素材には、繊維からできる織物やニットのほかに、動物からとれる毛皮や皮革もある。また、繊維を使っているが織ったり編んだりせず、からみ合わせて布状にした不織布などもある。ほかに、織物やニットに分類される「レース」などもここにまとめた。

皮革・毛皮

# ファー
### FUR

## 天然の毛並みと光沢が魅力。
## 人類最古のゴージャスな防寒着

**概要** 動物の体毛を残したまま、腐食しないようになめし加工したもの。人類最古の衣服とされる、抜群の保温力と耐久性を備えた高級素材である。

防寒着としての実用性に加え、ふわふわしたやわらかな感触と美しい光沢など、毛皮ならではの豊かな風合いも魅力となっている。「フェイク・ファー」に対して「リアル・ファー」とも呼ばれる。

**構造** 毛の部分と皮の部分で成り立ち、毛の部分は刺毛（さしげ）と綿毛（わたげ）（柔毛（じゅうもう））で構成される。刺毛は動物の表面に生える毛で、動物の体を外的刺激から保護する役目を果たしている。したがって弾力性と耐水性に富み、様々な色彩や模様でその動物の種類と特徴を表す部分である。綿毛は刺毛の下に生えている短くやわらかい毛のことで、極細の毛が密生しているので、空気の層が体温の発散を防ぎ防寒の役目を果たしている。

よい毛皮の条件は、刺毛と綿毛のバランスがよいこと、光沢がよく背筋の濃いラインが鮮明であること、手触りがシルキーでソフトなどなどが挙げられる。

**種類** 毛皮の種類は多く、代表的なものでは、安価で最もポピュラーな「ラビット（うさぎ）」。ラビットの変種で綿毛だけでなめらかな毛質の「レッキス」。耐久性に優れ美しい

### ヒョウ柄の毛皮コート

ヒョウ柄が印象的なレオパード・キャット（ヤマネコ）の毛皮コート。レオパード・キャットは乱獲で絶滅の危機にあったため、現在はワシントン条約で保護されている。

● いろいろなファー

**ミンク**
イタチ科の動物の毛皮。綿毛が密生しているため保温力に優れ、肌触りが軽くてやわらか。色ツヤが美しく、色も豊富で耐久性に優れている。最高級の毛皮である。

**ラビット**
うさぎの毛皮。刺毛がやわらかいため、折れたり切れたりしやすく、耐久性はやや低い。染色しやすく比較的安価なため利用範囲は広い。

**ラム**
山羊の毛皮。毛足が長く、カールした綿毛が特徴の「チベット・ラム」、緩やかなウエーブ状でシルキーな中国産の「チキャン・ラム」、黒色が多い「カラクール・ラム」などがある。

光沢と色調が魅力の「ミンク」。最高級といわれる「セーブル（黒テン）」。シルバー、ブルー、レッドなど種類とカラーが豊富でボリューム感がある「フォックス（キツネ）」。シルキーで巻き毛が特徴の「ラム（山羊）」などがある。

## 古来より親しまれ権力の象徴にも

**歴史** 古代エジプト時代以前、防寒などを目的に狩猟動物の毛皮を衣料として用いたのが始まりとされる。その後、毛皮は権力の象徴とされ、中世のヨーロッパでは特権階級のステイタス・シンボルとして用いられていた。以降、交易の広がりとともにファッションとして大きく発展を遂げる。

**動物愛護問題と今後の展開** 近年では環境問題や動物愛護の意識が高まり、毛皮の反対運動なども世界各国で起こっている。だが他方では毛皮が土に還る素材であるとして、野生動物を自然の恩恵として上手に活用することこそが、自然資源の保持と持続可能な有効利用につながるとの主張もある。

このような背景の中で、より現代にマッチした製品が求められてきている。コートなど多くの分量を要するものよりも、襟や袖などのパーツ使いが多くなりつつある。

**用途** 冬場のコートやストールなど、アウターとして用いられる。衣類にとどまらず、アクセサリー、バッグ、ブーツ、インテリア製品など、その用途は多様化している。

**DATA** 素材／動物（哺乳類）の毛皮
用途／コート、ストール、帽子、バッグ、アクセサリーなど。

**特徴** 動物の毛皮を体毛を残したままなめし加工したもの。抜群の保温力とやわらかな手触りを持つ防寒着。

**関連** フェイク・ファー ◯ P.180　レザー ◯ P.182
ヒョウ柄 ◯ P.265

その他　皮革・毛皮　● ファー

皮革・毛皮

# フェイク・ファー
## FAKE FUR

## 天然の毛皮に勝る人気と需要を確立

**概要** 天然の毛皮（リアル・ファー）を模して、人工的に作った毛皮。フェイク（fake）とは、「偽物の」、「まがい物の」という意味である。「シンセティック・ファー」、「イミテーション・ファー」、「人工毛皮」とも呼ばれる。

ミンク、フォックス、ラビットなど様々な動物の毛皮のタッチを再現しており、ダルメシアンやチーター、牛柄など、アニマル柄に染色したものも豊富に揃っている。素材は主にアクリルやポリエステルなどの化学繊維で、モヘヤ（アンゴラ山羊の毛）や絹なども用いられる。

**構造** 織物のパイル（輪奈）や、ニットでは編みで作ったパイルをカットして毛羽立たせ、毛皮の風合いを出す。毛羽を先細りさせたり、長さに差を出したりして、リアル・ファーにある刺毛（さしげ）と綿毛（わたげ）の風合いを出すこともある。

染色技術も向上しており、本物の毛皮の色に限りなく近い色合いが再現されているものも多い。手触りも見た目も風合いも、もはやリアル・ファーとほとんど見分けのつかない完成度の高いものが出回っている。天然の毛皮より色彩は多彩で、手入れが楽なのも魅力である。

**カラフルなフェイク・ファー**
リアル・ファーにはないカラフルなカラーリングもフェイク・ファーの魅力。

● フェイク・ファーの衣類以外の用途

**ベビー用もこもこブーツ**
ベビー・カーに乗せるときなどに履かせるブーツ。ミンク風で温かな雰囲気。

**ヒョウ柄バッグ**
ヒョウ柄のフェイク・ファー製品は、若い女性を中心に人気がある。

**暖かな手触りのぬいぐるみ**
本物の動物のような外観と手触りを作ることができる。

**ヘア・アクセサリー**
温かみのあるフェイク・ファーのヘア・アクセサリーが秋冬に多く出回る。

## エコ・ブームがフェイク・ファーの人気を後押し

**近年の流れ** フェイク・ファーは天然の毛皮よりも安価で、安定して生産できるなどのメリットがあるが、近年では倫理上の問題、環境問題、動物愛護への意識の高まりから、フェイク・ファーが注目されている。

1960〜70年代、欧米を中心に毛皮反対の流れが起き、リアル・ファーではなくあえてフェイク・ファーを選ぶ人々が増えた。ファッション雑誌『VOGUE』が毛皮コートの広告を掲載しないことを決定したり、トレンドの先端をいくトップ・モデルや女優が毛皮を身に着けないことを宣言したりと、その波は広がっていった。その結果、「H&M」、「ZARA」、「無印良品」などのブランドが毛皮販売を廃止している。

今日、フェイク・ファーという素材は、ただ毛皮の模造品というだけにとどまらず、1つの素材としてその地位を確立してきているといえるだろう。

**フェイク・ファーのジャケット**
ポリエステルのフェイク・ファー素材。毛先を丁寧にカットし、段をデザインしている。

**DATA** 素材／綿、毛、絹、アクリル、ポリエステル
織組織（織物の場合）／たてパイル織り
編組織（ニットの場合）／パイル編み（変化平編み）
用途／帽子、鞄、コート、ブーツ、アクセサリーなど。

**特徴** 天然の毛皮に似せて作った人工毛皮。仕上げや染色などによって様々な種類がある。

**関連** モヘヤ ◎ P.134　ファー ◎ P.178
フェイク・レザー ◎ P.184　ヒョウ柄 ◎ P.265
ダルメシアン柄 ◎ P.265　チーター柄 ◎ P.267

その他　皮革・毛皮　● フェイク・ファー

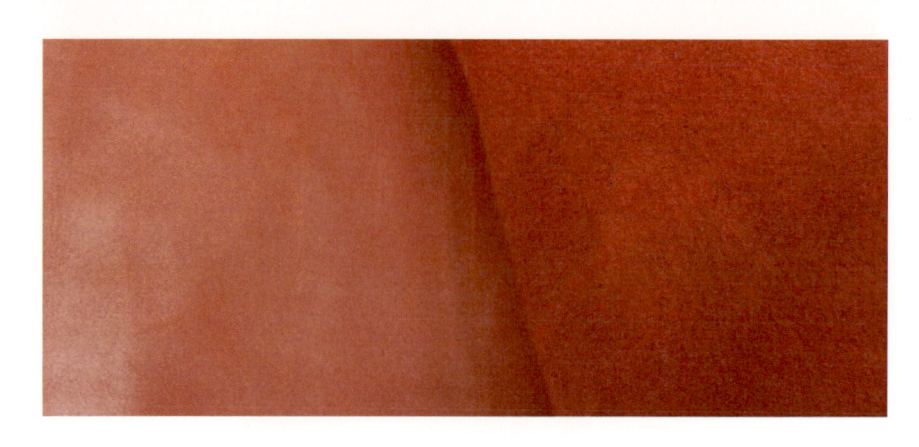

皮革・毛皮

# レザー
## LEATHER

## 使い込むほどに味わいが増す天然皮革ならではの風合い

**概要** 動物の皮を腐食しないようになめし加工したもの。「リアル・レザー」、「天然皮革」ともいう。古くから衣料品や装身具などに加工され、世界中で愛用されている製品である。

様々な加工や種類があり用途や特徴も異なるが、共通する特性として、防風性や耐久性、保温性、柔軟性に優れており、裁断して様々な形状に加工が可能であること。使えば使うほどなじんで革の味わいも増すが、きちんと手入れをしないと汚れが目立つので、メンテナンスが必要であること。水濡れに弱く、熱で収縮・硬化しやすいことなどが挙げられる。

近年では安価で扱いやすい「フェイク・レザー」の需要が拡大しているが、リアル・レザーには高級感があり、本物志向の根強いファンも多い。

**なめし加工** 一般に動物の皮は、そのままではかたくなったり腐ったりするため、なめし加工を施し、皮から革へと生まれ変わらせる必要がある。なめしの方法は主に「タンニンなめし」と、「クロムなめし」に大別される。

タンニンなめしは紀元前から行われてきたもので、植物に含まれるタンニンを利用した方法。丈夫で型崩れも起こしにくく、使い込むほどに革の味も出るが、手間と時間がかかり高コストとなる。クロムなめしは、19世紀後半に開発された化学薬品を使った方法。低コストで柔軟性や耐熱性にも優れているが、クロムが化

**羊革のブルゾン**
断熱効果が高い羊革（シープ・スキン）を使用したブルゾン。洗い加工によりしわ感を出している。

● いろいろなレザー

**ヘビ革**

個性的な斑紋や鱗模様が特徴。主にバッグや財布に使われる。皮革用のヘビは数種類おり、写真はダイヤモンド・パイソンの革。

**オーストリッチ**

ダチョウの革。羽毛を抜いた後の突起（クイル・マーク）が特徴。高級品の素材として幅広く使用されている。

**ピッグ・スキン**

豚の革。弾力性・耐久性が高い。粗毛を除去した後にできる穴がぽつぽつとあるのが特徴。写真は染色したもの。

学反応により有害な物質に変化することもあり、人体や環境への注意が必要となる。タンニンなめしはクロムなめしより環境への負荷が小さいので、近年では増加の傾向にある。

**仕上げ加工** 代表的なもので、表層（銀面）を活かした「表革」。銀面を削って起毛させた「ヌバック」や「バック・スキン」。革の裏側を細かく起毛させた「スエード」。革に合成樹脂を塗って光沢を出した「エナメル」などがある。

### それぞれの革の特性を活かして様々な用途に使われる

**種類と用途** レザー製品は牛革が最も多く、幅広い用途で使用されている。「カーフ」（仔牛）はしなやかで傷が少なく、バッグや財布などの高級品に使われる。「ステア・ハイド」（雄の成牛）は最も一般的な牛革。衣類から、バッグ、靴など用途は広い。「カウ・ハイド」（雌の成牛）はステア・ハイドより薄くやわらかいのが特徴。

「ディア・スキン」（鹿）はソフトで軽くジャケットに最適。「ピッグ」（豚）は摩擦に強く加工しやすいので、コート、靴、バッグなどのほか、雑貨にも用いられる。「シープ」（羊）はやわらかく保温効果が高いので、防寒衣料に使われることが多い。「ゴート」（山羊）はしなやかで丈夫。ベルトや手袋、札入れ、ジャケットなどに使用される。「オーストリッチ」（ダチョウ）は使える面積が少ないため、高級バッグや財布に用いられる。「クロコダイル」（ワニ）、「パイソン」（ヘビ）なども特徴のある模様で人気がある。

**DATA** 素材／動物の皮
用途／コート、ジャケット、靴、バッグ、ベルト、財布、インテリア製品など。

**特徴** 動物の皮をなめし加工したもの。使い込むほどに味わいが増すが、メンテナンスも必要。

**関連** ファー ●P.178　フェイク・レザー ●P.184
エナメル（加工）●P.215

皮革・毛皮

# フェイク・レザー
## FAKE LEATHER

その他 / 皮革・毛皮 ●フェイク・レザー

### 手入れが簡単で色も豊富な人工の皮革

**概要** リアル・レザー（天然皮革）を模して作った人工の皮革。「イミテーション・レザー」、「シンセティック・レザー」、「合成皮革」、「人工皮革」などとも呼ばれる。

**合成皮革と人工皮革** フェイク・レザーは、製法によって大きく合成皮革（合皮）と人工皮革に分けられる。

合成皮革は、織物やニットなどの基布の表面に樹脂を塗布したもの。樹脂の種類は塩化ビニル系、ナイロン系、ウレタン系など。引っ張り強さや伸縮性などの性質は基布となる織物やニットにより異なる。外観は天然皮革に近いものになったが、構造や性能の面では大きく異なっている。

一方、人工皮革は1964年にアメリカのデュポン社が「コルファム」という商標名で開発したのが始まりで、外観だけでなく、風合いや性質も、より天然皮革に近い。ナイロンやポリエステルの超極細繊維を不織布（ふしょくふ）にして、表面層に樹脂を塗布し、天然皮革の銀面（ぎんめん）のような質感を出す。また、それまで難しかったスエード調の質感も、超極細繊維の布地の表面を起毛することで実現することができた。

これら人工皮革はやわらかい風合いや通気性、透湿性などに優れ、さらに天然皮革より軽く、しわになりにくい、色数が多彩で染色

**スエード調のブーツ**
人工皮革の技術により可能になった、スエード調のフェイク・レザー。ピンクの染色がかわいらしい。

● フェイク・レザーのアイテム

**ライダース・ジャケット**

価格が高く、クリームを塗るなど、長く愛用するためには手入れが必要なリアル・レザーに比べ、取り扱いやすい。

**「コルファム」を使用した靴**

アメリカのデュポン社が開発した人工皮革「コルファム」は、靴の革の代替品として開発された。靴の内部の湿気を逃がすので足の蒸れを防ぐことができ、「呼吸する靴」といわれた。

**「クラリーノ」のランドセル**

人工皮革「クラリーノ」のランドセルは、「軽い、強い、手入れが簡単」という特性が評価され、日本のランドセル市場では70％以上のシェアを持っているという。

堅牢度（色の耐久度）に優れるなど、フェイク・レザーにしかない長所も得られた。その結果、服地にも広く用いられるようになった。

**デメリット** 肌触りや通気性が劣るものが一部にある。また、リアル・レザーは着ているうちに自分の体になじむという特性があるが、フェイク・レザーにはない。ポリウレタンを使ったものは、数年で劣化する。ポリ塩化ビニルを使ったものは接触した状態で長期間保存するとベタ付き、くっついてしまうなどの欠点がある。

## 日本の企業も参戦し
## フェイク・レザーの技術が発展

**歴史** 1964年にアメリカのデュポン社が人工皮革「コルファム」を開発した後、1年後には日本のクラレ社が「クラリーノ」を発表。コルファムよりコストが安かったことなどから、クラリーノが広く普及した。その後、東レ、旭化成など大手企業が次々と人工皮革産業に参入。現在、クラレ社は人工皮革の世界シェア25％を担うトップ・メーカーとなっている。

昨今の動物愛護問題の影響により、フェイク・レザーの需要は高まってきている。リアル・レザーではなめしの工程で化学薬品のクロムを使うことなどから、環境問題からもフェイク・レザーが注目されている。

**用途** コートやジャケット、ベスト、スカートなどの服地のほか、バッグ、ソファーなどのインテリア製品、車の内装にも使われる。銀面タイプは靴やランドセルが代表的な用途である。

**DATA** 素材／化学繊維
織組織(基布が織物の場合)／平織り、または斜文織り
編組織(基布がニットの場合)／平編み、または両面編みなど。
用途／衣類のほか、バッグ、帽子、インテリア製品など。

**特徴** 人工の皮革。天然皮革に比べてコストが安く、品質が一定している。水を弾くので汚れにくく、手入れが容易。

**関連** フェイク・ファー ● P.180　レザー ● P.182

その他　皮革・毛皮　● フェイク・レザー

# レースの種類
### TYPE OF LACE

　レースとは、透かし模様のある布地のこと。作り方は糸をからめる、組む、編む、土台の布に刺繍をするなど様々だが、大きく「機械レース」と「手工芸レース」に分けられる。

　手工芸レースは、「レース編み」とも呼ばれる。手法はいくつかあり、かぎ針編みで作る、ボビンと呼ばれる2つの糸巻きに巻いた糸を両手で交差させながら組む、基布に刺繍を施すなど。P.176の方眼編みも手工芸レースの1つである。

　近年になって機械化が進み、機械レースの種類も豊富になった。機械レースは右ページのように分類される。手工芸レースでは細幅のものが主体で縁飾りに使われるのが主だったが、機械レースでは幅広のものが作られ、衣類の表地として広く使われるようになった。

**ウエディング・ベール**
縁に幅広のレースを使ったマリア・ベール。豪華だが清楚なイメージ。ウエディング・ドレスにレース使いは欠かせない。

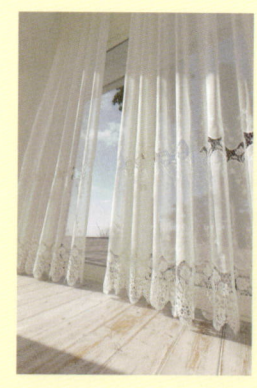

**カーテン・レース**
カーテンとしてのレースの用途は広く、二重カーテンのうち1枚はほぼレースのカーテンが使われる。日光を適度に遮り、室内の装飾も兼ねる。ほとんどのものがラッセル編み機で作られるラッセル・レース。

その他　レースの種類

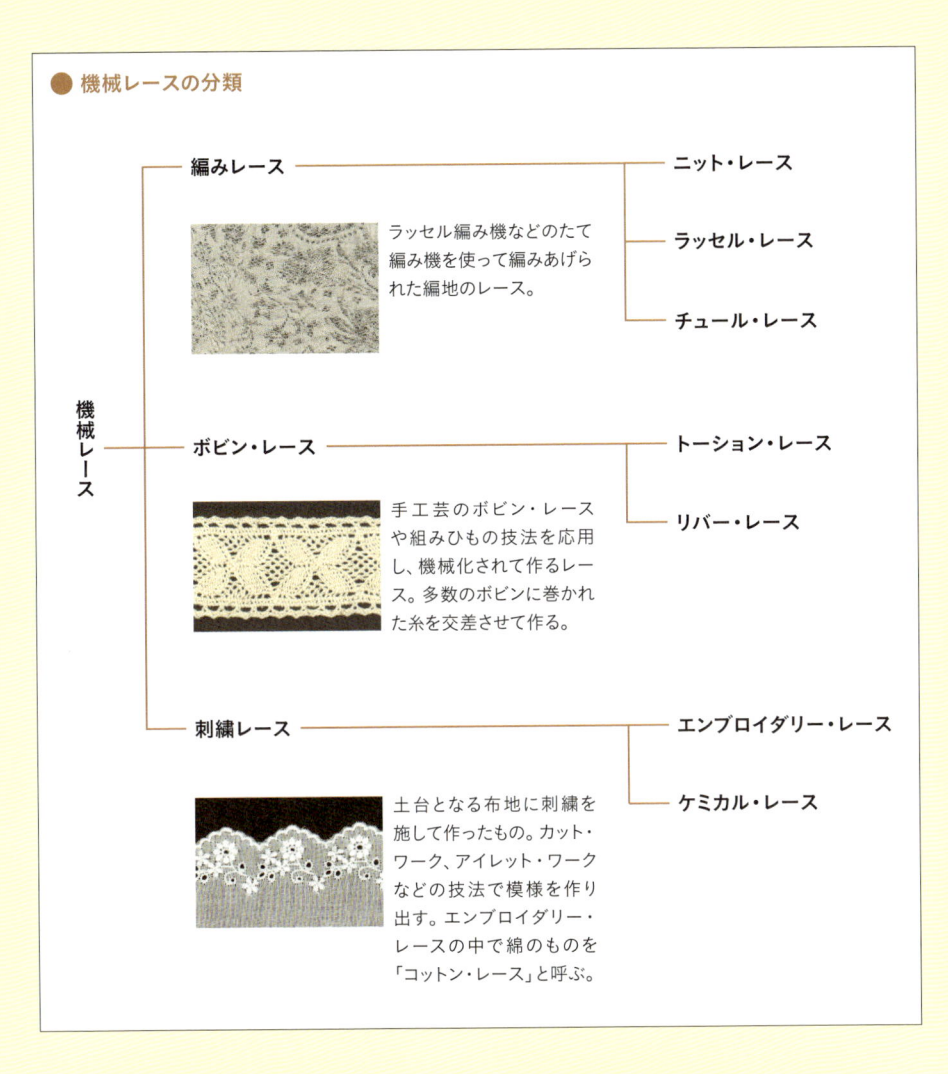

● 機械レースの分類

- 機械レース
  - 編みレース
    - ニット・レース
    - ラッセル・レース
    - チュール・レース

    ラッセル編み機などのたて編み機を使って編みあげられた編地のレース。

  - ボビン・レース
    - トーション・レース
    - リバー・レース

    手工芸のボビン・レースや組みひもの技法を応用し、機械化されて作るレース。多数のボビンに巻かれた糸を交差させて作る。

  - 刺繍レース
    - エンブロイダリー・レース
    - ケミカル・レース

    土台となる布地に刺繍を施して作ったもの。カット・ワーク、アイレット・ワークなどの技法で模様を作り出す。エンブロイダリー・レースの中で綿のものを「コットン・レース」と呼ぶ。

その他　レースの種類

### ケミカル・レースのブラウス

花モチーフのケミカル・レース生地を使ったブラウス。重ね着でも涼しげな印象で、暑い季節に好まれる。

### カラフルなレース生地

レースは無地のものが多いが、カラフルなものもある。写真はチュール地に色糸で花柄刺繍が施されたレース。

拡大写真

レース
# ニット・レース
## KNIT LACE

## 伸縮性と装飾性のある透かし模様のニット

**概要** レースのような透かし模様のあるニット生地のこと。「レーシー・ニット」とも呼ばれる。伸縮性があるのが大きな特徴で、女児用靴下やニットの襟元など、伸縮性が必要な箇所の縁飾りに向いている。

**構造** 編目を隣の針に移す「目移し編み」を加えることで、編地に穴を開けることができる。これを繰り返してレース調の柄を出したり、規則的に穴が並んだ編地を作ることができる。この手法は「レース編み」、「透孔編み」とも呼ばれる。ただし、透かし部分の大きさには限度があり、大きな透かし部分を作ることは困難。

**用途** 婦人用のストールやボレロ、ケープなどの羽織物に最適。女性用下着やセーターにも多く見られる。近年では夏向きの「サマー・ウーステッド」を用いたニット・レースのストールが女性の間で人気が高い。

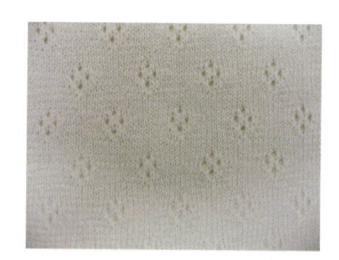

### アイレット編み

ニット・レースの1種。アイレット (eyelet) は「小さな穴」という意味で、穴状の透かし模様を織り込んだもの。

**DATA** 素材／すべて
編組織／変化平編み
用途／ストール、ボレロ、ケープ、靴下、女性用下着など。

**特徴** レースのような透かし模様のあるニットのこと。装飾性と伸縮性を持つ。
**関連** ニット ◯P.153〜

拡大写真

## ラッセル・レース
### RASCHEL LACE

**実用性の高さも魅力。薄くて平らな編みレース**

**概要** たて編みのラッセル編み機で作られるレースの総称。従来の編み機を使った編地に比べると薄く平らに仕上がり、透かし穴のある柄を編み出すのが特徴である。

**歴史** 高価で時間がかかる「リバー・レース」に代わるものとして作られた。最近では技術開発が進み、リバー・レースに近い精巧な柄を出すことができるようになり、「ラッセル・リバー」とも呼ばれている。

**リバー・レースとの違い** 繊細で優雅な表情を持ち、「最高級のレース」と称されるリバー・レース。細い糸を組んで作る複雑な組織のリバー・レースは、熟練した職人の技術が必要であり、機械で作るレースの中で最も手工業に近いレースである。

リバー・レースが約1万本以上の柄糸や芯糸を使い、生産にも時間がかかるのに対し、ラッセル編み機では半分の約5000本の糸で大量かつ高速で編むことができる。これにより比較的安価なものから高級品までカバーできるようになった。また、広幅なものが生産できるのも特徴である。

**用途** ウエディング・ドレスやベール、カット・ソー、キャミソールなどの婦人服のほか、カーテンにも多く用いられる。

また、伸縮性のある糸を編み込めることから、インナーの分野で大きく発展し、ブラジャーやガードルなど体型を整えるための女性用下着の素材としての需要も高い。

**DATA** 
**素材**／綿、麻、化学繊維
**編組織**／ラッセル編み
**用途**／ウエディング・ドレス、ベール、カット・ソー、キャミソール、カーテンなど。

**特徴** ラッセル編み機で作られる、比較的安価で品質の高いレースの総称。

**関連** ラッセル編み ○P.172　リバー・レース ○P.192

その他　レース ●ラッセル・レース

拡大写真

## レース
# チュール・レース
**TULLE LACE**

### 編地のチュールに装飾を施したレース

**概要** チュールを基布にして、模様を編み込んだり、刺繍などで装飾を施したレース。「紗状(しゃじょう)レース」とも呼ばれる。

**構造** チュールとは、六角形の編目が連なる、薄い網状の編地のこと。ラッセル編み機でチュール生地を作った後、エンブロイダリー・レース機で模様を編み込む「ラッセル・チュール」が多い。

**歴史** もともとは手工芸レースである「ボビン・レース」の1種で、大変手間がかかり高価なものであった。

**用途** 軽やかなチュールに可憐な装飾が映え、花嫁を美しく彩るウエディング・ベールとして人気が高い。チュールに張りがあるので、ドレスやバレエ衣装のチュチュなどにも使われる。スカートのふくらみを出すペチコートとしても用いられる。

**花柄刺繍のチュール・レース**
ふわりと軽い張りがある。

**バラの刺繍のチュール・レース**
立体感のある刺繍を施した、ロマンチックなチュール・レース。フランス製。

**DATA** 素材／綿、化学繊維
編組織(基布)／トリコット編みやラッセル編みの変化組織
用途／ウエディング・ベール、ドレス、チュチュ、ペチコート、スカート、カーテンなど。

**特徴** 薄い網状のチュールに刺繍などを施し装飾性を高めたレース。

**関連** ラッセル編み ◎ P.172　チュール ◎ P.175　エンブロイダリー・レース ◎ P.193

その他
レース ●チュール・レース

拡大写真

レース
# トーション・レース
TORCHON LACE

**縁飾りに使われる細幅のレース。手芸レースも機械レースもある**

**概要** 麻や綿の太めの甘撚り糸で作られる、帯状のレース。細幅で、広いものでも20cmほどが限度。目が粗く、模様は直線的で単純なものが多いが、耐久性がある。襟や裾などの縁飾りとして用いられることが多いが、いくつもつなぎ合わせて服地として使われることもある。

**名前の由来** トーション (torchon) とは、フランス語で「布巾」や「雑巾」を意味する言葉。実際に布巾や雑巾に使われるというわけではなく、その素朴な風合いからこのような呼び名が付けられたようだ。

また、「beggar's lace (ベガーズ・レース)」(貧困者のレース)、「peasant lace (ペザント・レース)」(農民のレース) などの別名もある。

**構造** もともとは手工芸レースである「ボビン・レース」の1種で、ボビン (糸巻き) を交差させて組んでいくもの。現在も手芸として広く普及している。機械では、トーション・レース機で作られる。組みひも技法を応用し、ボビンに巻かれた糸を交差させて柄を作る。

**備考** 近年では「エンブロイダリー・レース」を細幅にカットして、トーション・レース風に使うケースも多い。

**手芸好きには定番の素材**
シュシュやアクセサリーなど、トーション・レースを使った手芸も人気が高い。

**DATA** 素材／綿、麻、化学繊維
用途／襟や裾などの縁飾りのほか、複数をつなぎ合わせてブラウスやストール、ドレスなど。

**特徴** 麻糸や綿糸で作られる、素朴な帯状のレース。機械でも手芸でも作られる。
**関連** エンブロイダリー・レース ● P.193

その他 レース ● トーション・レース

拡大写真

## レース
## リバー・レース
### LEAVER LACE

**レース地の最高峰。
繊細かつ優美な高級レース**

**概要** イギリス人のジョン・リバーが1813年に発明した、リバー・レース機で作るレース。非常に繊細かつ優美で、レース地の中で、最もランクが高いとされている。糸を多く使用し、手間も時間もかかるため、高価なレースである。

**構造** たて糸にほかの糸をからませて、自由に模様を作る。細幅のものから広幅のものまで作ることができる。

**用途** ドレスの布地や高級ランジェリー、高級カーテンなどに使われる。

**DATA** **素材**／絹、綿、化学繊維
**用途**／縁飾り、ドレス、ランジェリー、高級カーテンなど。
**特徴** リバー・レース機で作られる、精巧優美な高級レース。

## レース
## ケミカル・レース
### CHEMICAL LACE

**刺繍した布を薬品で溶かして作る
立体的なレース**

**概要** 絹などの布地を基布として刺繍を施した後、化学薬品で基布を溶かし、刺繍部分だけを残したレース。立体的で、豪華なレースができあがる。肉厚のものも作ることができる。溶かした後にばらばらにならないよう、刺繍部分が連続しているのが特徴。

近年では基布に水溶性ビニロンを使って、水に溶かして作る方法が一般的。

**用途** ドレス、フォーマル・ウエアなどの服地のほか、アップリケ用に小さいモチーフをかたどったケミカル・レースもある。

**DATA** **素材**／絹、綿、化学繊維
**用途**／パーティー・ドレス、ウエディング・ベール、ブラウス、カーテン、アップリケなど。
**特徴** 基布に刺繍した後、基布を溶かして刺繍部分だけを残したレース。

その他
レース ●リバー・レース／ケミカル・レース

拡大写真

## エンブロイダリー・レース
### EMBROIDERY LACE
レース

### 最も広く使われる刺繍レース

**概要** 織物を基布として、複数の穴を開け、その穴の周辺を刺繍によってかがっていき、穴の開いた模様を作ったレース。エンブロイダリー・レース機で作られるレースの総称。「刺繍レース」とも呼ばれる。

ほかのレースとは異なり、基布は織物のため耐久性があり、レースの中では服地として最も広く用いられる。

**種類** 刺繍を施した後、基布を溶かして作る「ケミカル・レース」もエンブロイダリー・レースの1種。また、「チュール・レース」はチュールの編地にエンブロイダリー・レース機で刺繍を施したものである。

**素材** エンブロイダリー・レースは穴が開いているため、夏物の服地に適している。そのため、基布の織物は「金巾(かなきん)」や「ローン」など薄手のものが多い。刺繍糸は光沢のあるレーヨンや、綿のシルケット糸が使われることが多い。

### コットン・レース
綿素材でできたエンブロイダリー・レースを「コットン・レース」という。素朴で暖かみがあり、ガーリーな雰囲気がある。

**DATA** 素材／綿、麻、絹、化学繊維
織組織(基布)／平織り
用途／ブラウス、スカートなど夏物の衣類のほか、襟や裾などの縁飾り、雑貨など。

**特徴** 織物に刺繍を施して作るレース。レースの中で服地として最も多く用いられる。

**関連** 金巾 ● P.68 　ローン ● P.71
　　　チュール・レース ● P.190　 ケミカル・レース ● P.192

不織布

# フェルト
## FELT

拡大写真

## 毛を圧縮させて作る不織布の1種

**概要** 羊やラクダなどの動物の毛、あるいは毛くず（ノイル）、反毛（不要になった毛織物をほぐしたもの）などを原料とし、熱や圧力などを加えて圧縮（縮絨）して作る布地。織らずに、繊維同士を互いにからみ合わせることで布状にした不織布の一種である。

保温性、吸湿性、保水性が高く、衝撃を緩和し、防音効果を持つ。切断面はほつれにくい。色のバリエーションは豊富で、鮮やか。伸縮性はほとんどなく、引っ張りや摩擦に対しては弱いのが難点。

**別名**「織フェルト」（右ページ参照）と対比して、「圧縮フェルト」、「プレス・フェルト」と呼ばれることもある。

**名前の由来**「filt」（濾す）、「filter」（フィルター）が由来といわれる。

**種類** 用途によって、かたいもの、やわらかいものなど、様々な性質のフェルトを作ることができる。新しく細い羊毛を使用するとかたいフェルトに、太くて粗い羊毛を使用するとやわらかいフェルトになる。化学繊維を混ぜてからまる性質を弱めてやわらかくする場合もある。

難燃性、耐熱性、耐摩擦性などが必要な場合は、それぞれの特徴を持つ繊維を混ぜて作れば、様々な性質を持つフェルトができる。

**不織布**
その名の通り「織らない布」で、繊維を合成樹脂や接着剤などで一体化して布状にしたもの。洋服の芯地などに使われる。

## ● 様々なフェルトの活用

**ピアノのハンマー・フェルト**
ハンマーと呼ばれる、弦を打つ部分にフェルトが使われる。羊毛でできたフェルトがよいとされ、音質を左右する重要なものである。

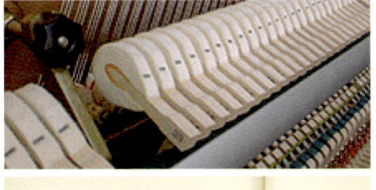

**フェルトのルーム・シューズ**
保温効果のあるフェルトは、室内履きにも活用される。やわらかく、ほっこりとした味わいがある。

**フェルト製の中折れ帽**
やわらかいフェルト製で、天面をくぼませた形の帽子。かたいフェルト製で天面がくぼんでいないものは山高帽という。

**織フェルト** 紡毛糸（ぼうもうし）を用いて織った毛織物に縮絨加工を施し、起毛したものは「織フェルト」または「フェルト・クロス」という。これは本来のフェルトに似た効果を狙ったものである。

衝撃を吸収する性質を活かし、ピアノのハンマー・フェルトとして用いられたり、保温や防音の性質を活かして敷物にも使われる。フェルトの敷物は毛氈（もうせん）と呼ばれる。そのほか、フェルト・ペンやテニス・ボール、靴の中敷きなど、用途は多様である。

## 手芸から器具の緩衝材まで用途は幅広い

**用途** 帽子、スリッパ、鞄などのほか、ジャケットやベストなどの衣類にも用いられるが、体になじみにくいため服地としての用途は限られる。

裁断してもほつれず扱いやすいことから、手芸材料としては定番で、手芸初心者向けの材料としてもよく使われる。最近では、自分で羊毛を縮絨させてフェルトを作り、小物などを作る愛好家も増えている。

**色鮮やかな発色が楽しいフェルト**
フェルトはほかの織物よりも鮮明な発色があるのが特徴。

**DATA** 素材／毛、綿、化学繊維
用途／帽子、スリッパ、鞄などの小物のほか、器具の緩衝材など。服地としての用途は限られる。

**特徴** 毛を縮絨して作った布地。保温性が高く、衝撃緩和、音響吸収などの性質がある。

**関連** 縮絨（加工） ●P.222

その他　不織布　●フェルト

接着布

# ボンディング
## BONDING

**異なる素材を貼り合わせた、多彩な可能性を持つ加工生地**

「概要」2枚の異なる布を接着剤などを使用して貼り合わせ、1枚の布地にしたもの。「ボンディング・クロス」、「ボンデッド・ファブリック」ともいう。ボンド（bond）は「接着」の意味。

性質の異なる織物同士や、織物とニットを接着し一体化することもできる。布地にコシや形態安定性を持たせて、仕立てる際に芯地や裏地を不要にしたり、地厚にすることで保温性を高めたりできる。表と裏で色や柄、素材の質感を変えて、リバーシブルにすることもできる。このような加工を施すことを「ボンディング加工」といい、多彩な素材が作り出せる加工法である。

「製法」2枚の布の間に接着剤を挟んで、高温・高圧でプレスする方法が一般的。布地の柔軟性が保たれるように、ポリウレタン樹脂の接着剤が使用されることが多い。

「デメリット」接着剤に多く使用されているポリウレタン樹脂の劣化やドライ・クリーニングなどにより、貼り合わせが剥がれたりすることがある。また、貼り合わせた素材の伸縮性の違いから、片側に反り返る可能性もある。

**ニットとレースのボンディング**
天竺ニットの裏側に花柄レースを貼り合わせたもの。

「DATA」素材／すべて
用途／コート、スーツ、ジャケットなど。

「特徴」2枚の布を接着剤で貼り合わせたもの。布地にコシを持たせたり、保湿性を高めたりすることができる。
「関連」保温加工 ●P.205

# 加工
かこう
FINISHING

生地の外観や風合いをよくし、アパレル素材としての価値を高めるのが仕上げ加工である。最近では進歩したテクノロジーにより、様々な加工技術が生み出され、特殊な機能を持ったアパレル製品が誕生している。

**機能加工**

# 撥水加工
## WATER REPELLENT FINISH

レイン・コートの定番加工。
通気性を保ちながら水だけ弾く

**概要** 布地の表面で水を弾く加工。水は布地に浸透することなく、玉状になって転がり落ちる。水を弾きつつも通気性もあるため、衣類に適している。

**製法** 繊維の表面に樹脂などの撥水剤を施し、水の分子より小さい突起（撥水基）が数多く直立した膜を作る。水は撥水基の先端に弾かれて表面張力を起こし、水滴になって転がる。この撥水基は汚れや摩擦で倒れてしまうため、徐々にその効果が薄れる。撥水効果を復活させるには、適切な方法で洗濯・乾燥して撥水基を再び直立させたり、撥水スプレーを噴きかけるなどが必要になる。

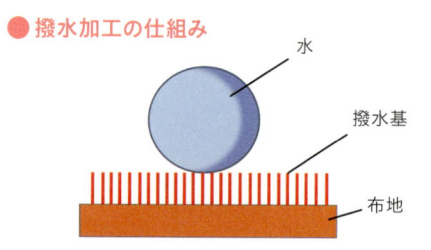

● **撥水加工の仕組み**

撥水基の先端部分で弾かれた水は、表面張力を起こし玉状になって転がり落ちる。

**撥水加工のコート**
雨などの浸透を防ぎつつ、通気性も保たれる撥水加工は、コートなどのアウターに施される加工として一般的。ただ、その効果は徐々に薄れてくるので、定期的なメンテナンスが必要。

**DATA** **用途**／レイン・コートやアウトドア・ウエア、スキー・ウエア、スポーツ・ウエアなど。

**特徴** 繊維の表面に撥水剤を施し、水の浸透を防ぐ加工。防水加工と異なり、通気性があって蒸れにくい。徐々に効果は薄れる。

**関連** 防水加工 ● P.199

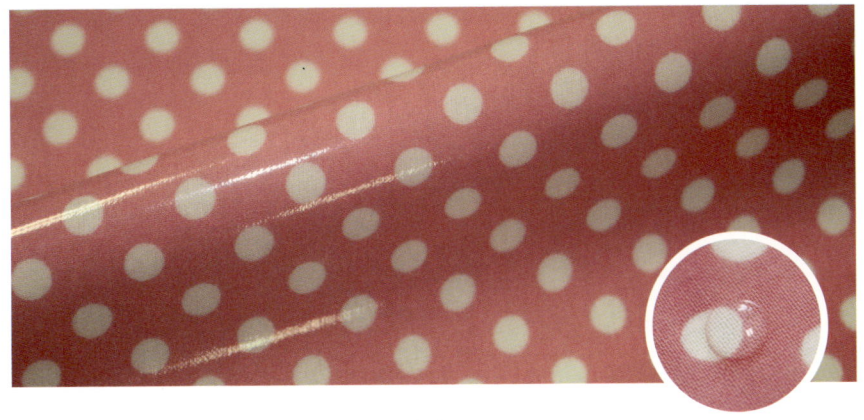

機能加工

# 防水加工
## ぼうすいかこう
### WATERPROOF FINISH

## 外部からの水を完全に
## シャット・アウトする加工

**概要** 布地の表面をぴったりと膜で覆い、水を通さなくする加工。空気や水蒸気も通さないため、蒸れやすいのが難点。テントや傘などに用いられるが、衣類には不向き。

**製法** 布地にゴムや樹脂をコーティングさせて表面に膜を作る。

**撥水加工との違い** 撥水加工には通気性があるが、防水加工にはない。防水加工には半永久的に効果が続くものもあるが、撥水加工の効果は徐々に薄れる。

**透湿防水加工** 防水加工でありながら通気性もあるのが透湿防水加工である。多孔質の樹脂やフィルムで布地を覆って作る。水は直径100〜200μm以下の孔は通過できず、水蒸気は0.0004μm以上の孔なら通過するという性質を利用している。

● 防水加工の仕組み

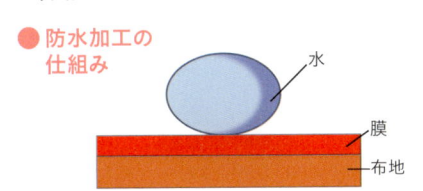

水や空気、水蒸気を一切通さない、ビニール・コーティングなどの膜。

● 透湿防水加工の仕組み

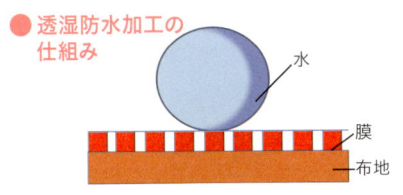

水蒸気は通すが水は通さない大きさの孔が開いた膜で覆うなどの方法がある。代表的なものはゴアテックスやエントラント。

**DATA** **用途**／防水加工は傘地、レイン・コート、天幕、ホース、作業着など。透湿防水加工はスポーツ・ウエアなど。

**特徴** 水を一切通さないが、空気や水蒸気も遮断するため蒸れる。そのため衣類にはあまり用いられない。「透湿防水加工」は、防水でありながら通気性もある優れもの。

**関連** 撥水加工 ● P.198　コーティング（加工）● P.213

機能加工

# 撥油加工
## はつゆかこう
### OIL REPELLENT FINISH

## 撥水加工と併用して
## 食べこぼしなどの油汚れを防ぐ

**概要** 油を弾く加工。油性の汚れを防ぐのに使われる。拭き取るだけで食べこぼしなどの汚れを簡単に落とすことができる。

**製法** フッ素系化合物の撥油剤をコーティングして作ることが多い。これは撥油性とともに撥水性も持ち、水性・油性の汚れを防ぐことができる。撥水・撥油、両方の効果を持つものは「防汚加工」とも呼ばれる。

**市販の撥油加工商品** 市販の加工剤「スコッチガード」がよく知られる。これはスプレーを噴射して簡単に撥水・撥油機能を与えることができるもの。フライパンなどに用いられるテフロン加工も、基本的には同様の加工法である。

**ナノテックス加工** NANO tex社が開発した「ナノテックス」は進化した撥水・撥油加工である。ナノテクノロジーを利用し、ナノレベルで繊維に加工を施す。繊維の風合いを保ちながら通気性や耐久性にも優れているのが特徴。綿や合成繊維のほか、スーツなどの毛織物にも用いられている。

### 撥油加工のエプロン
油汚れが簡単に落ちるので、プロの現場でも多く使われている。

**DATA 用途**／エプロン、作業着、コート、ジャケット、シャツ、ジーンズ、カーペット、テーブル・クロスなど。

**特徴** 布地に撥水・撥油剤を塗布することで、油を弾き、油汚れを簡単に落とせるようにする加工。

**関連** 撥水加工 ●P.198　防汚加工 ●P.201
コーティング（加工）●P.213

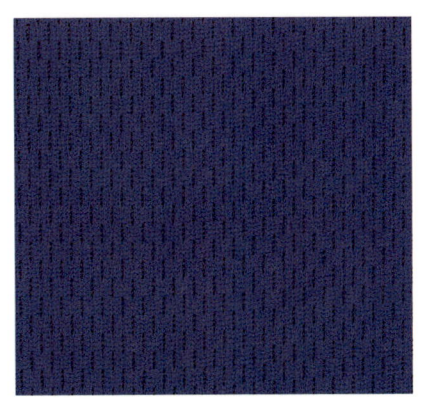

機能加工

## 防汚加工
### SOIL RELEASE FINISH

**汚れにくく、
付いた汚れも落としやすい**

**概要** 汚れを付きにくくしたり、汚れが付いても落ちやすくする加工の総称。特に合成繊維は一般に親油性で油汚れが付きやすいため、この加工が多く用いられる。

**種類** 水性汚れを防ぐ「撥水加工」や「防水加工」、油性の汚れを防ぐ「撥油加工」は防汚加工の1種である。

　洗濯時にいったん布地から落ちた油汚れが再度付着するのを防ぐ「SR（ソイル・リリース）加工」もある。ホコリを吸着しにくくする「帯電防止加工」も、防汚加工の1つ。

**DATA 用途** ／作業着、スポーツ・ウエア、カーペット、皮革製品など。
**特徴** 汚れを付きにくくしたり、汚れが付いても落ちやすくする加工。
**関連** 撥水加工 ● P.198　防水加工 ● P.199
　　　撥油加工 ● P.200　帯電防止加工 ● P.207

機能加工

## 吸水速乾加工
### WATER ABSORPTION & QUICK DRY FINISH

**水分をすばやく吸水・拡散する、
スポーツや夏場の衣類の便利加工**

**概要** 繊維に改良を加えて吸水性を高める加工。「吸汗加工」ともいう。

　ナイロン、ポリエステルなどの合成繊維は速乾性は高いが、綿などの天然繊維に比べて吸水性が低い。その短所を補うための加工法である。近年、クール・ビズなどで人気が高まっている。水分率が低いことで起こる静電気を抑える効果もある。

**製法** 繊維に微細な気孔や亀裂を与えるなどの方法や、親水性の物質を共重合するなどの方法がある。

**DATA 用途** ／スポーツ・ウエア、肌着、靴下、シャツなど。
**特徴** 繊維に改良を加えることで、吸水性を高める加工。
**関連** 帯電防止加工 ● P.207

加工 ● 機能加工 ● 防汚加工／吸水速乾加工

機能加工

## 防縮加工
### ぼうしゅくかこう
### SHRINK PROOF FINISH

**洗濯後も寸法に変化が起きない、縮みを防ぐ加工法**

**概要** 布地が洗濯によって縮まないようにする加工。

**製法** 素材の種類によっていくつかの加工法がある。

綿織物は、適度な水分を与え、強制的に収縮させながら安定させる。薬品類を使用しないため、安全性が高い。

この加工を施すと、洗濯をしてもたて・よこ方向とも、縮みは1％以内に留まる。発明者サンフォード・クルエットの名前にちなみ、「サンフォライズ加工」と呼ばれる。アメリカのクルエット・ビーボデー社が特許権、商標権を持つ。

毛製品は、繊維にあるスケールが互いに引っかかり、繊維がからみあって縮むため、塩素でスケールを除去したり、樹脂加工をしてスケールの凹凸を覆ったりする方法がある。これは「ネバー・シュリンク加工」、「ダイラン加工」、「バンコーラ加工」、「スーパー・ウォッシュ加工」などの名前で知られる。

合成繊維は熱処理することにより、寸法安定性を与えることができる。これを「熱セット加工」という。

**形態安定加工** 防縮加工、防しわ加工、プリーツ保持性などを持たせたものを「形態安定加工」という。この加工を施すと洗濯を繰り返してもノー・アイロンで着られる。

**DATA** 用途／Yシャツ、高級織物など。
**特徴** 洗濯などによる布地の縮みを防ぐ加工法。
**関連** プリーツ（加工） ●P.223

機能加工

# ゴム引き加工
## RUBBER COATING

## ゴムの樹脂を塗り
## 防水性や張りを持たせる加工

**概要** 布地に防水機能や張りを持たせるため、ゴムの樹脂を塗布する加工。この加工を施した布地を「ラバー・クロス」という。主にレイン・コートなどの雨具で多く使われる。

**製法** 布の裏側に、ゴム樹脂をコーティングしたり、圧着したりして作る。

**マッキントッシュのゴム引きコート** ゴム引き生地の代名詞ともいえるのがマッキントッシュ社が作った「マッキントッシュクロス」だ。2枚の綿布の間に天然ゴムを挟んで圧着したもので、19世紀初頭に発明された。当時、防水布といえば、キャンバス地に油を塗り撥水性を高めたものしかなかったので、これは画期的だった。

このマッキントッシュクロスを使ったコートは、当時、英国上流階級の人々の間で乗馬用コートとして人気を博し、その実用性の高さから、英国陸軍や英国国有鉄道で採用された。今も当時の手法で一点一点ハンドメイドされている。

### マッキントッシュの
### ゴム引きコート
世界で最もエレガントなレインコートといわれる。縫製を施した縫目の裏にすべて防水テープを張り、ライニング、ポケットも接着により取り付けられ、完全防水になる。

**DATA** 用途／主にレインコートなどの雨具。

**特徴** 布地に防水性や張りを持たせるため、ゴムを塗布する加工。

**関連** 防水加工 ●P.199　コーティング（加工）●P.213

加工　機能加工　●ゴム引き加工

203

## ウオッシャブル加工
### WASHABLE FINISH
**機能加工**

**本来、水に弱い布地を
水洗いできるようにした加工**

**概要** 毛や絹など、本来は水に弱く、洗濯によってしわや縮みが起きやすい素材を、水洗いできるようにする加工。「防縮加工」もこれに含まれる。

**製法** 絹では、架橋反応（繊維と繊維の隙間に水が入らないように橋をかける）を起こす「サンシルク加工」がある。この加工により、洗濯によるヨレや退色を防ぐことができる。ほかに、羊毛と極細ポリエステルを混紡することでウオッシャブル効果を得るものなど、様々な方法がある。

**DATA** 用途／絹や毛の製品全般。
**特徴** 洗濯によってしわや縮みが起きやすい素材を、水洗いできるようにする加工。
**関連** 防縮加工 ➡ P.202

## 消臭抗菌加工
### DEODRANT ANTIBACTERIAL FINISH
**機能加工**

**衣服についたイヤな臭いを
分解して減少させる加工**

**概要** 繊維製品の汚れ、汗による細菌の増殖、カビ、悪臭などを抑制する加工。様々な加工法がある。

**製法** 身近な例では、靴下などに用いられる「バイオシル加工」がある。抗微生物処理剤を繊維に施し、微生物の繁殖を抑える。
「光触媒」のハイテク技術を用いたものもある。これは光を当てると活性酸素の働きで臭いのもととなる有機物を分解したり、滅菌したりするもの。そのほか、多くの加工法がある。

**DATA** 用途／肌着、靴下、Yシャツ、シーツ、手術着など。
**特徴** 細菌やカビ、悪臭などを抑制する加工。

機能加工

# 保温加工
（ほおんかこう）
THERMAL INSULATION FINISH

**冬のあったか素材に欠かせない
近年技術の進歩が著しい加工法**

**概要** 布地の保温性を高めるための加工の総称。「温感加工」ともいう。

**種類** 「蓄熱保温加工」は、太陽光を吸収し熱エネルギーに変換して蓄熱させる加工。「遠赤外線加工」は、繊維に練り込んだ特殊セラミックの遠赤外線が熱を発する。

「吸湿発熱加工」は、体から出る水分を吸収して発熱する。これを施した布地には「吸水速乾加工」も同時に与えられたものが多く、衣服内の温度・湿度を快適に保つことができる。

「カプサイシン加工」は、唐辛子の辛味成分から抽出した成分で温感効果を与える。そのほか、布地と布地の間に羽毛や中わたを入れてステッチを施す「キルティング加工」や、透明フィルムを表面に張り付ける「ラミネート加工」、布地を肉厚にする「ボンディング」なども保温加工の1種といえる。

**用途** 冬場の衣類全般。肌着や靴下、サポーターなども。近年のウオーム・ビズで需要が高まっている。

加工　機能加工 ● 保温加工

### 「ユニクロ」の
### ヒートテック

アクリル繊維の吸湿発熱機能を利用した「ヒートテック」は、保温加工衣類の人気の火付け役となった。

**DATA 用途** ／肌着、タイツ、靴下、セーター、コート、毛布など。

**特徴** 布地の保温性を高める加工。冬の衣類に欠かせない加工法である。

**関連** ボンディング ● P.196　吸水速乾加工 ● P.201
ラミネート（加工）● P.212　キルティング（加工）● P.230

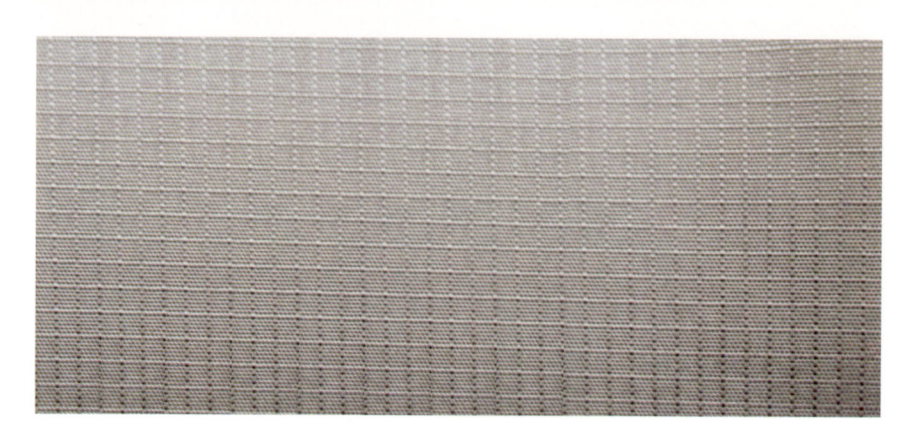

機能加工

# UVカット加工
ユーブイ　かこう
## UV CUT FINISH

**カーテンからおしゃれ着まで。
紫外線から肌を守る加工**

**概要** UVとは紫外線のこと。過度の紫外線を遮断する加工である。日焼けや乾燥など、紫外線による肌への負担を軽くするだけでなく、布地そのものの変色や退色も防止する。

防止できる紫外線の割合で「UVカット率95％以上」などと表示できる。

**製法** 紫外線を吸収する、または反射する素材を、あらかじめ繊維に練り込んだり、布地にしてから表面にコーティングする。繊維に練り込むタイプは洗濯にも強く、半永久的に効果が持続する。

紫外線を遮断するための素材はいくつかあるが、セラミックが多く使われる。

**用途** 日焼けを防ぐために夏用の日傘や帽子、衣類に多く用いられる。

**備考** 一般的に、絹や羊毛の素材は紫外線透過率が低いため、UVカット加工を施さなくても紫外線を防ぐことができる。また、薄手より厚手の布地、淡色より濃色の布地のほうが、紫外線透過率は低い。

**UVカット加工のシャツ**
白は熱線を反射しやすく、見た目も涼しげで夏の素材に多く使われているが、紫外線を通しやすい。現在ではUVカット加工を施すことで、大幅に紫外線をカットすることができる。

**DATA** **用途**／シャツ、スポーツ・ウエア、日傘、帽子、カーテンなど。

**特徴** 過度の紫外線を遮断する加工。夏場の日焼け防止のために多く用いられる。

**関連** コーティング（加工） ●P.213

## 機能加工
### 帯電防止加工
### ANTISTATIC FINISH

**静電気の発生を防ぐ加工。
精密機器を使う現場で活躍**

**概要** 静電気の発生を防ぐ加工のこと。「制電加工」ともいう。合成繊維の製品は静電気が起こりやすく、スカートの裾がまとわりついたり、パチパチ音がしたり、ホコリを吸着して汚れやすいなどの欠点がある。これらを防ぐために用いられる。近年、精密機械や電子部品の工場、医療現場などで需要が高い。

**製法** 界面活性剤などで一時的に処理する方法と、繊維自体を導電性にして半永久的に効果を与える方法がある。一時的な帯電防止剤は市販のスプレー剤でおなじみ。

**DATA** 用途／肌着、スカート、作業着など。
**特徴** 静電気の発生を防ぐ加工のこと。主に合成繊維の製品に用いられる。

## 機能加工
### 難燃加工
### FLAME RESISTANT FINISH

**布地の引火や燃え広がりを
防ぐ加工**

**概要** 布地を燃えにくく、また燃え広がりにくくする加工。「防炎加工」ともいう。

燃えやすい綿などのセルロース系繊維に多く用いられてきたが、最近では毛や合成繊維にも用いられるようになった。風合いがかたくなる、強度が低くなる、変色が起こりやすいなどの欠点があるが、公共施設のインテリア製品などには欠かせない加工である。

**製法** リン、塩素、臭素系の薬品で処理をする。綿の「プロバン加工」、毛の「ザプロ加工」などが知られる。

**DATA** 用途／寝具、カーテン、カーペット、作業着、ベビー服など。
**特徴** 布地に火が燃え移りにくく、燃え広がりにくくする加工。

加工

機能加工 ●帯電防止加工／難燃加工

## おしゃれ加工
## デニムの加工
### FINISHING OF DENIM

### 理想のデニムを作るため用いられる様々な加工

**概要** デニム製品に対しては、外観や風合いを変化させるために様々な加工が用いられる。特に、新品のデニム製品に、はき込んだようなユーズド感を持たせる「ダメージ加工」が多い。

**デニムとは** 斜文織りの厚地の綿布。パンツ（ジーンズ）に使われることが最も多く、ジーンズの同義語で用いられることもある。

デニムはたて糸がロープ染色であり、糸の表面は藍色だが中心は白い状態（中白）。そのため、はき続けたり故意にダメージを与えたりすると、中心部分が露出して白っぽくなる。デニムはこうした性質を持つため、加工して様々なニュアンスのデニムが生み出されるのである。

**ウオッシュ加工** デニムの最も基本的な加工は「ウオッシュ加工」である。洗いをかけることによって糊が落ち、はきやすくなるとともにこなれた感じが出る。ちなみに洗いをかけていないデニムは「リジッド・デニム」、「生デニム」などと呼ばれ、自らの手で加工を加えたり、経年変化を楽しみたい人に人気がある。

基本となるのは「ワン・ウオッシュ」（一度洗い）。さらに、求めたい風合いに応じて「バイオ・ウオッシュ」（酵素を使用して洗う）、「ストーン・ウオッシュ」（軽石や研磨石と一緒に洗い、ムラのある色落ちを作る）、「ケミカル・ウオッシュ」（漂白剤などの薬品、研磨石と一緒に洗い、霜降りのようなまだら状に色落ちさせる）などの方法がある。

**クラッシュ加工** ももやひざの部分に、穴やほつれを作る加工法。研磨機で布地をこすったり、手作業で糸をカットして作る。よこ糸のみを残してたて糸をカットするなどは、手作業でしかできない加工である。

● デニムの主な加工

**ケミカル・ウオッシュ加工**
1980年代に大流行したウオッシュ加工の1つ。薬品によって色落ちを促進するもので、まだら模様のような独特の外観になる。

**シェービング加工**
デニムの加工の中でも最も難しいといわれるシェービング加工。ポケットの周辺やももの辺りなどに、はき込んだ感じを出すため、色落ちを作っていく。

**クラッシュ加工**
ユーズド感を出すのに重要な加工の1つ。よこ糸だけを残してたて糸をカットするなど、繊細な技術が要求される。

**ブラスト加工**
高圧で布地に砂を噴射することによって、部分的に擦れたような色落ちを表現する加工法。生地表面にダメージを与える技術で、長年使い込んだような色落ちを得られる。

**ヒゲ加工**
ももの付け根を中心にはきじわを付けていく加工。しわの形状がヒゲのようであることから名付けられた。

## 需要に応じて広がり続けるデニムの表現

**その他のダメージ加工** はき込んでいくうちにしわの部分や縫い代部分が擦れ、白っぽくなる状態を人工的に作る加工を「アタリ加工」という。洗濯板のように凹凸のある台に布地を乗せ、サンド・ペーパーで擦って色を落とす。

内ももの付け根部分のアタリ加工は、放射状に伸びる線の形から「ヒゲ加工」と呼ばれる。太ももやひざ、おしり部分などの色落ちを作るのは「シェービング加工」で、デニムの加工の中で最も高度な技術が必要といわれる。

そのほか、砂を高速で吹き付けて表面を削る「ブラスト加工」、露出した白糸部分を茶系の色などで製品染めして汚れた感じに仕上げる「オーバー・ダイ」など、ダメージ加工の種類は多様多様である。

これらの加工法を駆使して、長年はき込まれたような外観に仕上げたデニムは「クラッシュ・デニム」、「ダメージ・ジーンズ」などと呼ばれ、人気が高い。

DATA 用途／ジーンズ、スカート、ジャンパーなど。
特徴 デニムに主にユーズド感を持たせるために施す様々な仕上げ加工。デニム以外にもかつらぎなど、丈夫な綿製の衣類に使われることも。

関連 製品染め ● P.64　かつらぎ ● P.79
デニム ● P.80

加工　おしゃれ加工　● デニムの加工

おしゃれ加工

# シルキー加工
## SILKY FINISH

## 布地に絹のような風合いを与える加工

**概要** 絹以外の布地に絹のような光沢を与える加工の総称。加工を与える素材などによって、様々な方法がある。

**シルケット加工**「シルケット加工」は、綿に行われるシルキー加工。光沢と同時に染色性も増し、鮮明な色に染めあげることができる。さらに強度が増す、縮みにくくなり寸法が安定するなどの効果もあるので、多くの綿製品にこの加工が施されている。特に「コットン・サテン」、「ポプリン」、「ブロード」などの比較的高級な綿織物には多く用いられる。

加工方法は繊維が収縮しないように引っ張りをかけながら、苛性ソーダに浸して処理するというもの。綿糸の状態でも、綿布の状態でも行われる。糸の状態でシルケット加工したものを「先シルケット」、「シルケット糸」ともいう。

シルケット糸は、布地の状態では引っ張りをかけにくいニットに用いられることが多い。

日本では一般にシルケット加工と呼ばれるが、「マーセライズ加工」が本来の名称。イギリスのジョン・マーサーが発見した加工法である。

**シルケット糸**
綿糸にシルケット加工を施したもの。光沢や張りが加わり、染色性も向上する。非常に使い勝手のいい加工である。

● さまざまなシルキー加工製品

**ランジェリー**
シルキー加工で肌触りのよさを生み出した布地は、ランジェリーにもぴったり。

**ペチコート**
丈の短いニット・ワンピースなどのインナーとして用いられるペチコート。シルキー加工されたポリエステル・アイテムは、絹より安価で扱いやすく、しかも光沢があり肌触りが抜群と、メリットが大きい。

**脱着しやすいゴム手袋**
肌に張り付きやすいゴム手袋の内側の布地にシルキー加工を施し、脱着しやすくした製品。使いやすいキッチン用品として人気が高い。

## 絹の風合いを作るために様々な加工法が生み出された

**シュライナー加工** 細い筋がいくつも入った高熱のローラーに、加圧しながら布地を通すことで光沢を与える。ドイツのシュライナーが発明した加工法。主に綿に対して行われるシルキー加工である。

**減量加工** ポリエステルなど合成繊維のフィラメントからなる織物では、「減量加工」が用いられる。苛性ソーダで繊維の表面を処理し、5〜20％ほどを溶かして質量を減量することで繊維間の隙間を大きくし、しなやかさやドレープ性を与える。これは、絹の精練の原理を応用したものである。

この減量加工は、マイクロファイバー（極細繊維）や、コンジュゲート糸（成分の異なる2種類の原液を同時に紡糸し、1本の繊維としたもの。複合繊維）にも用いられ、「新合繊」と呼ばれる高品質の繊維も生み出されている。「ニューシルク」などの商標は代表的な新合繊である。

**シルキー加工されたローン**
ローンなどの薄手の布地にシルキー加工を施すと、透け感や適度な張りのある布地になる。

**DATA** 用途／下着、衣類全般。
**特徴** 絹のような風合いを与える加工の総称。

**関連** ポプリン ○ P.69　ブロード ○ P.70
ローン ○ P.71　コットン・サテン ○ P.102
サテン ○ P.147

加工　おしゃれ加工　●シルキー加工

おしゃれ加工

# ラミネート
LAMINATE

**布地の表面に薄いフィルムを貼る、防水・保温効果が高い加工**

**概要** ポリウレタン樹脂やポリ塩化ビニル樹脂などを材料としたフィルムやスポンジを布地に重ねて貼り付け、表面を保護する加工。

主にナイロンなどの化学繊維に施されることが多く、保温性や防水性を得るために行われる。

表面が汚れても落としやすく、色落ちや摩耗も防止できる。しわになりにくく、保温性が高い割には軽い。しかし、蒸れやすいという欠点もある。

また、レザーのような質感を求めて「エンボス加工」が施されることもある。

**製法** 接着剤、または熱によって布地にフィルムやスポンジを貼り付ける。紙を保護するために透明フィルムを貼り付ける加工と基本的には同じ。

多孔質の膜を貼ることで、水は弾くが湿気は通す透湿防水素材を作ることもできる。

**用途** ポーチ、バッグ、テーブル・クロス、レイン・コートなど。

### ラミネート加工のポーチ

汚れが付きにくく、付いてもすぐ拭き取れるので、水まわりで使うポーチやバッグによく使われる。またラミネート加工は子供用のバッグなどにも重宝される。

---

**DATA** **用途**／テーブル・クロスやレイン・コート、バッグ、ポーチなど。

**特徴** 布地の表面に薄いフィルムやスポンジを貼り付ける加工。保温や防水、防汚など様々な効果が生まれる。

**関連** レザー ●P.182　防水加工 ●P.199
　　　 防汚加工 ●P.201　エンボス(加工) ●P.217

**おしゃれ加工**

# コーティング
## COATING

**樹脂などを塗布して表面を覆い様々な機能を持たせる加工**

**概要** 布地に合成樹脂などをコーティング（塗布）して、表面を覆う加工。コーティング剤の種類により、様々な効果が得られる。防水などの便利機能を持たせたり、ファッション的に表面効果を得るために施される。「エナメル加工」、「ゴム引き加工」もコーティングの1種である。

**フェイク・レザー** フェイク・レザー（合成皮革）は、織物やニットなどの表面に樹脂をコーティングすることで作られる。さらに、「エンボス加工」をすることでリアル・レザーに近い外観になる。

**パール・コーティング** フェイク・レザーや布地の表面に、真珠（パール）のような光沢を出す膜を貼る加工のこと。「パール仕上げ」ともいう。天然真珠または人工的に作った合成パール粒子を配合した塗料を、表面にコーティングする。

**オイル・クロス** 乾性油をコーティングしたもの。薄い平織物に合成樹脂を薄くコーティングし、ぬめりのある手触りと油のような光沢、撥水性を持たせる。薄手のコートやブルゾンなどに用いられ、昭和の末に流行した。

**パール・コーティングされたショルダー・バッグ**
ヘビ革の型押しがされたバッグに、パール・コーティングが施されている。

**DATA 用途**／コート、ジャケット、パンツ、財布、バッグなど。

**特徴** 布地に合成樹脂などをコーティング（塗布）して、表面を覆う加工。様々なコーティング剤があり、多種多様な表現や機能や外観が得られる。

**関連** フェイク・レザー ● P.184　防水加工 ● P.199
ゴム引き加工 ● P.203　エナメル（加工）● P.215
エンボス（加工）● P.217

加工 / おしゃれ加工 ● コーティング

おしゃれ加工

# 箔
### FOIL STAMP

### 金属の箔を貼り付け
### きらびやかさを演出する加工

**概要** 金箔や銀箔などの金属箔を布地に貼り付ける加工。「金彩(きんさい)」、「印金(いんきん)」ともいう。

**箔とは** 金属を薄い膜状に延ばしたもの。金、銀、プラチナ、アルミニウム、真鍮(しんちゅう)、錫(すず)、銅などの金属が用いられる。最もポピュラーなのはアルミニウム箔に彩色を施したもので、金箔や銀箔は非常に高価なため用いられることは少ない。

**製法** 布地に接着剤を塗布して箔を乗せ、熱をかけてローラーで圧着する方法などがある。

**日本の伝統技法** 日本の伝統技法に「押箔(おしはく)」、「摺箔(すりはく)」などがあるが、これも箔加工の1種である。押箔は、加工する部分全面に接着剤を筆で均一に塗り、箔をわたなどで軽く押さえて密着した後、自然に乾燥させ、余分な箔をブラシで取り除くという手法。摺箔は、型紙を用いて糊を置き、その上に箔を貼るという手法。これらの技術は中国より10～13世紀頃に日本にもたらされたといわれる。友禅とともに華やかな着物文化を作りあげた。

**箔加工された色打掛**
金箔に総刺繍の絢爛豪華な色打掛。結婚披露宴用の華やかな衣装だ。

---

**DATA** **用途**／和服、Tシャツ、バッグなど。
**特徴** 金属箔を布地に貼り付ける加工。
**関連** 友禅 ● P.287

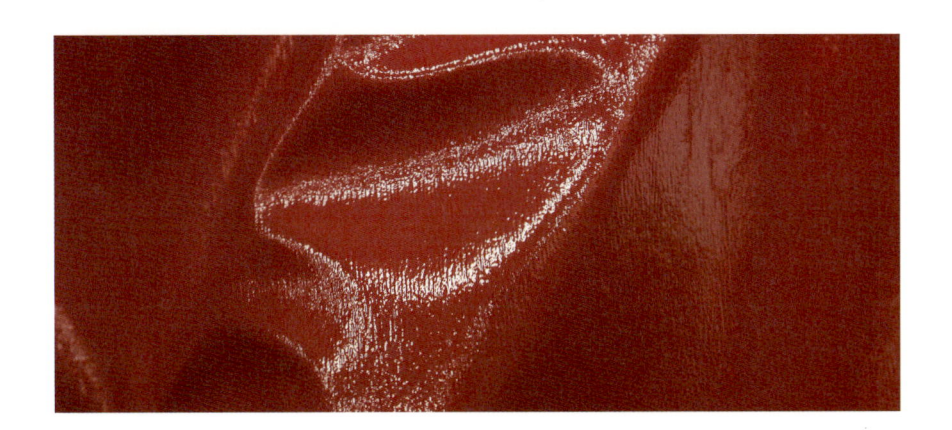

おしゃれ加工

# エナメル
ENAMEL COATING

## エナメルの樹脂を塗って光沢や防水性を得る加工

**概要** 布地の表面に、エナメルを塗布する加工。独特のツヤやかな光沢と、なめらかな質感が大きな特徴。また、防水性も得られるので、汚れが付きにくく、拭き取りも簡単だ。

手入れも簡単で扱いやすいが、熱には弱く、温度によってかたさが変化してしまう。また、同素材同士を密着させたまま放置しておくと、素材同士が貼り付いてしまうという欠点もある。

**製法** 布地の表面にエナメルの樹脂をコーティングする。基布となる素材はレザー（天然皮革）、フェイク・レザー（合成皮革）、ビニール、織物など。

**用途** とても発色がよく、黒色なども深みが出てエレガントな印象になるので、婦人用のバッグなどに用いられることが多い。

一方で、水や汚れに強いという機能性も持っているので、スポーツ・バッグにも多く用いられる。

**エナメル・バッグ**
スポーツ・ブランドが定番で出しているエナメル加工のスポーツ・バッグ。防水性に優れているので、汚れても手入れが簡単。

**DATA** 用途／バッグ、ベルト、靴、コート、スカートなど。

**特徴** 表面にエナメル樹脂をコーティングする加工。抜群の光沢と防水性が特徴。

**関連** レザー ◯P.182　フェイク・レザー ◯P.184
防水加工 ◯P.199　コーティング（加工）◯P.213

加工　おしゃれ加工　●エナメル

215

## おしゃれ加工
## カレンダー加工
### CALENDER FINISH

### 布地の表面に上品な光沢を出す加工

**概要** 金属ローラーに布地を通して熱と圧力を加え、布地の表面をフラットでなめらかにして、光沢を与える加工。この機械を「カレンダー」といい、カレンダーに通すことを「カレンダー掛け」という。重量のあるローラーでプレスするので、表面に凹凸のある生地も圧縮して光沢を出すことができる。

**チンツ加工** カレンダー加工の1種で、布地に糊付けをしてから、加熱したローラーで圧力をかけて強い光沢を出す製法。洗濯を繰り返すことにより、この光沢が失われてしまうという難点があるため、布地に樹脂加工を施してからローラーをかけるケース（エバー・グレーズ加工）が多い。

**カレンダー加工の応用** カレンダー加工を応用したものに、模様を付けたローラーで布地をプレスし、布地全体に凹凸模様を付ける「エンボス加工」、約45度の角度で細い筋を刻んだローラーで絹のような光沢を与える「シュライナー加工」（シルキー加工の1種）などがある。

### カレンダー加工の1種、チンツ加工

チンツとはもともと、更紗（さらさ）模様をプリントしたソフトで光沢のある平織物のこと。チンツに似せた光沢を出すという意味でチンツ加工と名付けられた。

**DATA 用途**／スカート、ブラウス、ドレスなど。

**特徴** ローラーで圧力と熱をかけて布地に光沢を出す加工。

**関連** シルキー加工 ●P.210　エンボス（加工）●P.217

おしゃれ加工

# エンボス
**EMBOSSING FINISH**

**布地やフェイク・レザーの表面に凹凸模様を付ける加工**

**概要** 凹凸のあるローラーで布地をプレスし、表面に模様を型付けする加工。模様は幾何学模様やレザー調など様々。

**名前の由来** エンボス(emboss)とは、「浮き彫りにする」、「浮きあがらせる」という意味。

**製法** 凹凸の模様を付けた鋼鉄製のローラーを加熱し、これに布地を通して強くプレスし、布地全体に凹凸模様を付ける。強く押し付けられる凸部分には光沢が加わり、凹部分は光沢を出さないため、光沢の差も模様の効果として表れる。

**素材** ナイロンやポリエステルなどの合成繊維やフェイク・レザー(合成皮革)は熱可塑性があるので、この加工に適している。加工した模様は半永久的に保たれる。

綿やレーヨン、リアル・レザーなど熱可塑性のない素材の場合は、あらかじめ樹脂を付けておき、樹脂の熱可塑性を利用して加工を施す。ただし、洗濯などにより模様が徐々に消えてしまうこともある。

**エンボス加工用のローラー**
模様を浮き彫りした、エンボス・ロールと呼ばれる鋼鉄製のローラーで、浮き彫り模様を付ける。木目や波型、幾何学模様などが代表的である。

**DATA 用途**／コート、ブルゾン、ジャケット、ブラウス、ドレス、パンツ、スカート、バッグ、財布など。

**特徴** 凹凸のあるローラーで布地をプレスし、表面に模様を型付けする加工。カレンダー加工の応用ともいえる。

**関連** レザー ●P.182　フェイク・レザー ●P.184
カレンダー加工 ●P.216

加工 ● おしゃれ加工 ● エンボス

おしゃれ加工

# モアレ
### MOIRE

**波状や木目状の模様をプレスする
エンボス加工の1種**

**概要** 布地に波状や木目状の模様を付ける加工。凹凸のあるローラーで布地をプレスし、表面に模様を型付けする「エンボス加工」の1種。無地の布地でもモアレ加工を施すことによって、上品なニュアンスが出る。

**名前の由来** モアレ（moire）はフランス語で「波形紋様」の意味。

**製法** 波状や木目状の模様を彫刻したローラーを加熱し、プレスする。

**素材** ポリエステルなど熱可塑性（ねつかそせい）のある素材に施すと模様は半永久的に消えない。「ファイユ」や「グログラン」などよこ畝（うね）のある織物にモアレ加工を施すと、特に効果がある。

### ニュアンスのある
### モアレ生地
光の当たり具合によって、濃淡の畝（うね）が表れるのがわかる。

### モアレ生地の
### スリッパ
無地の布地に比べて雰囲気があり、ラグジュアリーな印象になる。

**DATA 用途**／ドレス、ワンピース、ブラウスなど。

**特徴** 布地に波状や木目状の模様を付ける加工。無地の布地にニュアンスを出すことができる。

**関連** グログラン ●P.94　ファイユ ●P.141
　　　エンボス（加工）●P.217

拡大写真

おしゃれ加工

# ちりめん・シボ
## CREPING

### 細かい縮みじわを表現する加工

**概要** 「シボ」とは、織物表面に作られる細かいしわのこと。シボを作ることにより、ざらざらした感じや立体感、さらりとした肌触りなどを生み出す。

シボのある織物は英名で「crepe（クレープ）」、和名で「ちりめん（縮緬）」や「縮み」という。

**製法** 糸の性質を利用したシボと、仕上げ加工によって作られるシボがある。

たて糸やよこ糸に強撚糸（きょうねんし）を使って織りあげた後に精練すると、強撚糸が撚（よ）りを戻そうとする力によって、シボを生み出す。

上記が本来の製法だが、凹凸のあるローラーで布地をプレスし、表面に模様を型付けする「エンボス加工」によっても作られる。最後にプレスするだけなので、強撚糸を使う製法で作ったものより比較的安価なものが多い。

**様々なシボ**
糸の使い方などによって、様々なシボができる。（上）ジョーゼットの細かいシボ。（下）楊柳（ようりゅう）クレープのたて方向のシボ。

**DATA 用途**／夏物のシャツ、ブラウス、スカート、パンツ、肌着など。

**特徴** 織物表面に細かいしわを作る加工。強撚糸の性質を利用する方法と、エンボス加工による方法がある。

**関連** 綿クレープ ○P.76　楊柳クレープ ○P.77
ちりめん ○P.144　クレープ・デ・シン ○P.145
ジョーゼット ○P.146　エンボス（加工）○P.217

加工　おしゃれ加工　●ちりめん・シボ

おしゃれ加工

# 塩縮
### えんしゅく
**SALT SHRINKING**

## 絹が塩で縮む性質を利用して
## しわの風合いを出す加工

**概要** 塩類の水溶液に布地を浸して収縮させ、凹凸やしわ（シボ）をつける加工。「リップル加工」の1種。

もともとは、絹が塩類の水溶液で収縮する性質を利用したもので、絹だけに用いられた加工法だったが、苛性ソーダを使うことで、綿を加工することもできるようになった。

**製法** 塩化カルシウムや硫酸カルシウム、苛性ソーダなどの水溶液の中に布地を浸して収縮させる。布地の一部だけに糊状の液を捺染（なっせん）して、部分的に収縮させることも多い。

その際、同時に染色も行うことで、柄物の布地の中の柄部分だけが塩縮されるといった、上の写真のような布地も作ることができる。

**リネンの塩縮加工**
麻のガーゼ織物を塩縮加工したもの。

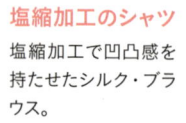

**塩縮加工のシャツ**
塩縮加工で凹凸感を持たせたシルク・ブラウス。

**DATA** 用途／ブラウス、シャツ、ワンピース、スカートなど、主に夏の衣類。

**特徴** 布地を収縮させ、凹凸やしわ（シボ）をつける加工。
**関連** ガーゼ●P.74　リネン●P.107
リップル（加工）●P.221

おしゃれ加工

# リップル
RIPPLE FINISH

## ポコポコとした凹凸感がかわいい、夏物衣類に適した意匠加工

**概要** 布地にさざ波調のしわ（シボ）や凹凸を与える加工。織物の「サッカー」や「クレープ」のようなしわを作る。リップル加工を施した布地は「リップル」と呼ばれる。「塩縮（えんしゅく）」はリップル加工の1種である。

**名前の由来** リップル（ripple）とは、「縮み」、「さざ波」という意味。

**製法** 綿やレーヨンなどの薄地織物に苛性ソーダなどの液を付着させて、強度の収縮を起こす。布地全体にしわを付けたり、糊状の液を部分的に捺染（なっせん）して、部分的に縮んだ模様を作ったりする。

**用途** 肌に触れる面積が少なく、さらりとした肌触りが得られるため、夏物の衣類に好んで用いられる。

### リップル加工のキャミソール

ポコポコとした凹凸が特徴のキャミソール。質感に表情があるうえ、さらりとした肌触りで夏物の衣類にピッタリ。

**DATA** 用途／ブラウス、シャツ、ワンピース、スカートなど、主に夏の衣類。
特徴 布地にさざ波調のしわ（シボ）や凹凸を与える加工。

**関連** 綿クレープ ●P.76　楊柳クレープ ●P.77
サッカー ●P.78　クレープ・デ・シン ●P.145
リップル編み ●P.167　塩縮（加工）●P.220

加工　おしゃれ加工　●リップル

拡大写真

おしゃれ加工

## 縮絨
### しゅくじゅう
**MILLING**

### 組織を密にして肉厚な布地を作る加工

**概要** 毛織物やニットの繊維をからみ合わせて密にする加工。布地の厚さや強度が増し、緻密になる。「縮充」とも書く。

仕立てる際に裁断や縫製がしやすくなったり、保温効果が高まるなどのメリットが得られる。表面の毛羽立ちはなめらかな感触になり、組織が均一化するため布地のゆがみを取り除くこともできる。

「メルトン」や「フランネル」のような厚手の紡毛織物を作る際に、この加工が用いられる。

強く縮絨をかけて作ったものは「フェルト」になる。フェルトの風合いはかたく、伸びにくいが、これは強い縮絨によるものである。

**製法** 布地を熱湯に浸けたり（煮絨）、高熱の蒸気を当てたりして（蒸絨）、繊維同士をからみ合わせる。毛繊維は熱や圧力をかけると互いにからみ合う性質を持つが、その性質を活かした加工法である。

**縮絨前（左）と縮絨後（右）の毛織物**

縮絨後は、繊維と繊維の隙間が詰まっているのがわかる。

**DATA** **用途**／コート、ジャケット、マフラー、ワンピースなど、冬物の衣類やフェルト製の雑貨など。

**特徴** 毛織物やニットの繊維をからみ合わせて密にする加工。厚みと強度が増し保温力も高まる。

**関連** フランネル ● P.114　　メルトン ● P.125
フェルト ● P.194

おしゃれ加工

# プリーツ
## PLEATING

### アイロン不用でプリーツを維持する便利な加工

**概要** 布地に半永久的にプリーツ（ひだ）を固定する加工。加工を施して付けられたプリーツは、ノー・アイロンで形が整い、雨に濡れたり、洗濯をしても簡単には取れない。

**製法** 樹脂や薬品を用いる方法や、合成繊維の熱可塑性を利用する方法がある。

「パーマネント・プレス加工」は、布地に樹脂を付けて乾燥させ、縫製した後プレスし、樹脂を固定させる加工法。

毛織物に用いられる「シロセット加工」は、薬剤を散布した布地に蒸気プレスを施し、プリーツを付ける。オーストラリアの羊毛研究所で開発された加工法である。

「リントラク加工」は、樹脂を布地に塗布し、折目を固める加工法。

**用途** プリーツ・スカートや、スラックスなどに多く利用される。制服には特に便利な加工法である。「イッセイ・ミヤケ」の「プリーツプリーズ」シリーズは、ポリエステルの布地全体に細かいプリーツを施し、プリーツを装飾的かつ機能的に用いたものとして有名である。

**プリーツ加工されたミニ・スカート**
学生服のようなプリーツ・スカートは、若い女性に定番の人気がある。

**DATA 用途**／スカート、スラックス、ブラウス、スカーフなど。　**特徴** 布地に半永久的にプリーツ（ひだ）を固定する加工。ノー・アイロンで便利。

おしゃれ加工

# オパール
OPAL FINISH

## 布地の一部を溶かして
## レース状の透かし模様を作る加工

**概要** 布地の繊維を溶かす薬品を捺染し、その部分をレース状に薄くして透かし模様を作る加工。「抜蝕加工」、「ケミカル・プリント」とも呼ばれる。

**製法** 2種類の繊維を使った布地に用いる加工で、どちらか一方の繊維だけを溶かす薬品（硫酸など）を捺染する。すると、その部分はもう一方の繊維だけが残るため、布地が薄くなって透かし模様ができる。

綿とポリエステル、ポリエステルとレーヨンの交織織物や混紡織物に施されることが多い。捺染する薬品の中に染料を入れて、透かし模様を作ると同時に着色することもある。

**オパール・ジョーゼット** オパール加工により透かし模様を表したジョーゼットのこと。ジョーゼットの地に半透明の模様が浮いて見える。絹とレーヨンの交織織物に、レーヨンを溶かす薬品を用いて作られる。

**オパール加工の布地**
レーヨン、ナイロン、リネンを使った布地。花柄などのプリントに重ねてオパール加工を施すことで、にぎやかな雰囲気になっている。

**DATA** **用途**／婦人用の服地、カーテンなど。
**特徴** 薬品で繊維を溶かし、透かし模様を出す加工法。
**関連** ジョーゼット ● P.146

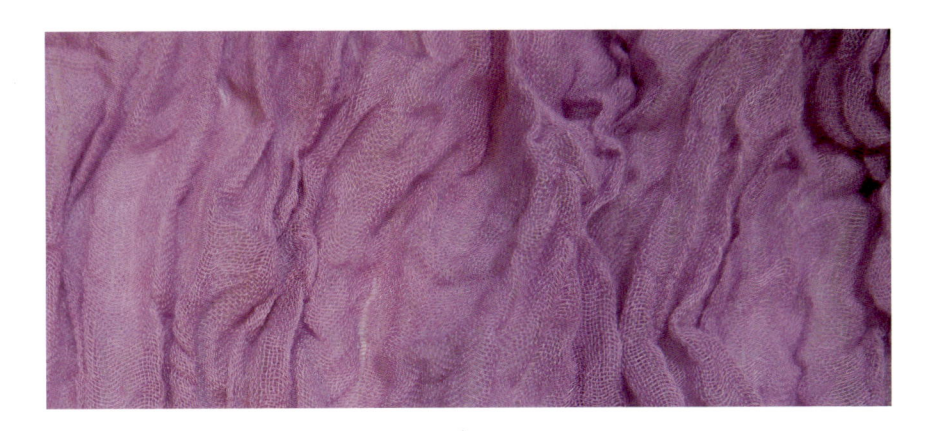

おしゃれ加工

# しわ
## CREASE FINISH

## ファッションとしての
## しわを付ける加工

**概要** 布地にしわを付ける加工。しわを布地の表面効果としてとらえ、ファッションとして楽しむための加工法である。

大きなしわから小さなしわまで様々だが、いずれも平面的な布がふんわりと立体的になり、ニュアンスが出る。

もともとしわが付いているため、洗濯などでしわが付いても気にならず、ノー・アイロンで手入れが楽。ただし、洗濯やアイロンなどによって徐々にしわは取れる。

**製法** 合成繊維の場合は、熱セット性を利用する。凹凸のあるローラーで布地にしわを付け、熱で固定して取れないようにする。

綿やレーヨンなどは樹脂を付けることによって耐久性を持たせる。

**ジグザグのしわ加工**
ジグザクのラインにしわ加工された個性的な布地。

**しわ加工のストール**
布地にしわを加えることにより、薄手の素材でもボリューム感が得られる。

**DATA 用途**／シャツ、ブラウス、ワンピース、スカート、ジャケット、パンツ、ストールなど。

**特徴** 布地にしわを付ける加工。「ワッシャー加工」も、広義ではしわ加工の1つ。

**関連** ワッシャー（加工） ●P.226

加工　おしゃれ加工　●　しわ

おしゃれ加工

# ワッシャー
WASHER FINISH

## 洗いざらし風のナチュラルな
## しわを付ける加工

**概要** 布地に洗いざらし風のしわを付ける加工。工業染色用洗浄機「Washer」を用いて加工することからこう呼ばれる。広義では「しわ加工」の1つ。

麻素材に見られる自然なしわを綿やレーヨンなどで表現したり、しわを強調した効果を出すために用いられる。

もともと、染色工程では最後にすすぎ洗いをするが、その際、必然的にしわができる。そのしわを消さずにデザインとして残したものである。

デザイン的な効果を持たせると同時に、布地の欠点を目立ちにくくし、洗濯による収縮を少なくさせるなどのメリットがある。もともとしわが付いているデザインのため、ノー・アイロンで着られる。

ただし、布地の繊維の種類によっては、加工を施しても洗濯などでしわが取れやすいものもある。

**製法** 洗浄機(Washer)に布地を入れ、回転させながらもみ洗いする。

**ウォッシュ加工との違い**「デニム」によく施される「ウオッシュ加工」は、すすぎ洗いで色落ちや風合いをよくするための加工であり、しわを付けるための加工ではない。

**用途** 軽やかで涼しげなイメージから、春や夏のファッションに取り入れられることが多い。特にシャツ、ブラウス、ワンピースなどに多く用いられる。

---

**DATA** **用途**／シャツ、ブラウス、ワンピースなど、春物や夏物の衣類。

**特徴** 布地に洗いざらし風のしわを付ける加工。
**関連** デニムの加工 ●P.208　しわ（加工）●P.225

拡大写真

おしゃれ加工

# フロック
## FLOCKING

### 毛羽を接着して
### ベルベットのような質感を出す加工

**概要** 布地の表面にフロック（0.1〜数mmの毛羽）を付着・固定させる加工。「ベルベット」や「スエード」のような外観と肌触りになる。ベルベットでは不可能な複雑な柄も、フロック加工では可能になる。

接着剤で毛羽を固定するため、摩擦や洗濯などによって毛羽が取れやすいのが欠点。

**名前の由来** フロック（flock）は「毛くず」、「毛羽」という意味。

**別名** 「フロッキー加工」、「電着加工」、「植毛加工」、「電気植毛」、「静電植毛」などとも呼ばれる。部分的に植毛して柄を作ったものは「フロック・プリント」、「電着捺染（でんちゃくなっせん）」と呼ばれる。

**製法** 布地にあらかじめ接着剤を塗布した後、静電気を帯電させることによって、毛羽を垂直の状態で接着させる。毛羽はナイロン製のものが多い。

**フロック加工が施されたロゴTシャツ**
ロゴ部分がフロック・プリントのTシャツ。普通のプリントと比べると立体感が出るのが特徴。

**DATA** 用途／ジャケット、ワンピース、ドレス、Tシャツ、カットソー、ストール、靴など。

**特徴** 布地の表面に毛羽を付着・固定させる加工。ベルベットのような質感が得られる。

**関連** ベルベット ● P.149

加工　おしゃれ加工　●フロック

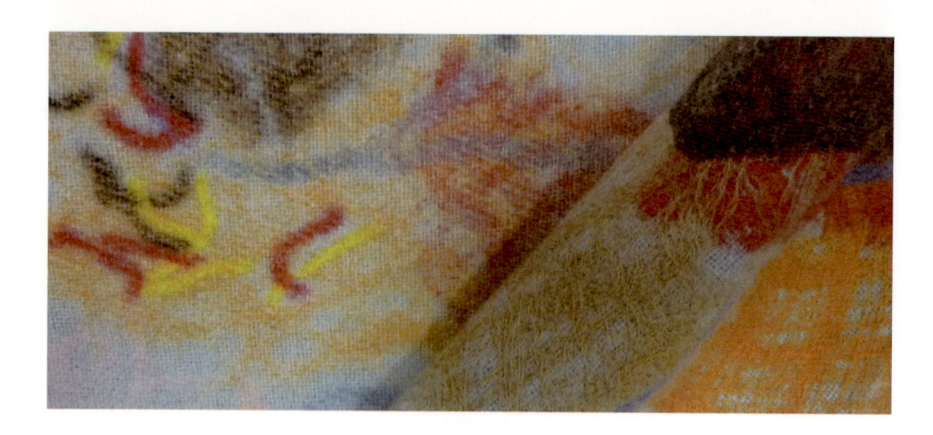

おしゃれ加工

# ニードル・パンチ
### NEEDLE PUNCH

## 布地に針で柄出しをする
## デザイン性の高い加工

**概要** 布地と布地（またはフェルトや真わたなどの素材）を重ねてから針（needle）で刺し込み、柄を出す加工。

縫糸を使わずに布地を一体化できるとともに、絵画やコラージュのような柄を表現できる。ファッション性、デザイン性が高く、洋服から小物まで多く取り入れられている。

ほつれにくく、裁断が簡単なのも利点。ただし、針で叩くため布地を痛めやすいという面もある。

**製法** もともと手芸刺繍の技法として一般的で、手芸では布地の上に短い繊維を乗せて針で刺し、中で繊維をからませて柄を作る。

テキスタイルの分野では、布地を重ね合わせ、針を刺すことで下の布地の繊維を上の布地の表面に引っ張り上げて柄を作る。

**不織布の工程** 不織布(ふしょくふ)の製作過程で、繊維の薄いシートを重ね合わせ、多数の針で刺してフェルト状にする工程のことも「ニードル・パンチ」という。カーペットや使い捨てのおしぼりなどに使われている。

**ニードル・パンチの作品**
まるで絵画のような細かいデザインを、糸による刺繍とは異なる立体感で表現することができる。

**DATA** **用途**／装飾性の高い衣類全般のほか、マフラー、ポーチなどの小物など。

**特徴** 2種類の布地を重ねて針で刺し、柄を出す加工。
**関連** フェルト ● P.194

おしゃれ加工

# ラメ
## LAME

## キラキラ光るラメを
## 布地に貼り付ける加工

**概要** 粉状にした金属を布地に貼り付ける加工。金属が光を反射してキラキラと輝き、華やかな印象を与える。

ラメの大きさや厚さには幅があり、大きめの厚いラメを貼り詰めるとゴージャスな印象に、細かなラメを散らすと繊細な印象になる。

**製法** アルミなどの金属を着色した後、粉状にする。布地にあらかじめ接着剤を柄状に塗布した後、金属粉を貼り付ける。

**ラメ・クロスとの違い** ラメ糸で織ったり編んだりして作った布は「ラメ・クロス」と呼ばれ、ラメを貼り付ける加工とは異なる。

またラメ・クロスと違い、ラメ加工は部分的にラメを貼り付けたり、様々な色のラメを自由に使って模様や文字を作ることができる。ただし洗濯や摩擦などでラメが取れやすいのが欠点。

**箔加工との違い** 「箔加工」は膜状の金属を貼り付けるもの。ラメ加工は粉状にして貼り付ける。

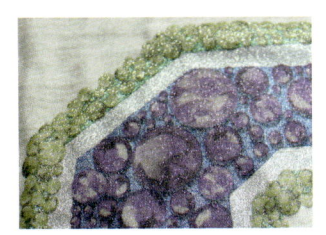

**様々な色を使ったラメ加工**
イエロー、シルバー、パープルなどのラメを使って華やかに仕上げている。

**DATA** 用途／Tシャツ、ジーンズ、ドレス、靴、バッグなど。
**特徴** 粉状にした金属を布地に貼り付ける加工。
**関連** ラメ・クロス ○P.151　箔（加工）○P.214

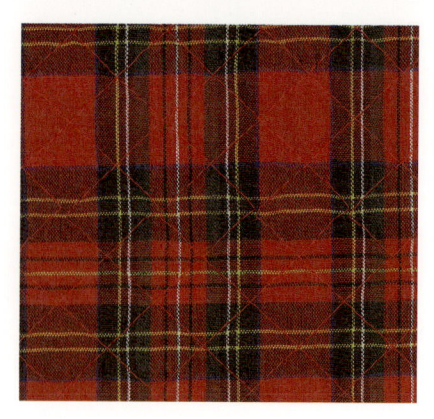

## おしゃれ加工
### タック
TUCK

**装飾や立体感を作るためのひだを作る加工**

**概要** 布地の一部をつまんで留めることで、ひだを作る加工。ドレスの装飾や、布地を体に沿わせるため、布の丈や幅を縮めるために用いられる。

**類似加工との違い** 「ダーツ」も布地を立体化するための加工法だが、つまんだ部分を縫い消すのが特徴。タックは布地を留めるだけで、つまんだ部分はひだとして残る。

「プリーツ」は縫目から裾までひだがあるが、タックは縫目部分のみにひだがある。

**DATA**
- **用途**／ブラウス、シャツ、スカート、スラックス、ドレスなど。
- **特徴** 布地の一部をつまんで留め、ひだを作る加工。
- **関連** プリーツ（加工） ●P.223

## おしゃれ加工
### キルティング
QUILTING

**2枚の布地の間に中わたや芯を入れ保温性を高める加工**

**概要** 2枚の布地の間に中わたや芯などを入れ、中の素材が移動しないように重ねて縫い合わす加工。保温効果が得られる。単に「キルト」ともいう。ステッチを工夫して装飾性を高めたものもある。

**歴史** 古代エジプトで、鎧（よろい）の下に身に着けるものとして作られたのが発祥といわれる。

16世紀にポルトガルがインドから絹糸で刺したキルティングの掛布団を輸入して以来、17〜18世紀のヨーロッパで流行し、精巧なキルティングが作られるようになった。

**DATA**
- **用途**／コート、ジャケット、スカート、バッグ、防災頭巾、座布団、布団など。
- **特徴** 2枚の布地の間に中わたや芯などを入れ、重ねて縫い合わす加工。
- **関連** 保温加工 ●P.205

# 柄
がら
PATTERN

無地の布地に対し、色柄のあるものを「柄物」という。柄は、先染め糸などを用いて織ったり編んだりしてできるストライプやチェックと、花柄などプリントによってできるものがある。各地の伝統的な柄もあり、ファッションに欠かせないものだ。

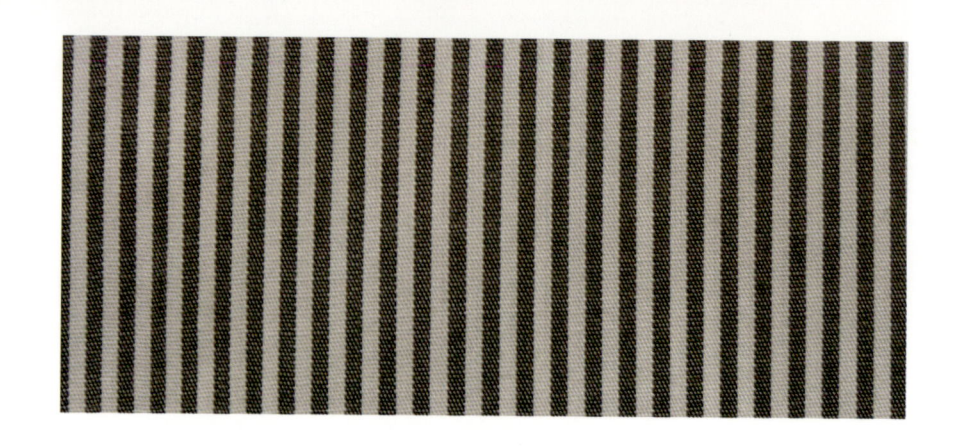

## 縞
# ストライプ
### STRIPE

### 古くから愛される ポピュラーな柄

**概要** 縞模様のこと。2本以上の平行する縞で構成された柄の総称。

縞の方向はたて、よこ、斜めと様々あるが、日本では特にたて縞を「ストライプ」、よこ縞を「ボーダー」と呼んで区別することが多い。英語ではたて縞もよこ縞も「stripe」と呼ぶ。

**日本語の「縞」** 最近では縞とストライプは同義語として使われるが、元来、日本語で「縞」という場合は、ストライプに加えてチェックも含み、「格子縞(こうしじま)」と呼ぶ。英語では「stripe」と「check」で区別している。

もともと日本には「縞」という呼称はなく、「筋」や「段」(太いよこ縞)、「間道(かんとう)」(中国などから伝えられた縞柄の織物)などと呼んでいた。16世紀半ばから南蛮船で海外から縞模様の布地が多くもたらされ、それらが「島渡り」、「島物」と呼ばれたことから、転じて「縞」となったといわれている。

江戸中期以降、綿の流通とともにたて縞が人気となった。「縞」という字には「上質の白い綿」という意味もある。

**歴史** ストライプは古くから、どの国においても使用されたポピュラーな柄である。

はっきりとした色の対比は目立つため、かつては囚人服の柄として用いられたり、仲間を見分けやすいように船乗りの服の柄として用いられたこともある。

「ベンガル・ストライプ」や「ロンドン・ストライプ」などは、発祥地やゆかりの深い土地の名を冠したストライプである。16世紀の英国の近衛連隊の旗に由来する「レジメンタル・ストライプ」や、欧米で肉屋(butcher)のエプロン柄として定番だった「ブッチャー・ストライプ」など、その国の伝統や歴史を感じさせるストライプも多くある。

## ● 縞の太さによるストライプの種類

**ヘアライン・ストライプ**
髪の毛 (hair) のような極細のストライプ。

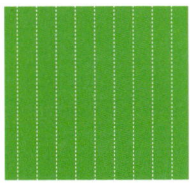

**ピン・ストライプ**
針 (pin) で描いたような細いストライプ（● P.234）。

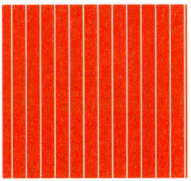

**ペンシル・ストライプ**
鉛筆 (pencil) で描いたようなストライプ（● P.234）。

**チョーク・ストライプ**
濃色地に白のチョークで描いたような、ぼやけた感じのストライプ（● P.235）。

## ● 縞の配列によるストライプの種類

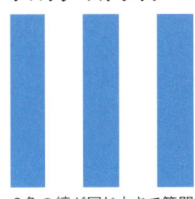

**ブロック・ストライプ**
2色の縞が同じ太さで等間隔に配置されているストライプ（● P.235）。

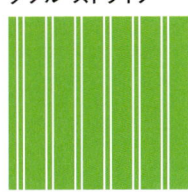

**ダブル・ストライプ**
細い縞が2本ずつまとまって並んでいるストライプ（● P.236）。

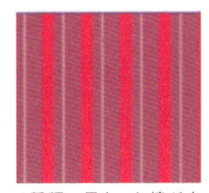

**オルタネート・ストライプ**
2種類の異なった縞が交互に並ぶストライプ（● P.237）。

**マルチ・ストライプ**
複数の色で構成されたストライプ（● P.238）。

## 縞の幅、色、織り方……多岐にわたるストライプの種類

**種類** 縞の幅や織り方、縞の配置の仕方、色の使い方などによって様々なストライプがある。

極細のストライプは「ヘアライン・ストライプ」や「ピン・ストライプ」と呼ばれる。反対に、極太のストライプは「ブロック・ストライプ」や「ジャイアント・ストライプ」と呼ばれ、縞の太さによって印象は大きく異なる。

また、縞の太さが不規則だったり、縞が直線ではなく波状の「よろけ縞」などもあり、ストライプの種類は非常に多い。

**織柄のストライプ** 布地が織りあがった後に捺染(なっせん)して作るストライプではなく、先染(さきぞ)め糸を使って織ることでストライプを作るものもある。「チョーク・ストライプ」や「サテン・ストライプ」などがそれである。

**配色** 白×赤など、白を含めた2色のストライプが基本だが、3色以上の色を使うカラフルなストライプもある。「マルチ・ストライプ」などがそれである。

---

**DATA** 用途／シャツ、ジャケット、スーツ、スカート、Tシャツ、カット・ソーなどの服地全般のほか、インテリア用品など多種多様。

**特徴** 縞模様のこと。2本以上の平行する縞で構成された柄。多くの種類がある。

**関連** サテン・ストライプ ● P.102
様々なストライプ ● P.234〜　ボーダー ● P.240
間道柄 ● P.296　立湧縞 ● P.295
滝縞 ● P.295　よろけ縞 ● P.296

柄　縞 ● ストライプ

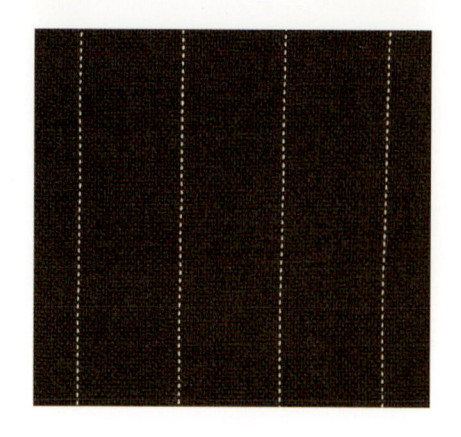

## ピン・ストライプ
### PIN STRIPE
（縞）

**針で描いたような極細ストライプ**

**概要** 針（pin）の先で描いたような、極細のストライプ。細かい点線のたて縞のことも指す。洗練されたシャープなイメージだが、控えめで着こなしやすく、ポピュラー。縞の間隔は2cmくらいのものが多い。

**配色** 無地の濃い地に、白か淡い色の縞という配色が一般的。反対に、淡い地に濃い色の縞の場合もある。

**別名** 「ピンヘッド・ストライプ」、「ピン・ドット・ストライプ」、「ドッテッド・ストライプ」などとも呼ばれる。

**DATA** 用途／ジャケット、シャツ、スーツ、パンツ、スカートなど。
**特徴** 針（ピン）の先で描いたような、極細の縞。
**関連** ストライプ ● P.232

## ペンシル・ストライプ
### PENCIL STRIPE
（縞）

**鉛筆で描いたような細いストライプ**

**概要** 鉛筆（pencil）の尖った芯で描いたような、くっきりとした細いストライプ。「ピン・ストライプ」よりは太く、「チョーク・ストライプ」よりは細い。チョーク・ストライプよりも輪郭がはっきりしているのも特徴。縞は0.5〜1cmくらいの間隔で並ぶ。

細いがピン・ストライプよりは目立ち、ややカジュアルなイメージがある。スーツやドレス・シャツの柄として知られる。

**配色** 濃い地に淡い色の縞、淡い地に濃い色の縞、どちらもある。

**DATA** 用途／ジャケット、シャツ、スーツ、パンツ、スカートなど。
**特徴** 鉛筆（ペンシル）の尖った芯で描いたような、くっきりとした細いストライプ。
**関連** ストライプ ● P.232　チョーク・ストライプ ● P.235

縞

# チョーク・ストライプ
## CHALK STRIPE

### チョークで描いたような
### やわらかいストライプ

**概要** 白墨（chalk）で描いたような、輪郭がぼやけた感じのストライプ。「ペンシル・ストライプ」よりは縞が太い。縞の幅は約2mm、縞の間隔は1.5〜2cmくらいが一般的。

**配色** 黒、紺、茶などの地に、淡い色の縞が入るものが多い。

**用途** 暖かみのある雰囲気から、秋冬の服地に使われることが多い。特に「フランネル」生地のスーツで、チョーク・ストライプのものがよく知られる。

**DATA 用途**／ジャケット、スーツ、パンツ、スカートなど、秋冬の厚手の服地。
**特徴** 白墨（チョーク）で描いたような、輪郭がぼやけた感じのストライプ。
**関連** フランネル ●P.114　ストライプ ●P.232　ペンシル・ストライプ ●P.234

---

縞

# ブロック・ストライプ
## BLOCK STRIPE

### 同じ幅の縞が並ぶ
### 夏らしいストライプ

**概要** 縞の幅と、縞と縞の間隔が、等幅になっている太めのストライプ。大胆でシンプルなストライプである。

**別名** ビーチ・パラソルや日除け用のテントに多く使われることから、「日除け縞」、「オーニング・ストライプ」（「auning」とは「日除け」の意味）とも呼ばれる。和名では「棒縞（ぼうじま）」という。

**配色** 白地に赤や青、緑の縞など、夏らしいさわやかな配色が多い。そのほか、赤×黒などの派手な配色も見られる。

**DATA 用途**／Tシャツ、シャツ、スカート、ワンピースなどの夏物の衣類のほか、パジャマ、ビーチ・パラソル、テントなど。
**特徴** 縞の幅と、縞と縞の間隔が、等幅になっている太めのストライプ。
**関連** ストライプ ●P.232

柄

縞 ●チョーク・ストライプ／ブロック・ストライプ

縞

## ダブル・ストライプ
### DOUBLE STRIPE

縞

## トリプル・ストライプ
### TRIPLE STRIPE

### 2本ずつの縞が並ぶストライプ

**概要** 細い縞が2本ずつまとまって並んでいるストライプ。縞が1本ずつの「シングル・ストライプ」に対してこう呼ぶ。

**トラック・ストライプ** ダブル・ストライプの中で、2本の縞の間隔がやや広いものは、轍（わだち）や線路を指す「track」から「トラック・ストライプ」と呼ばれる。

**配色** 淡い地に濃い色の縞が2本並ぶ配色は、シャツなど薄手の服地に多い。濃い地に淡い色の縞が2本並ぶ配色は、スーツやジャケットに多い。

**DATA 用途**／シャツ、ブラウス、スーツ、ジャケット、パンツ、スカートなど。
**特徴** 細い縞が2本ずつまとまって並んでいるストライプ。
**関連** ストライプ ● P.232

### 3本ずつの縞が並ぶやや華やかなストライプ

**概要** 細い縞が3本ずつまとまって並んでいるストライプ。「ダブル・ストライプ」よりも1本縞が多い分、やや華やかな印象がある。

**別名** 「トリプルバー・ストライプ」ともいう。和名では「三筋（みすじ）」、「三筋立（みすじだて）」、「三本縞」などと呼ばれ、江戸小紋でも人気の柄である。

**配色** 淡い地に濃い色の縞が2本並ぶ配色は、シャツなど薄手の服地、濃い地に淡い色の縞が2本並ぶ配色は、スーツやジャケットに多く使われる。

**DATA 用途**／シャツ、ブラウス、スーツ、ジャケット、パンツ、スカートなど。
**特徴** 細い縞が3本ずつまとまって並んでいるストライプ。
**関連** ストライプ ● P.232　江戸小紋 ● P.286

## オルタネート・ストライプ
### ALTERNATE STRIPE

**毛織物に用いられることが多い、2種類の縞が入るストライプ**

**概要** 2種類の異なった縞が交互に並ぶストライプ。オルタネート（alternate）とは「交互」、「互い違いの」という意味である。

2種類の縞は色だけでなく、幅や織組織も違う場合がある。

縞部分に異なる色糸を使って織ることもあり、スーツなどの毛織物の柄として多く用いられる。

**配色** 白地に赤とブルー、青地にイエローと紺などの配色がよく見られる。スーツの場合は地が濃色のものが多い。

DATA **用途**／シャツ、ブラウス、スーツ、ジャケット、パンツなど。
**特徴** 2種類の異なった縞が交互に並ぶストライプ。
**関連** ストライプ ● P.232

## キャンディー・ストライプ
### CANDY STRIPE

**鮮やかな色と白の2色で構成されるストライプ**

**概要** 白と、赤や緑などの明るい鮮やかな色を使った等幅のストライプ。西洋菓子の棒状のキャンディーにこのような模様が見られるところからこう呼ばれる。

パステル・カラーで構成される多色使いの「マルチ・ストライプ」も、キャンディー・ストライプと呼ばれることがある。

**用途** 軽やかで明るい印象から、夏用のYシャツやブラウス、ワンピース、スカートなどに多く用いられる。

DATA **用途**／婦人用ブラウス、ワンピース、スカートなど夏物の衣類や子供服など。
**特徴** 白と明るい鮮やかな色を使った等幅のストライプ。
**関連** ストライプ ● P.232　マルチ・ストライプ ● P.238

## マルチ・ストライプ
### MULTI STRIPE

**多色使いの華やかなストライプ**

**概要** 多色使いのストライプ。「マルチカラー・ストライプ」ともいう。配色はバリエーション豊かである。また、様々な太さの縞を持つストライプを指す場合もある。

**種類** 「ベンガル・ストライプ」は、赤味を帯びた茶色（弁柄色）を中心に赤や紫などで構成されるエキゾチックなストライプ。「ロマニー・ストライプ」（ジプシー・ストライプ）は、ロマ民族が好んで用いたストライプで、赤、紫、青、緑、黄などの鮮やかな多色で構成される。

**DATA** 用途／シャツ、スカート、ワンピース、ストール、バッグなど。
**特徴** 多色使いのストライプ。様々な太さの縞を持つストライプを指す場合もある。
**関連** ストライプ ●P.232

## ファンシー・ストライプ
### FANCY STRIPE

**通常のストライプの枠に収まらない変わり縞**

**概要** ファンシー（fancy）は「装飾の多い」、「風変わりな」という意味。不規則なストライプや、花柄で縞を表したものなど、特別な名称を持たない変わり縞の総称である。

縞の幅も一定ではなく、多色使いのカラフルなものが多い。フォーマルなスーツなどに使われる、おとなしい色使いのストライプでも、縞のデザインなどが変わっているとファンシー・ストライプと表現することがある。

**用途** エスニック・テイストのファッションや、ストール、靴下、小物など。

**DATA** 用途／ワンピース、スカート、Tシャツ、カット・ソー、ストール、靴下、ストッキング、バッグなど。
**特徴** 特別な名称を持たない、変わり縞。
**関連** ストライプ ●P.232

## 縞
### レジメンタル・ストライプ
### REGIMENTAL STRIPE

**英国の近衛連隊から生まれた、由緒正しきストライプ**

**概要** 太めの斜めの縞で、多色使いのストライプ。レジメンタル（regimental）とは英国の近衛連隊のことで、連隊の旗に使われていた柄だった。ネクタイの柄としてよく知られ、「クラブ・ストライプ」とも呼ばれる。

縞の方向は右上がり、左上がり、どちらもあるが、右上がりが本場英国式。

**配色** もともとは、所属する連隊によって配色や縞の幅まで細かく決められていたが、現在では似たようなデザインのものまで含み、細かい決まりはない。

**DATA** 用途／主にネクタイ。
**特徴** 太めの斜めの縞で、多色使いのストライプ。
**関連** ストライプ ● P.232

## 縞
### ジャカード・ストライプ
### JACQUARD STRIPE

**ジャカード織りやジャカード編みで作られるストライプ**

**概要** ジャカード織機やジャカード編み機で作られる織柄や編柄のストライプ。

単純なストライプもあるが、花柄など複雑な模様が含まれているものもある。

**別名** 「模様がある」という意味の「figuad」から、「フィギュアード・ストライプ」とも呼ばれる。

**ドビー・ストライプとの違い** ドビー織機で作られた「ドビー・ストライプ」も、同じ織柄であるが、ジャカード・ストライプの方が複雑で大きな模様が作れる。

**DATA** 用途／シャツ、ニット、カット・ソー、ストール、ネクタイ、カーテンなど。
**特徴** ジャカード織機やジャカード編み機によって作られるストライプ。
**関連** ジャカード・クロス ● P.151　ジャカード編み ● P.168　ストライプ ● P.232　ジャカード柄 ● P.270

縞

# ボーダー
BORDER

**よこ方向の縞模様。**
**「ボーダー」は日本独自の呼び名**

**概要** よこ方向の縞模様のこと。英語ではたて縞もよこ縞も「stripe」だが、日本では特にたて縞を「ストライプ」、よこ縞を「ボーダー」と呼んで区別することが多い。

**名前の由来** なぜ日本で「ボーダー」と呼ぶようになったかは諸説あるが、もともとボーダー(border)はヘリや縁を指す言葉で、テキスタイルではプリント柄や織柄を布の縁だけにつなげてあしらったものや、レースの裾部分のよこ方向の柄を指すことが関連するといわれている。

「水平の」という意味の「ホリゾンタル・ストライプ」、「横切る」という意味の「クロス・ストライプ」ともいう。

**歴史** ストライプと同様、古くから使用されたポピュラーな柄で、かつては囚人服や船乗りの服の柄として用いられたこともある。

日本ではたて縞のストライプが江戸時代から人気だったが、よこ縞のボーダーを着るようになったのは近年で、伝統的な日本柄によこ縞はほとんど見られない。

**ボーダー・レース**
布地の端だけにカット・ワークや刺繍をあしらったものを「ボーダー・レース」という。こうした背景から日本ではよこ縞をボーダーと呼ぶようになったのかもしれない。

**DATA** **用途**／Tシャツ、カット・ソー、ワンピース、水着、小物など。

**特徴** よこ方向の縞模様。よこ縞を「ボーダー」と呼んで区別するのは日本独自のもの。

**関連** ストライプ ○P.232　マリン・ボーダー ○P.241
トリコロール・ボーダー ○P.241

## マリン・ボーダー
**縞**
MARINE BORDER

## トリコロール・ボーダー
**縞**
TRICOLOR BORDER

### 船乗りの制服に使われた爽やかなボーダー

**概要** 船乗りの制服に使われたボーダー。カジュアルなファッションには定番の柄で、特にマリン・ルック（水兵をテーマにしたファッション）には欠かせない柄である。

**別名** 「パイレーツ・ボーダー」、「海賊縞」とも呼ばれる。

**配色** 紺×白、青×白、黒×白、赤×白の配色が多い。特に紺×白の配色が代表的。縞の幅は等幅が基本だが、等幅でなくても、このような配色のものはマリン・ボーダーと呼ばれる。

DATA **用途**／Tシャツ、カット・ソー、ワンピース、水着、小物など。
**特徴** 船乗りの制服に使われたボーダー。紺×白の配色が代表的。
**関連** ボーダー ● P.240

### フランスの国旗と同じ配色のボーダー

**概要** 青、白、赤の3色からなるボーダー。同じ配色のたて縞（ストライプ）もある。

　本来は青、白、赤の配色だが、配色が異なっていても3色の構成ならばトリコロールと呼ぶことがある。

**名前の由来** トリコロール（tricolor）はフランス語で「三色旗」という意味で、フランス国旗を指す。つまり、フランス国旗の3色を使った縞のことである。フランス国旗はたて縞だが、ファッションではよこ縞で使われることも多い。

DATA **用途**／Tシャツ、カット・ソー、ワンピース、水着、小物など。
**特徴** フランス国旗と同じ配色の、青、白、赤からなるボーダー。
**関連** ストライプ ● P.232　ボーダー ● P.240

格子

# チェック
### CHECK / PLAID

**トラッドからガーリーまで
男女ともに人気が高い伝統柄**

**概要** 格子柄のこと。たて縞とよこ縞が規則的な間隔で交差していることから、「格子縞(こうしじま)」とも呼ばれる。

アイビー・ルックからアメリカン・カジュアル、ガーリー・スタイルまで幅広く表現できることから、性別、年齢を問わず世界中で愛用されている。とりわけ英国的なトラディショナル・スタイルには欠かせないモチーフである。

**種類** チェックには様々な種類がありバリエーションも豊富だが、大きく分けると、たてとよこに縞や筋を交差させ格子柄にした「プレイド(プラッド)」と呼ばれるものと、四角形を組み合わせて格子柄にした「チェック」、「チェッカー」と呼ばれるものに分類される。

プレイドの代表的なものには、複数の色を使って幅広の縞と細い縞を組み合わせた「タータン・チェック」が最も有名である。ほかにも、2色の細い縞を交互に配置した「タッターソール・チェック」、小さい格子柄の上に大柄の格子を配した「オーバー・チェック」、菱形格子が連続している柄の上に斜めに細い縞が入った「アーガイル・チェック」、小さな格子柄を組み合わせることで大きな格子柄を構成する「グレン・チェック」など多数ある。

四角形を組み合わせたチェックを代表する柄には、2色の正方形を交互に配した碁盤の目のような「ブロック・チェック」、菱形を密に並べて構成した「ダイヤモンド・チェック」、濃淡2色で構成し、犬の牙に似ていることからその名がついた「ハウンド・トゥース・チェック」などがある。日本では、ブロック・チェックは「市松文様(いちまつもんよう)」、「元禄文様(げんろくもんよう)」と呼ばれ、ハウンド・トゥース・チェックは、千鳥が飛ぶ様子に見えることから、「千鳥格子(ちどりごうし)」と呼ばれている。

英語ではプレイドとチェックは使い分けられて

## ● 縞を交差させた格子柄（プレイド）

**タータン・チェック**
様々な色と幅の縞を直角に交差させた格子柄（◎P.244）。

**タッターソール・チェック**
2色の細い縞が交差する格子柄（◎P.248）。

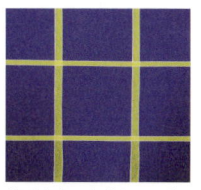

**ウィンドーペーン**
縞が直角に交差し、ほぼ正方形の四角形を作る格子柄（◎P.249）。

**ギンガム・チェック**
先染めの色糸と白糸で織って作る小さめの格子柄（◎P.250）。

## ● 四角形を組み合わせた格子柄（チェック）

**ブロック・チェック**
2色の四角形が碁盤の目のように並ぶ格子柄（◎P.251）。

**ダイヤモンド・チェック**
菱形が並ぶ格子柄。「アーガイル・チェック」も、ダイヤモンド・チェックの1種（◎P.252）。

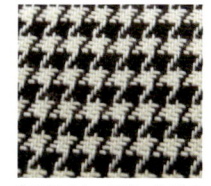

**千鳥格子（ちどりごうし）**
柄の1つ1つが尖った形の格子柄。別名「ハウンド・トゥース」（◎P.246）。

**市松文様（いちまつもんよう）**
濃淡2色の四角形が碁盤目状に並んだ格子柄（◎P.291）。

いることが多いが、日本ではプレイドも含めてチェックとするのが一般的である。

**歴史** チェックはイギリス発祥のものが多く、なかでもタータン・チェックは、スコットランドの民族衣装にも使われる伝統的な柄である。

古くはclan（クラン）と呼ばれる氏族制度を形成していた時代に、各氏族や一族を表すものとして、固有のタータン・チェック（クラン・タータン）を身に着け、結束を強めるシンボル的な役割を持っていた。また、そのパターンには地位や身分によって違いがあり、地位が高いほど色柄が豊富で複雑なパターンを身にまとうことができる

など、社会や文化と密接に結びついていたのである。

**ブリティッシュ・ファッション** イギリスのデザイナーは、自国の伝統的なチェック柄を現代的にアレンジしたファッションを多く発表している。なかでも「ヴィヴィアン・ウエストウッド」は、クラシカルなチェックにパンク・テイストを融合させたアヴァンギャルドなデザインで日本にもファンが多い。「バーバリー」や「アクアスキュータム」などのブランドは、独自のパターン（ハウス・チェック）を開発し、ブランド・イメージの象徴としている。

---

**DATA 用途**／シャツ、ジャケット、パンツ、スカート、コート、マフラー、ストールなど衣類全般のほか、小物、インテリア用品など多種多様。

**特徴** 格子柄のこと。多くの種類がある。和名で「縞」という場合、広義では格子も含まれる。

**関連** ストライプ ◎P.232　様々なチェック ◎P.244～

柄　格子 ● チェック

格子

# タータン・チェック
## TARTAN CHECK

## 世界中で愛される、スコットランドの伝統柄

**概要** 様々な色と幅の縞を直角に交差させた格子柄。色数が豊富で、格子は大きめ。単に「タータン」とも呼ばれ、織物そのものを指すこともある。

正式には、スコットランドのタータン協会に認可されたもののみを指すが、似た感じのチェックもこう呼ばれる。

**歴史** 13世紀頃にスペインで織られていた「チリタナ」という小さな格子柄の織物が起源であるといわれる。このチリタナがスコットランドに渡って発展し、梳毛(そもう)織物の伝統的な織柄として16世紀から愛用された。貴族たちは家門の紋章や飾章として特有の柄を持つようになり、キルト(スカートの1種)やプラッド(肩掛けの1種)に用いた。

**種類** それぞれの柄は、スコットランドのclan(氏族)を表し、「クラン・タータン」とも呼ばれる。クラン・タータンは170以上もの柄があるといわれ、ゴードン家のタータンは「ゴードン」、スチュワード家のタータンは「スチュワード」というように、家名がそのまま柄名になっている。

### 多くの種類があるタータン・チェック

クラン・タータンとは別に、近年になって生み出された「モダン・タータン」もあり、タータン協会には数多くのタータンが認可されている。

**DATA 用途**／学生服、ジャケット、パンツ、スカート、ストール、マフラーなど。

**特徴** スコットランドで発展した伝統的な格子柄。数多くの種類がある。
**関連** チェック ● P.242

格子

# ランバージャック・チェック
## LUMBERJACK CHECK

**働く男たちの服に使われた
カジュアルな格子柄**

**概要** 色地に黒の幅広の縞が直角に交差する、大柄の格子柄。

**配色** 赤×黒、青×黒、緑×黒、黄×黒などの配色が多い。

**名前の由来** ランバージャック（lumberjack）とは「木材伐採人」、「樵(きこり)」という意味。アメリカやカナダの木材伐採人が着ていた、コートやジャケット、ワーク・シャツのことを、彼らの呼び名にちなんでランバージャックと呼び、それらに用いられる格子柄をランバージャック・チェックと呼ぶようになった。

**別名** 西部開拓時代、バッファロー狩りを行うカウボーイや森林労働者などの服の柄にも使われたため、「バッファロー・チェック」ともいう。和名では「弁慶格子(べんけいごうし)」。

**用途** 厚手のシャツ（ランバージャック・シャツ）や、ジャケット（ランバージャック・ジャケット）など、起毛した毛織物で作られる服の柄として使われることが多い。

**カジュアル・シャツ
の定番柄**
カジュアルなアウトドア・シャツに多く用いられる。

**DATA 用途**／シャツ、ジャケット、コート、アウトドア・ウエアなど。

**特徴** 色地に黒の幅広の縞が直角に交差する、大柄の格子柄。アメリカやカナダの木材伐採人が好んだ柄である。

**関連** チェック ○P.242

柄

格子 ●ランバージャック・チェック

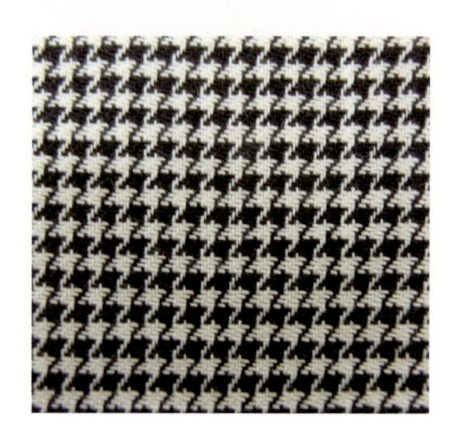

## 格子
### シェパード・チェック
**SHEPHERD CHECK**

### 対照的な2色の色糸で作られるスポーティーなイメージの格子柄

**概要** 白と黒など対照的な2色で、斜文織り、もしくはなな織りした格子柄。たて・よこが一定間隔（約6mm）に配され、濃色の中に白の斜線が見えるのが特徴。

**配色** 黒×白の定番配色のほか、、茶色×白、紺×白、青×白、深緑×白の配色も多い。

**名前の由来** シェパード（shepherd）とは羊飼いのこと。スコットランドの羊飼いがこの柄を愛用したことから。和名では「小弁慶（こべんけい）」。

**用途** ジャケット、帽子など、スポーティーな装いの柄として多く使われる。

- **DATA 用途**／ジャケット、ベスト、シャツ、ワンピース、スカート、パンツ、マフラーなど。
- **特徴** 対照的な2色の色糸で、斜文織りもしくはなな織りして作られる格子柄。
- **関連** チェック ● P.242

## 格子
### 千鳥格子（ちどりごうし）
**HOUND'S TOOTH**

### 別名「ハウンド・トゥース」。ジャケットやコートによく使われる

**概要** 柄の1つ1つが尖った形の格子柄。配色は黒×白、茶色×白の組み合わせが多い。

英国伝統の毛織物の柄の1つで、現在でもウールのジャケットやコート、スーツなどに多く見られる。

**名前の由来** 1つ1つが千鳥の飛ぶ様に似ていることからこう呼ばれる。

英語では、猟犬の牙に見立てて「haund's tooth（ハウンド・トゥース）」、フランス語では鳥の足を意味する「pied de poule（ピエ・ド・プール）」と呼ばれる。

- **DATA 用途**／ジャケット、コート、スーツ、手袋など。
- **特徴** 柄の1つ1つが尖った形の格子柄。英国伝統の毛織物の柄の1つ。
- **関連** チェック ● P.242

## 格子

# グレン・チェック
### GLEN CHECK

**エドワード7世にも愛された伝統的な格子柄**

**概要** 千鳥格子や細いストライプなど4種類の柄の四角形を交互に配し、大きな格子柄を構成したもの。

**名前の由来** スコットランドの渓谷Glenurquhart（グレナカート）で織られていたことから。そのため、正式には「グレナカート・チェック」という。

**配色** もともとは青と白の色糸を使って、斜文織りやななこ織で作られた。現在では黒×白の配色が多い。そのほか、グレー×白、茶色×白などの配色も見られる。

**別名** イギリス王エドワード7世が皇太子時代にこの柄を好んだことから、「Prince of Wales（プリンス・オブ・ウェールズ）」（英国皇太子の称号）とも呼ばれる。これは正確には、グレン・チェックに青の色糸で細い格子を重ねたものを指すが、単なるグレン・チェックも含めてこの別名で呼ばれる。

**用途** 梳毛織物のスーツやジャケットに多く使われる。男女問わず人気の柄のため、プリントで再現されて衣類などに使用しているものもある。

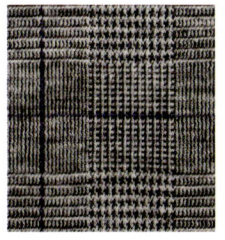

### プリンス・オブ・ウェールズ

グレン・チェックの上に青の色糸で細い格子を重ねた柄は、英国王に愛されたため、こう呼ばれる。

**DATA** **用途**／コート、ジャケット、スーツ、パンツ、スカート、ワンピースなど。

**特徴** 4種類の柄の四角形を交互に配し、大きな格子柄を構成したもの。

**関連** ストライプ ◯P.232　チェック ◯P.242　千鳥格子 ◯P.246

格子

# タッターソール・チェック
## TATTERSALL CHECK

## 2色の縞が交差する格子柄。ロンドンの馬市場が発祥

**概要** 白などの明るい地色に、2色の細い縞が直角に交差する格子柄。

**配色** 白やベージュの地色に、エンジ色と黒の縞が交差するのが本来の配色。しかし現在では、これ以外にも縞の色が赤と青、水色と青、茶色と青、茶色と薄茶など、多くの配色が見られ、それらを含めて「タッターソール・チェック」という。なかには、似たイメージで縞が3色のものもある。

**名前の由来** タッターソール（tattersall）とは、リチャード・タッターソールが18世紀に創設したロンドンの有名な馬市場の名前。馬の鞍用の毛布や、騎手たちのベストにこの柄を用いていたことからこの名がある。和名では「乗馬格子（じょうばごうし）」という。

**用途** 紳士用のベストやシャツの柄として使われることが多い。

**ボタンダウン・シャツの定番柄**
白地にエンジ色と黒の2色使いが定番配色だが、赤や青などカラフルな配色のシャツも多い。

**DATA 用途**／紳士用のシャツ、帽子、ネクタイ、ジャケットなど。

**特徴** 白などの明るい地色に、2色の細い縞が直角に交差する格子柄。ロンドンの馬市場で使われていた柄である。

**関連** チェック ● P.242

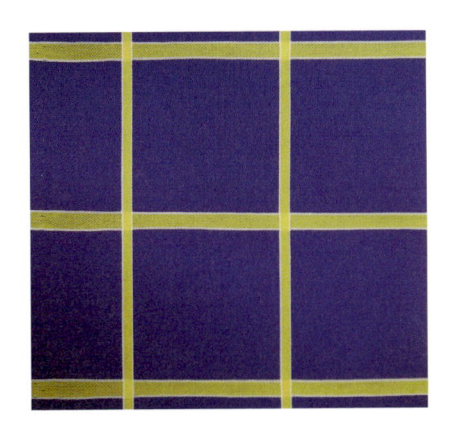

## 格子
### ウインドーペーン
**WINDOWPANE**

**窓枠をモチーフにした、シンプルな格子柄**

**概要** 無地や霜降りの地の上に、縞が直角に交差し、ほぼ正方形の四角形を作る格子柄。

男性用スーツやジャケットの柄として古くから用いられ、その場合、濃色の地に淡色1色の格子を、織柄で作るものが多い。

細い縞とやや太い縞が重なるように配置されたものもある。

**名前の由来** ウインドーペーン（windowpane）とは「窓枠」、「窓ガラス」の意味。格子が窓枠のように見えることから。

- **DATA 用途**／コート、スーツ、ベスト、ジャケット、ワンピース、スカートなど。
- **特徴** 地色の上に縞が直角に交差し、ほぼ正方形の四角形を作る格子柄。「窓枠」に見えることからこの名が付けられた。
- **関連** チェック ● P.242

## 格子
### バーバリー・チェック
**BURBERRY CHECK**

**バーバリー社を象徴するハウス・チェック**

**概要** バーバリー社特有の格子柄。バーバリーのトレンチ・コートの裏地の柄として使用されたのが始まり。

ブランドの象徴として作られた格子柄を「ハウス・チェック」というが、代表的なハウス・チェックの1つ。バーバリーの登録商標。

**種類** キャメルの地色に黒、赤、白の縞が直角に交差する「ヘイマーケット・チェック」が有名だが、ほかに「ブラック・レーベル・チェック」や「スモークド・チェック」など多くの格子柄がある。

- **DATA 用途**／バーバリー社のトレンチ・コート、ジャケット、パンツ、スカート、ワンピース、バッグ、財布など。
- **特徴** バーバリー社のハウス・チェック。「ヘイマーケット・チェック」を代表に数種ある。
- **関連** バーバリー ● P.96　チェック ● P.242

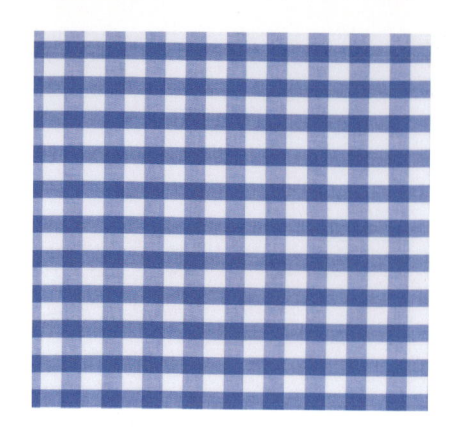

格子
## ギンガム・チェック
### GINGHAM CHECK

**夏物衣類からテーブル・クロスまで広く使われる格子柄**

**概要** ギンガム（gingham）とはもともと織物の名で、先染めの色糸と白糸を使って平織りしたもの。その織柄である小さめの格子柄を指す。現在ではプリントのものもある。

**名前の由来** フランスのガンガン（Guingamp）地方で織られていたからなど、諸説ある。

**配色** 赤×白、青×白、黒×白、黄×白など、白ともう1色で構成される。

**用途** 爽やかなイメージから、夏物の衣類や子供服の柄に用いられることが多い。

- **DATA 用途**／シャツ、ワンピースなど夏物の衣類のほか、パジャマ、ハンカチ、テーブル・クロス、帽子、子供服など。
- **特徴** 先染めの色糸と白糸を使って平織りして作る小さめの格子柄。
- **関連** ギンガム ▶P.103　チェック ▶P.242

格子
## マドラス・チェック
### MADRAS CHECK

**天然染料で色鮮やかに染められた不規則な格子柄**

**概要** 多色で様々な幅の縞を、不規則な配列で交差した格子柄。

　もともとは天然染料を用いた野趣のある綿織物の柄で、洗濯すると色がにじむのが持ち味。現在ではプリントのものも多い。

**名前の由来** インドのマドラス地方で織られていたことから。

**配色** 赤茶系の地に緑や青の縞を組み合わせるのが本来の配色だが、現在では様々な配色がある。

- **DATA 用途**／シャツ、パンツ、ジャケット、ワンピースなど、夏物の衣類。
- **特徴** 多色で様々な幅の縞を、不規則な配列で交差した格子柄。
- **関連** チェック ▶P.242

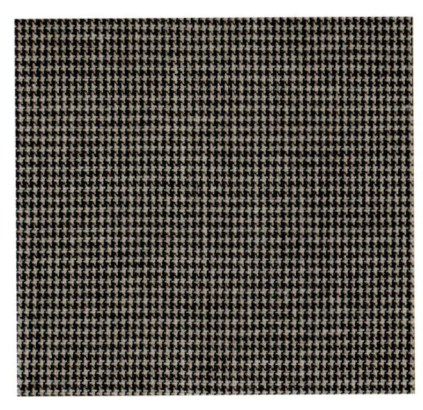

## ブロック・チェック
格子
BLOCK CHECK

### 四角形がブロック状に並ぶシンプルな格子柄

**概要** 白と黒、または濃淡の2色の四角形が交互に、碁盤の目のように並んでいる大きめの格子柄。大きめの「ギンガム・チェック」のように、色の縞が交差するタイプもある。

**名前の由来** 四角がブロック（固まり）で並んでいることから。

**別名** チェス盤の模様に似ていることから「チェッカーボード・チェック」とも呼ばれる。和名では「弁慶格子（べんけいごうし）」や「市松文様（いちまつもんよう）」、「元禄文様（げんろくもんよう）」と呼ばれる。

**DATA 用途**／シャツ、パンツ、スカート、ワンピース、マフラーなど。
**特徴** 濃淡の2色が交互に、碁盤の目のように並んでいる大きめの格子柄。
**関連** チェック ◯P.242　ギンガム・チェック ◯P.250　市松文様 ◯P.291

## ピン・チェック
格子
PIN CHECK

### 一見無地にも見える非常に細かな格子柄

**概要** とても小さな格子柄。色数や配色に決まりはないが、濃色と淡色の2色で構成されるものが多く、一見無地にも見える。

労働者に使われる、青地に小さい点の格子柄の綿布を指す場合もある。

**名前の由来** 針（pin）の頭を並べたような細かい格子であることから。

**別名** 「ピンヘッド・チェック」、「ミニチュア・チェック」、「タイニー・チェック」ともいう。和名では「みじん格子」。

**DATA 用途**／ジャケット、スーツ、シャツ、パンツ、スカートなど。
**特徴** 一見無地に見える、非常に小さな格子柄。
**関連** ピン・ストライプ ◯P.234　チェック ◯P.242

格子

# ダイヤモンド・チェック
## DIAMOND CHECK

### 道化師の衣装のイメージの菱形が並ぶ格子柄

**概要** 菱形が並んだ格子柄。「ブロック・チェック」の四角形が菱形になったタイプと、斜めの縞が交差して格子を作るタイプがある。「アーガイル・チェック」は、ダイヤモンド・チェックの1種。

**名前の由来** 菱形を意味する英語「diamond shaped」から。

**別名** 「ダイヤ柄」、「ダイアゴナル・チェック」ともいわれる。また、道化師（harlequin）が着ている衣装によく見られる柄であることから、「ハーリキン・チェック」ともいう。その場合は色彩の派手なものを指す。

**配色** コントラストのはっきりした2色の菱形を交互に並べたものをはじめ、3色のもの、縞を組み合わせたものなど、多種多様。

**ダイヤパー** 「ダイヤパー（diaper）」と呼ばれる織物は、ダイヤモンド・チェックの織柄を表す。織柄の場合は、1色の糸でも織組織の変化や光沢の差によって菱形を表すことができる。

**縞が交差するタイプのダイヤモンド・チェック**
縞の角度は45度から、さらに急傾斜のものまで幅広い。

**DATA 用途**／セーター、ベスト、シャツ、パンツ、ハンカチ、タオルなど。

**特徴** 菱形を表す格子柄。織柄でもプリントでも作られる。
**関連** チェック●P.242　ブロック・チェック●P.251　アーガイル・チェック●P.253

## 格子
### アーガイル・チェック
ARGYLE CHECK

### 格子
### ガン・クラブ・チェック
GUN CLUB CHECK

**ニットの定番柄として
おなじみの菱形格子**

【概要】「ダイヤモンド・チェック」の上に、細い縞の格子が入る柄。2色からなるダイヤモンド・チェックの上に、別の目立つ色で縞が重なるものが多い。ニットの柄として使われることが多く、その場合はジャカード編み機で作られる。

【名前の由来】スコットランドのアーガイル地方に住むキャンベル家の「タータン・チェック」であったことから。単に「アーガイル」ともいう。

【用途】セーターや靴下の編柄として用いられることが多い。トラディショナルなイメージから制服にも用いられる。

- DATA 用途／セーター、ベスト、シャツ、パンツ、制服、靴下、帽子など。
- 特徴 ダイヤモンド・チェックの上に、細い縞の格子が入る柄。
- 関連 ジャカード編み ●P.168　チェック ●P.242
  タータン・チェック ●P.244
  ダイヤモンド・チェック ●P.252
  ジャカード柄 ●P.270

**落ち着いた色味の3色使いが
特徴の格子柄**

【概要】ベージュ、黒、赤茶などの3色の色糸を使って、斜文織り、もしくはななこ織りした格子柄。

2色使いの「シェパード・チェック」を3色で構成したもので、同じく濃色の中に斜線が見えるのが特徴。「千鳥格子」に似た形状のものもある。

【歴史】はじめはコイガッハ（coigach）と呼ばれていたが、1874年にアメリカの猟銃クラブの制服の柄として使われてから、このように呼ばれるようになった。

- DATA 用途／ジャケット、スーツ、ベスト、シャツ、ワンピース、スカート、パンツ、マフラーなど。
- 特徴 落ち着いた3色の色糸を使って、斜文織りもしくはななこ織りした格子柄。
- 関連 チェック ●P.242　シェパード・チェック ●P.246
  千鳥格子 ●P.246

## 具象柄
### ぐしょうがら
# 具象柄
#### FIGURATIVE PATTERN

**身近なものをモチーフにした多種多彩な柄の総称**

**概要** 私たちの身のまわりにある人物、動物、植物、食物、風景、乗り物など、様々なものをモチーフとしてデザイン化し、配した柄の総称。織りで表現されることもある縞や格子に対し、具象柄のほとんどは布地の上にプリントして作られる。

**別名** 「フィギュラティブ・パターン」、「自然模様」などとも呼ばれる。反対語は「抽象柄」。

**地域性** 伝統的な具象柄には、その土地に生息する樹木や草花などの植物や動物が用いられることが多く、その地域の歴史や、気候風土、思想など、文化的背景が色濃く表現されている。そのため、古い柄は文化研究の重要参考資料として扱われることもある。

日本に昔から伝わる具象柄の中には、松竹梅や鶴亀などの縁起物とされるモチーフを取り入れた「吉祥柄」があり、祝い事などに着用する着物や帯に用いられ、親しまれている。

**種類** 世の中に存在するあらゆる事物が対象となるため、種類は多岐にわたる。ポピュラーなものとして、「花柄」や「フルーツ柄」などのほか、地域色の濃い「トロピカル柄」や「エスニック柄」、動物の毛皮の模様をそのままに表現した「アニマル柄」などがあり、そこからさらに細分化されている。

**きっしょうがら**
**吉祥柄**
縁起物のモチーフが賑やかに並ぶ吉祥柄は、おめでたい席に着用する着物などにあしらわれる。

● 具象柄の例

**花柄**

最もポピュラーな具象柄。モチーフとなる花の種類や配置される大きさなどでイメージも大きく変わる（◯P.256）。

**トロピカル柄**

南国の植物や生物などが描かれるのが特徴。熱帯地方の地域色が強く、夏の衣類に使われることが多い（◯P.258）。

**アニマル柄**

ヒョウやゼブラなど、特徴的な毛皮模様を表した柄の総称（◯P.265〜）。

## ブランドから生まれたオリジナル柄が一般的な具象柄として広まることも

**ブランド発祥の具象柄** 最近では、特定のブランドがオリジナルの柄としてデザインしたものが、具象柄の名称として一般的に定着するものが少なくない。代表的なものに「エルメス柄」が挙げられる。

これはフランスの高級老舗ファッション・ブランド、エルメス社が発表したスカーフの柄で、馬や馬具などを装飾的に用いた絵画的で華やかな柄である。また、この柄は「スカーフ柄」と呼ばれることもある。

そのほか、小花柄の代名詞的存在である「リバティ柄」という名称は、イギリスのリバティ社から多く出されていた草花柄の布地が由来である。現在では、リバティ社のものでなくても、上品な小花柄のプリント柄のことを「リバティ柄」、「リバティ・プリント」などと呼んでいる。

**エルメス柄**

エルメス社のきらびやかなスカーフの柄を総称して「エルメス柄」、「スカーフ柄」と呼ぶ。

DATA **用途**／カジュアルな衣類全般のほか、インテリア用品など。

特徴 花、草木、人物、動物、風景、乗り物など、様々なものの形をそのまま、もしくはデフォルメして柄にしたもの。

関連 様々な具象柄 ◯P.256〜　抽象柄 ◯P.271　吉祥柄 ◯P.282

柄

具象柄

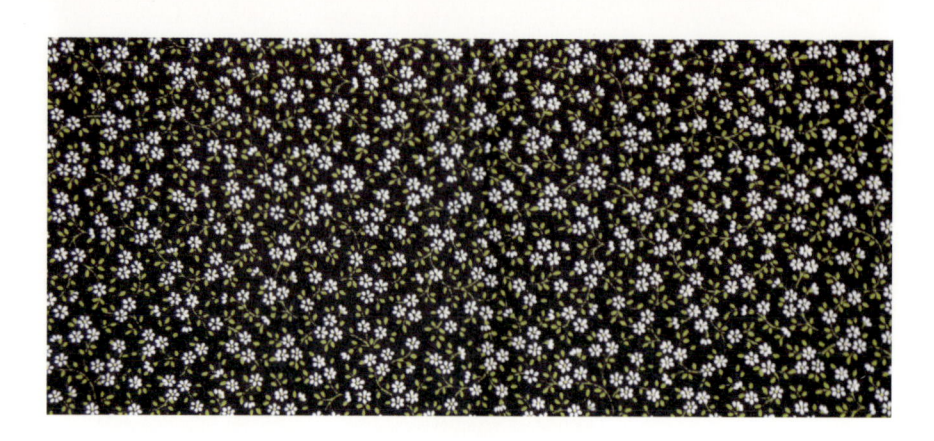

具象柄
## 花柄
はながら
FLOWER PATTERN

### 最もポピュラーで世代を超えて愛される具象柄

**概要** 花を表した柄の総称。古くから世界各地に存在するが、現在は最もポピュラーな具象柄の1つとして、多種多彩な広がりを見せている。

**世界の花柄** 世界最古の花柄は、古代エジプトで生まれた蓮の花をモチーフとした柄といわれている。モチーフとされる花は西洋、古代オリエント、中国、インドなど、時代や地域によって異なり、印象も様々である。

ヨーロッパには、「更紗」の1種でイギリスのヴィクトリア朝の時代に多く見られる、絵画的なタッチの豪華なバラの花模様をプリントした「ヴィクトリアン・チンツ」、小さな花のモチーフを全面に展開させた「小花柄」、オーストリアのチロル地方に伝わるバラや野の花を図案化した「チロリアン・フラワー柄」(チロル柄)が知られている。ほかにも、欧米各地には「カントリー調花柄」、「グラニー・プリント」といわれる、田舎らしい素朴で温かみのあるバラ柄や小花柄がそれぞれ存在する。

世界各国それぞれの地域性を持って生まれた花柄の名称には、ゆかりの地名が用いられることもある。オーストリアのチロル地方で生まれた「チロル柄」や、フランスが発祥のバラ柄を指す「フランス柄」などがそれである。

**男性用花柄シャツ**
花柄というと女性のイメージだが、現在では男性用の服にも多く取り入れられている。

● ポピュラーな花柄

**リバティ柄**

リバティ社の作る花柄が本来のものだが、似た雰囲気の小花柄も含めてこう呼ばれる。

**フランス柄**

フランスが発祥のエレガントなバラ柄。バラはどの国でも人気の花柄である。

**ウニッコ**

フィンランドのブランド「マリメッコ」が作るテキスタイルの中で最も有名な、大きな花柄。

## 地域やメーカー独自に発展した、華麗な花の表現法

**ブランドのオリジナル花柄** その花柄を作ったブランドの名前を、柄の名称として冠したものがある。

イギリスの老舗百貨店リバティ社の「リバティ柄」は小花柄の代名詞として多くの人に知られている。そのほかにも、英国王室御用達としてインテリアを中心に使われている上品なバラ柄である「サンダーソン柄」や、クラシカルなバラとポップな色彩を組み合わせた「キャス・キッドソン柄」など。これらはブランド・オリジナルの柄だけでなく、それに似た柄までも同様の名前で呼ばれるほど、一般的に浸透している。

近年は、フィンランドのアパレル・ブランド「マリメッコ」のオリジナル柄である「ウニッコ」が人気。ポップでインパクトのあるケシの花の柄は、フィンランドを代表するデザインとなっている。

**日本の花柄** 日本では古くから着物や帯の柄に四季折々に咲く花が取り入れられており、それらを季節に応じて身に着けることが着物の楽しみ方の1つとされている。代表的な花柄は桜、藤、椿、菊など。

そのほか、飛鳥時代から奈良時代にかけて中国より伝わり発展した花模様に「唐花（からはな）」がある。この柄に使われる花は空想上のものであるが、衣類はもちろん、家紋や調度品の柄としても幅広く使われている。

柄　具象柄 ● 花柄

**DATA 用途**／シャツ、ブラウス、スカート、ワンピース、ハンカチのほか、インテリア用品など。

**特徴** 花をモチーフにした柄の総称。各国の地域性があり、ブランド名を冠した柄など多数ある。

**関連** 具象柄 ● P.254　チロル柄 ● P.262

具象柄

# トロピカル柄(がら)
## TROPICAL PATTERN

## 南の島の風土から生まれた陽気で華やかな柄

**概要** 主に熱帯や南国を象徴する植物、動物、熱帯魚、風景、風物をモチーフとし、それらを大胆に取り入れたプリント柄の総称。「トロピカル・プリント」とも呼ばれる。

**種類** よく知られるトロピカル柄の1つとして挙げられるのが「ハワイアン柄」である。神が宿る花という言い伝えの残るハイビスカスやプルメリア、幸運を運ぶ生き物といわれるホヌ(海亀)、パイナップルやマンゴーなどのフルーツがモチーフとして用いられることが多く、リゾート的な印象が強いため、アロハ・シャツの柄などに多く使われている。

タヒチにも同じくハイビスカスやパンノキなど南国の植物が描かれた柄がある。それらを四角い生地にプリントした布は、パレオと呼ばれている。もともとはその土地の人々が被服として体に巻き付けていたものが、現在では水着の上に着用する布地などとして、世界中の人に愛用されている。

## トロピカル柄を世界中に広めたアロハ・シャツの存在

**アロハ・シャツ** トロピカル柄が多く用いられるアイテムの1つにアロハ・シャツがある。アロハ・シャツとは、トロピカル柄の生地を使って作られた男性物の開襟半袖シャツで、トロピカ

**パレオ**
腰に巻いてスカートにしたり、ワンピース風に巻き付けたりと様々な使い方ができる。

### ● 様々なトロピカル柄

**花柄**
ハイビスカスやプルメリアのほか、写真のようなティアレ・タヒチの花などもモチーフにされることが多い。

**南国の鳥柄**
極彩色豊かなオウムやインコなどをモチーフにした柄。花や蝶もあしらわれ、南国ムードいっぱい。

**ハワイアン柄**
ハイビスカス、ホヌ（海亀）のほかにも、モンステラの葉もモチーフとしてよく使われる。

ル柄の中でもハワイアン柄が多く用いられることから、ハワイアン・シャツ、ワイキキ・シャツとも呼ばれている。

アロハ・シャツには和柄のものも多く見られるが、これには次のような背景があったといわれる。

19世紀末期、ほとんど裸に近い格好だったハワイの先住民に対し、移住してきたキリスト教宣教師や白人農場主たちはシャツの着用を強制した。当時、先住民だけでなく日本や中国の移民労働者たちもシャツの着用が必須とされていたため、皆ありあわせの生地でシャツを縫って着用した。

日本人移民は浴衣をほどいて仕立て直すこともあり、その浴衣の派手な柄が南国のテイストにとても合っていたことから、和柄のアロハ・シャツが生まれたという説が有力といわれている。

年月が経ち、ハワイが観光地化するにつれ、熱帯の風物を取り入れたトロピカル柄のアロハ・シャツがハワイの代表的な民族服になり、やがて世界へと広まっていった。

**アロハ・シャツ**
1900年代前半にハワイ～アメリカ本土を就航していたマトソン社の豪華客船と、当時の生き生きとしたハワイの生活が描かれている。

**DATA 用途** ／シャツ、ワンピース、スカート、パレオなどの衣類のほか、雑貨、インテリア用品など。

**特徴** 南国を象徴する植物、動物、熱帯魚、風景、風物をモチーフとした、トロピカルな雰囲気を感じさせる柄。

**関連** 具象柄 ● P.254　花柄 ● P.256
フルーツ柄 ● P.263

柄　具象柄 ● トロピカル柄

具象柄

# エスニック柄(がら)
## ETHNIC PATTERN

## キリスト教圏以外の地域から生まれた民族色の濃い具象柄

**概要** 主に中近東、南米、アジア、アフリカなどの民族衣装や歴史的文化などをイメージさせる柄。その土地に根づく植物、動物、神などのモチーフが、多色使いで細かく描き込まれたものが多い。

イスラムの「アラベスク文様」、インドネシアの「バティック」、インドの「ペイズリー柄」などもエスニック柄とされている。

**名前の由来** エスニック（ethnic）とは「人種の」、「民族の」、「異教徒の」という意味を持つほか、キリスト教徒（ユダヤ教徒も含む）以外の民族という宗教的な意味合いを含むことがある。

**エスニック・ルック** 1960年代後半頃より、インドのサリーや中南米のポンチョなどから発想を得たファッションが見られるようになり、それらが「エスニック・ルック」と呼ばれるようになった。類語として「フォークロア・ルック」というものもあるが、それに比べると、より土着的な民族衣装風のものを指す。

### バティックのパレオ風スカート
バティックとはインドネシアのジャワ島を中心に発達した、ろうけつ染めによる更紗（さらさ）のこと。世界無形文化遺産になっている。

**DATA 用途**／カジュアルな衣類全般のほか、バッグ、インテリア用品など。

**特徴** 中近東やアジアなどの民族衣装や歴史的文化などをイメージさせる柄。土地に根づく動植物などのモチーフが細かく描かれる。

**関連** 具象柄 ● P.254　ペイズリー柄 ● P.278

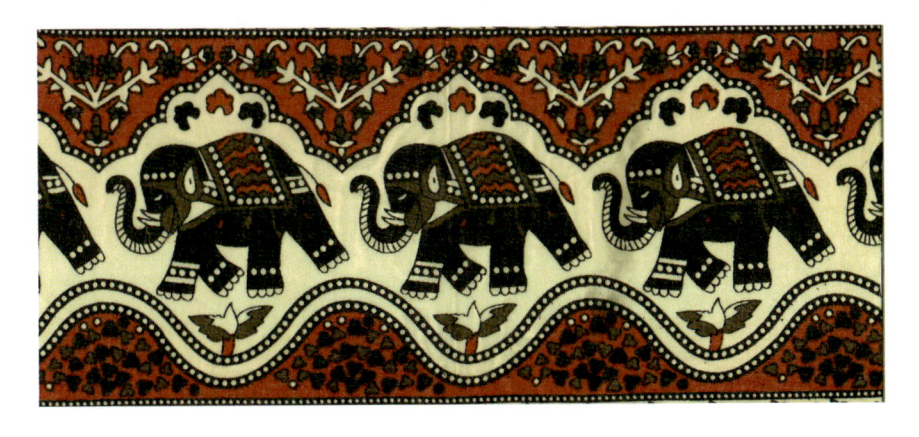

具象柄

# インド伝統柄
**INDIAN PATTERN**

## インドの民族文化や宗教思想が色濃く反映された伝統の柄

**概要** インドで昔から継承されている、自然や動物などをモチーフにした柄。「エスニック柄」の1種。

具体的なものとしては、神々、象やトラ、松かさ（ペイズリー）、マンゴーなどがモチーフとしてよく登場する。しかし、イスラム教圏の地域では偶像崇拝が禁止されているため、人物や動物は描かれず、草花や雲などだけで構成される場合もある。

**インド更紗** 更紗（主に綿布に、人物、花、鳥獣などの模様を多色で染め出したもの）は、インドが発祥といわれる。緻密で精巧な写生風の模様で、布地を隙間なく埋め尽くすという特徴がある。

**染色方法** すべて手描きによるもの、木版または銅板によって模様を出すブロック・プリント、ろうけつ染めなどがある。

**用途** ショール、サリーなどの民族衣装を含む衣類のほか、タペストリーや絨毯などのインテリア用品の柄としても幅広く使われている。

### インドの民族衣装、サリー
1枚の長方形の布を体に巻き付けて着用する。布地を裁断することなく、身にまとうのがよいとされる、ヒンドゥー教の教えが反映されている。

**DATA 用途**／民族衣装、カジュアルな衣類全般のほか、バッグ、小物、インテリア用品など。

**特徴** インドにて昔から伝わる、神、植物、動物などをモチーフにした柄。インドの民族文化、宗教思想などを色濃く反映している。

**関連** 具象柄 ●P.254　エスニック柄 ●P.260
ペイズリー柄 ●P.278

具象柄

# チロル柄(がら)
## TYROLEAN PATTERN

**ヨーロッパのチロル地方の伝統柄。おとぎ話のようなかわいらしさ**

**概要** オーストリア西部にあるチロル地方の伝統的民族模様。

**別名** 「チロリアン」とも呼ばれる。

**歴史** もともとはオーストリアのチロル地方の農民の衣服や工芸品、生活用品に装飾としてあしらわれたもので、その模様はヨーロッパの装飾品の流行とともに変化を遂げてきた。16世紀末にはバラを様式化した模様が多く見られた。その後、17～18世紀にはルネッサンスやロココ模様を代表する花瓶の模様が多く取り入れられた。また、邪悪から身を守るという意味で槍のモチーフも用いられた。

**種類** 伝統的な模様としては星型や渦巻模様、組紐模様、唐草、バラなどが代表的。基本的には花や花瓶などの模様が多く用いられる。ほかに、チロル地方の民族衣装を着た人々の模様もよく見られる。

**チロリアン・テープ**
チロリアン・テープとは、チロル柄が施された飾り用テープのことで、リボンに刺繍を施したもの。最も多く見かけるチロル柄のアイテムだ。

**DATA 用途**／スカート、ワンピース、ブラウスなどの衣類のほか、リボン、雑貨、靴、インテリア用品など。

**特徴** オーストリア西部にあるチロル地方の伝統的民族模様。

**関連** 具象柄 ◎ P.254　花柄 ◎ P.256　唐草文様 ◎ P.285　渦巻文 ◎ P.291

具象柄

# フルーツ柄
## FRUIT PATTERN

**果物だけでなくほかのモチーフとの組み合わせで表情の広がりを見せる**

**概要** その名の通り、果物をモチーフとして配した柄。1種類の果物だけをモチーフにしたものは、その果物名を柄の名称に当てることが多く、複数の果物を組み合わせた柄のことを「フルーツ柄」と呼ぶのが一般的である。

似たものに、野菜をモチーフにした「ベジタブル柄」がある。

**種類** 果物をモチーフにすること以外には特に決まりごとはなく、モチーフそれぞれの大きさが異なるものや、ランダム配置のもの、規則的に整列するものなど様々である。果物のモチーフは、そのまま単品で描かれるものもあれば、輪切りにしたもの、皿やバスケットに盛られたもの、果樹になっているものまで多種多様。水玉、ストライプ、チェックなどのプリント柄と組み合わせるものもあり、自由度の高い柄である。モチーフが大きいと華やかな印象に、小さければかわいらしい印象になる。

**花とフルーツが描かれた柄**
紺色の地にイチゴなどのフルーツや花、宝石などが描かれている。

**DATA 用途**／夏物のカジュアルな衣類全般のほか、インテリア用品など。

**特徴** リンゴ、バナナ、イチゴ、ブドウ、パイナップルなどの果物をモチーフにした柄。

**関連** ストライプ ○P.232　チェック ○P.242
　　　 具象柄 ○P.254　水玉 ○P.274

柄　具象柄 ●フルーツ柄

©2010 kumamoto pref. kumamon#9174

具象柄

# キャラクター柄
## CHARACTER PATTERN

## 時代の流れとともに、大人テイストのキャラクター柄も

**概要** テレビ、まんが、アニメ、広告などに登場するキャラクター性の高い人物や動物、マスコットなど、特定のシンボルをモチーフとした柄。

　一般的にはポップな色調のものが多く、キッズ向けの柄としておなじみである。

**種類** 有名なキャラクターとしてはミッキーマウスやハローキティ、ムーミンなどがある。

テキスタイルではキャラクターをそのまま配置したものもあれば、シルエットにしたり、モノグラムのようにシンプルに使うことでキャラクターの主張を控えめにしたものもある。「大人のための洗練されたディズニーのファブリックコレクション」がキャッチ・フレーズのDisney HOME SERIESのように、大人をターゲットに作られるキャラクター柄もある。

**発展** もともとキャラクターは、子供向けに作られたものが主流のため、子供服や雑貨、ステーショナリーに限定されるイメージが強い。しかし最近では同じキャラクターでも大人っぽいテイストのアイテムが増え、大人でもキャラクター柄の服やバッグ、小物などを楽しむ人が増えている。

　そのほか、「コム・デ・ギャルソン」×ミッキーマウスなど、アパレル・ブランドと人気のキャラクターとがコラボレーションすることで、ファッション性の高いアイテムが作り出されることもある。

**DATA 用途**／カジュアルな衣類全般のほか、バッグ、靴、雑貨、インテリア用品など。

**特徴** キャラクター性の高い人物や動物、マスコットなど、特定のシンボルをモチーフとした柄。

**関連** 具象柄 ●P.254　モノグラム柄 ●P.268

具象柄

## ヒョウ柄
### LEOPARD PATTERN

**ヒョウの体表にある
ワイルドな印象の斑点模様**

【概要】動物のヒョウの体表にある斑点を表した柄。アニマル柄の1つ。「レオパード柄」とも呼ばれる。ワシントン条約によりヒョウの毛皮の輸入は禁じられているため、リアル・ファーではなくプリントやフェイク・ファーのものになる。

【歴史】古代エジプトでは聖職者や神官の権威の象徴として、彼らの服にヒョウの毛皮が用いられた。

【バリエーション】ピンクや青など本物にはない派手な配色のプリント柄もある。

- DATA 用途／コート、ジャケット、ブラウス、ワンピース、パンツ、スカートなど衣類全般のほか、帽子、バッグ、靴、雑貨など。
- 特徴 動物のヒョウの体表にある斑点を表わした柄。アニマル柄の1つ。
- 関連 ファー●P.178　フェイク・ファー●P.180　具象柄●P.254

具象柄

## ダルメシアン柄
### DALMATIAN PATTERN

**ダルメシアン犬の体表を表した
白黒のシックな斑点模様**

【概要】犬の品種の1つであるダルメシアンの体表にある、白地に黒の斑点を表した柄。アニマル柄の1つ。リアル・ファーのものはなく、フェイク・ファーやプリント柄になる。

ホルスタイン牛のまだら模様にも似ているが、斑点が小さいのが特徴。

【別名】「ダルメシアン・スポット」とも呼ばれる。もともとダルメシアン犬はユーゴスラビアのダルマチア地方の犬で、「dalmatian」の表記だと、その地方の民族衣装を指すことがある。

- DATA 用途／コート、ジャケット、ブラウス、ワンピース、パンツ、スカートなど衣類全般のほか、帽子、バッグ、靴、雑貨など。
- 特徴 ダルメシアン犬の体表にある斑点を表した柄。アニマル柄の1つ。
- 関連 ファー●P.178　フェイク・ファー●P.180　具象柄●P.254

## 具象柄
# ゼブラ柄（がら）
ZEBRA PATTERN

### シマウマの体表にある
### 白と黒の縞模様

**概要** 動物のシマウマの体表にある、白と黒の不規則な縞を表わした柄。アニマル柄の1つ。「ゼブラ・ストライプ」とも呼ばれる。

　動物愛護の観点から、リアル・ファーではなくプリントやフェイク・ファーのものが増えている。

**バリエーション** 写真のような不規則な縞のものもあれば、白と黒が平行に並ぶ、普通のストライプに近いものもある。白と黒の縞であればすべてゼブラ柄と呼ばれる傾向にある。また、ピンク×黒、緑×黒など、配色を変えたものもある。

- **DATA** **用途**／コート、ジャケット、ブラウス、ワンピース、パンツ、スカートなど衣類全般のほか、帽子、バッグ、靴、雑貨など。
- **特徴** 動物のシマウマの体表にある白と黒の不規則な縞を表わした柄。アニマル柄の1つ。
- **関連** ファー○P.178　フェイク・ファー○P.180　ストライプ○P.232　具象柄○P.254

## 具象柄
# ジラフ柄（がら）
GIRAFFE PATTERN

### キリンの体表にある
### イエロー・ベースの斑点模様

**概要** 動物のキリンの体表にある斑点を表わした柄。アニマル柄の1つ。

　動物愛護の観点から、リアル・ファーではなくプリントやフェイク・ファーのものが増えている。

**サファリ・ルック** サファリとはアフリカへの狩猟旅行のこと。その際に着る探検家風の服装を「サファリ・ルック」といった。「イヴ・サンローラン」が発表したことで1970年代にサファリ・ルックが流行し、ジラフ柄のアイテムも多く見られた。

- **DATA** **用途**／衣類のほか、帽子、バッグ、財布、靴、雑貨、インテリア用品など。
- **特徴** 動物のキリンの体表にある斑点を表わした柄。アニマル柄の1つ。
- **関連** ファー○P.178　フェイク・ファー○P.180　具象柄○P.254

具象柄

## トラ柄
### TIGER PATTERN

**トラの体表にある
ゴージャスな印象の縞模様**

**概要** 動物のトラの体表にある不規則な縞を表わした柄。アニマル柄の1つ。

ワシントン条約によりトラの毛皮の輸入は禁じられているため、リアル・ファーではなくプリントやフェイク・ファーのものになる。

**別名** 「タイガー・ストライプ」ともいい、こう呼ぶときは、くすんだ緑色に黒の縞といった迷彩柄のような色合いのものを指す。

**用途** 以前はトラの毛皮を敷物にすることが流行した。現在でもインテリア用品にトラ柄が見られる。

**DATA** **用途**／コート、ジャケット、ワンピース、パンツ、スカート、下着など衣類全般のほか、帽子、バッグ、靴、雑貨、インテリア用品など。

**特徴** 動物のトラの体表にある不規則な縞を表わした柄。アニマル柄の1つ。

**関連** ファー ● P.178　フェイク・ファー ● P.180
ストライプ ● P.232　具象柄 ● P.254
迷彩柄 ● P.277

具象柄

## チーター柄
### CHEETAH PATTERN

**チーターの体表にある
黄色地に黒の斑点模様**

**概要** 動物のチーターの体表にある斑点を表わした柄。アニマル柄の1つ。

ワシントン条約によりチーターの毛皮の輸入は禁じられているため、リアル・ファーではなくプリントやフェイク・ファーのものになる。

**ヒョウ柄との違い** 「ヒョウ柄」と混同されがちだが、チーター柄は黒い斑点、ヒョウ柄は茶色の斑点に黒の縁取りがある。色数が少ない分、チーター柄はヒョウ柄よりやや落ち着いた印象になる。

**DATA** **用途**／コート、ジャケット、ワンピース、パンツ、スカートなど衣類全般のほか、帽子、バッグ、靴、雑貨、インテリア用品など。

**特徴** 動物のチーターの体表にある斑点を表わした柄。アニマル柄の1つ。

**関連** ファー ● P.178　フェイク・ファー ● P.180
具象柄 ● P.254　ヒョウ柄 ● P.265

柄

具象柄　●トラ柄／チーター柄

具象柄

# モノグラム柄(がら)
## MONOGRAM PATTEN

**ブランド・ロゴをデザインした、ブランドの顔として使われる具象柄**

**概要** 2つ以上の文字を組み合わせたもの(モノグラム)を配列した柄。人名のイニシャルや、単語の頭文字などを組み合わせることが多い。ほとんどが大文字同士の組み合わせになる。

**歴史** モノグラム柄は古代ローマ時代から愛用されてきた。キリスト教徒が使うキリストグラムは「PXグラム」と呼ばれる。これはキリストのギリシャ語表記「XPICTOC」の最初の2文字をモノグラム化してイエス・キリストを表現したもので、古代ローマのキリスト教徒が用いた。

**ブランドのモノグラム** 現代では、1896年に「ルイ・ヴィトン(LOUIS VUITTON)」が自らのイニシャル「L」と「V」をモノグラム化し、自社の商品に本物の証としてプリントしたのが有名である。

そのほか、アメリカの野球チーム「New York Yankees」がNとYを組み合わせて作ったモノグラムなど、様々ある。

### 文字が1つずつ並ぶモノグラム柄
文字が組み合わされていなくても、文字を含む複数の柄が規則的に配置されたものもモノグラム柄と呼ぶことがある。

**DATA 用途**／衣類全般のほか、バッグ、財布など。衣類の場合は全面モノグラム柄ではなく、ワン・ポイントとして使われることが多い。

**特徴** 2つ以上の文字を組み合わせたもの(モノグラム)を配列した柄。

**関連** 具象柄 ○P.254

具象柄

# エルメス柄(がら)
## HERMÈS PRINT PATTERN

## エルメスの華やかで絵画的なプリント柄

**概要** フランスの高級ファッション・ブランド「エルメス」が作る、スカーフに用いられる柄。「スカーフ柄」ともいわれる。

エルメスのスカーフは正方形の大判スカーフで、「carre（カレ）」と呼ばれる。芸術品とも称され、コレクターも多い。

**別名**「スカーフ柄」ともいう。

**種類** エルメス社はもともと馬具工房だったため、ブランドの象徴として馬蹄を柄にしたものが多い。これに関連して、馬やその他の馬具、乗馬の様子などもモチーフとして用いられる。

ほかに、旗や絹の紐をねじった模様などもある。旗には獅子や白鳥、ヨーロッパの紋章などが描かれている。現在では、トラやシマウマなど動物をモチーフにしたスカーフもある。

いずれの柄も絵画的なのが特徴で、色鮮やかなシルク・スクリーン・プリントで作られる。

**用途** その名の通りスカーフとして使われるのはもちろん、この柄の布地を使ったブラウスやスカート、ヘア・アクセサリーなど、華やかな柄を活かして様々な衣類や雑貨に用いられる。

### スカーフ柄のヘア・アクセサリー
スカーフ柄の布地で作られたシュシュ。華やかで洗練された印象がある。

**DATA** **用途**／スカーフのほか、ブラウス、スカート、ワンピース、ヘア・アクセサリー、雑貨など。

**特徴** フランスの高級ファッション・ブランド「エルメス」のスカーフに用いられる柄、及びそれに似た雰囲気の柄。

**関連** 具象柄 ● P.254　動物柄 ● P.293

柄 ● 具象柄 ● エルメス柄

具象柄

# ジャカード柄(がら)
## JACQUARD PATTERN

**ジャカード織機やジャカード編み機によって作られる複雑な柄**

**概要** ジャカード織機やジャカード編み機で作られる織柄、編柄の総称。

**歴史** ジャカード織機は19世紀にフランス人のジョセフ・ジャカールが開発した。それまで、複雑な紋織物は織り手のほかにもう1人「紋引き手」が必要だったが、この発明により1人でも織ることが可能となった。幾何学模様から写実的な模様まで作ることができ、テキスタイル・デザインの革命的存在となった。

ジャカード織機では穴をあけたパンチ・カードを使って模様を織るが、これは、後に登場したコンピューターの原理と同じものである。現在は、図柄をコンピューターで描き、織機に連動させるコンピューター・ジャカードが定着している。ジャカード編み機も同じ原理である。

**種類** 細かく繊細な模様から、布幅いっぱいの大きな模様、単色の地模様から100色を超える絵画のような模様まで、多種多彩な模様を作ることができる。

**ノルディック柄**
北欧の伝統的な編柄。雪の結晶やトナカイなどの模様が見られる。

**DATA** 用途／衣類全般のほか、雑貨、インテリア用品など。

**特徴** ジャカード織機やジャカード編み機で作られる織柄、編柄。多彩な模様を作ることができる。

**関連** ジャカード・クロス ◯P.151　ジャカード編み ◯P.168
ジャカード・ストライプ ◯P.239　具象柄 ◯P.254

# 抽象柄
## ABSTRACT PATTERN

**具体的なモチーフを持たない非写実的な柄**

**概要** 具体的なものを表現しない柄の総称。無機的な点や線、面などによって構成される。

**別名** 「アブストラクト・パターン」ともいう。反対語は「具象柄」。

**歴史** 20世紀頃に活躍したピカソやマチス、カンディンスキーなどの抽象画家の影響を受けて作られたものも多い。1925年様式と呼ばれる「アール・デコ模様」の中にも抽象的な表現が多く見られる。

**種類** 「アンフォルメル」と呼ばれる不定形なパターンや、様々な形に変形させた四角形を並べて錯視効果を生み出す「オプティカル・プリント」も抽象柄として名高い。

また、アメリカの有名な抽象画家ジャクソン・ポロックが生み出した「アクション・ペインティング」の手法を取り入れたものもある。これはペンキなどの塗料をキャンバスに無作為に垂らす手法で、絵柄が偶発的に生み出される。

**モンドリアン・ルック**
「イヴ・サンローラン」の出世作となったモンドリアン・ルック。オランダの抽象画家ピエト・モンドリアンの作品「コンポジション」の構図を取り入れた抽象柄。

**DATA 用途**／衣類全般のほか、バッグ、雑貨、インテリア用品など。

**特徴** 具体的なものを表現しない柄の総称。無機的な点や線、面などによって構成される。

**関連** 具象柄 ●P.254　様々な抽象柄 ●P.272〜

抽象柄

# 幾何学模様
## GEOMETRIC PATTERN

**具体的なモチーフのない線や図形からなる柄**

**概要** 直線や曲線、円などの図形によって構成される柄の総称。

**名前の由来** 「幾何学」とは図形の性質を研究する学問のこと。柄では単純な線や図形を基本要素としたものを指す。

**別名** 「幾何柄」、「ジオメトリック・パターン」とも呼ばれる。

**種類** 幾何学模様と呼ばれるものは数多くある。

点を基本要素とする幾何学模様は点描、水玉、円、同心円など。

直線を基本要素とするものは縞、ジグザグ模様、格子、雷文、卍など。

曲線を基本要素とするものは、らせん、波形、渦巻きなど。

面を基本要素とするものは三角形、四角形、それ以上の多角形、菱形、立方体など。

これらの自由な組み合わせによる図形のすべてが幾何学模様と呼ばれる。

動植物など、身のまわりにあるモチーフを描いていても、図形的にデフォルメされていれば、具象柄ではなく幾何学模様に分類されることもある。「亀甲文様」や「麻の葉」などがそれである。

**様々な図形を組み合わせた幾何学模様**
直線、三角形、菱形などが組み合わされた、鮮やかな配色の柄。

● 日本の幾何学模様

**市松文様（いちまつもんよう）**
2色の正方形を交互に並べた格子柄（●P.291）。

**鱗文（うろこもん）**
三角形を上下左右に並べた柄（●P.292）。

**麻の葉（あさのは）**
正六角形を基本にした幾何学模様（●P.292）。

**亀甲文様（きっこうもんよう）**
正六角形を上下左右に並べた幾何学模様（●P.293）。

● 世界の幾何学模様

**水玉**
小さな円を並べた柄。世界中に見られる（●P.274）。

**イタリアン柄**
イタリアらしい色使いの幾何学模様（●P.276）。

**モンドリアン柄**
オランダの画家ピエト・モンドリアンの作品「コンポジション」の構図を取り入れた柄。

**アラベスク文様**
どこまでも続くような模様はユークリッド幾何学が影響。

## 具象柄より後になって発達した幾何学模様

**歴史** 動物や植物などの具象柄は旧石器時代にすでに見られたのに対し、抽象的な幾何学模様は新石器時代になってから発達した。

紀元前1000～700年頃までのギリシャの美術様式を幾何学様式といい、壺などの陶器に直線や円からなる幾何学模様が見られる。これらは完成度が高く、この頃に幾何学模様が芸術として熟したことがうかがえる。

**日本の幾何学模様** 本書で紹介している日本の伝統柄のうち、「友禅」や「吉祥柄」などの写実的な絵柄以外はすべて、幾何学模様といえる。具体的なモチーフを描いていても、単純な図形にデフォルメされているからだ。

代表的なものに「鱗文」、「菱文」、「市松文様」、「七宝つなぎ」などがある。

**世界の幾何学模様** イスラム建築のモスクなどに見られる「アラベスク柄」や、1920年代頃にフランスを中心に流行した「アール・デコ模様」、「エミリオ・プッチ」に代表される「イタリアン柄」など、数多くある。

**DATA** 用途／衣類全般のほか、雑貨、インテリア用品など多種多様。

**特徴** 直線や曲線、円などの図形によって構成される柄の総称。

**関連** ストライプ ●P.232　チェック ●P.242
具象柄 ●P.254　抽象柄 ●P.271
水玉 ●P.274　イタリアン柄 ●P.276
様々な日本の伝統柄 ●P.282～

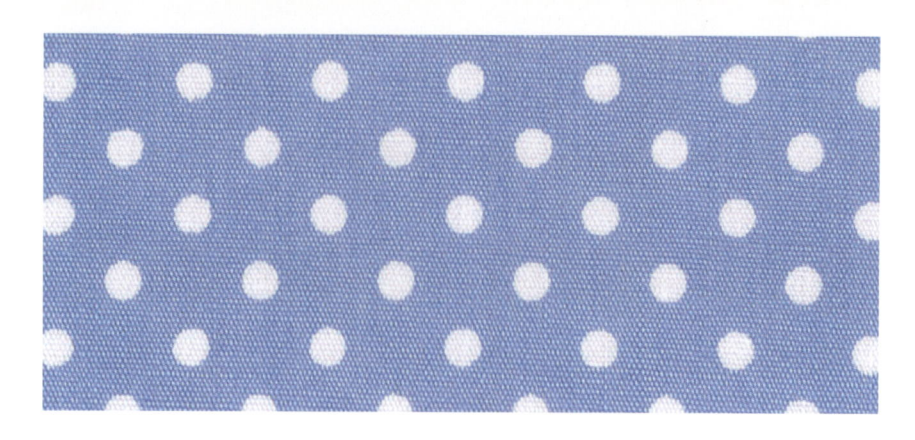

抽象柄

# 水玉
### みずたま
**DOT PATTERN**

**色や大きさで表現は自由自在。
老若男女に愛されるポピュラーな柄**

**概要** 小さな円形（玉）を並べた柄の総称。幾何学模様の1種。

流行には左右されることの少ない、スタンダードな柄として幅広く使われているが、1929年に起きた世界大恐慌の頃に流行したため、「不況時に流行する柄」という説がある。

**種類** 水玉は、玉の大きさ、配置の間隔、重なり方、色数などで細かく種類が分けられており、名称もそれぞれ異なる。

玉の大きさでいうと、1～2mmの針を刺したような非常に小さな点が配置された水玉は「ピン・ドット」と呼ばれており、柄も控えめで無地に近い。次に5～10mmの大きさのものは「ポルカ・ドット」、「中水玉」と呼ばれ、最も一般的な水玉とされている。さらに大きい2～3cmの玉のものは、アメリカの25セント硬貨に近いサイズのため、「コイン・ドット」と呼ばれている。

コイン・ドット以上に大きい水玉はドットではなく、「スポット」とされる。同義語として、1980年代中頃にカジュアル・ファッションのプリント柄として流行した大きな水玉柄は、その水玉の大きさを風船にたとえて「バルーン・ドット」と表現される。

水玉が二重になったもの、大きさの異なる水玉がセットになって配置されたものは「ダブル・ドット」。水玉の中心部がくり抜かれたリング状のものが配置された柄は「リング・ドット」。大小異なる水玉がランダム、または一定の規則性を持って配置された柄は「シャワー・ドット」、「ファンシー・ドット」と呼ぶ。そのほか、ランダムな構図やカラフルな色彩など、数多くのバリエーションがある。

● 玉の大きさによる名称の違い

小 ←――――― 大きさ ―――――→ 大

**ピン・ドット**
玉の大きさが針（ピン）の頭ぐらい小さいのが名前の由来。男性のネクタイ柄にも使用される。

**ポルカ・ドット**
水玉の中でもスタンダードとされる大きさ。5〜10㎜を基準とする。

**コイン・ドット**
アメリカの25セント硬貨を基準とした、2〜3cmの大きさのもの。「ポロ・ドット」ともいう。

**スポット**
コイン・ドットより大きい水玉。ドットの定義には相当しないため「スポット」と呼ぶ。

## 水玉は和柄の1つとしても時代とともに親しまれていた

**日本の水玉** 水玉は日本にも古くから「水玉文（みずたまもん）」という名前で存在し、同じ大きさの水玉を規則的に並べたもの、不規則な配置のもの、または布地の一部のみに用いたものなど様々あった。元来、黒地や紺地、または赤地に白く玉を抜いたものが多い。

「江戸小紋」の代表的な模様の1つに、ピン・ドット・サイズの細かい点の模様を一面に配したものがあり、それがまるで鮫の肌を思わせるところから「鮫小紋（さめこもん）」という名で呼ばれ、江戸時代には島津家の裃（かみしも）の柄として使われていた。

そのほかにも、小さい不規則な点の配置が、空から降る霰（あられ）を表現したとされる「霰」、豆粒サイズの水玉を染め出した布地の「豆絞り（まめしぼり）」、蛇の目傘で知られる、大小二つの同心円からなる「蛇の目（じゃのめ）」などがあり、水玉が日本でも親しみの深い柄の1つであることがうかがえる。

**霰模様の着物**
小さい点と大きい点が混じったものは「大小霰（だいしょうあられ）」という。

柄　抽象柄　●水玉

**DATA 用途**／着物を含む衣類全般のほか、雑貨、インテリア用品など。

**特徴** 小さな円形（玉）を並べた柄。幾何学模様の1種。様々な種類がある。

**関連** 抽象柄 ● P.271　幾何学模様 ● P.272
江戸小紋 ● P.286

抽象柄

# イタリアン柄（がら）
## ITALIAN PATTERN

**イタリア独自に発展した
大胆で色彩豊かなプリント柄**

**概要** イタリアで生産される、鮮やかな色彩とインパクトのある図案が特徴のプリント柄。生産地域はコモやミラノが有名。

**種類** イタリアのファッション・ブランドにはそれぞれアイコン的な柄が存在する。

1950年代にグラフィカルなパネル調のデザインを発表し注目を集めた「エミリオ・プッチ」のプリント柄は、その名も「プッチ柄」という呼び名で親しまれ、1960年代にはアメリカ・ラニフ航空の客室乗務員の制服にも採用された。そのほかにも、カラフルな幾何学模様の「ミッソーニ」、細やかでシックな色合いのペイズリー柄の「エトロ」など、それぞれのブランドが個性あるプリント柄を発表している。

**イタリアの具象柄** 具象柄を用いるイタリアのブランドも多くある。「グッチ」は花や虫が舞う写実的なプリント柄「フローラ」、「フェラガモ」は、華やかな花柄や動物柄などのスカーフが有名だ。

**「エミリオ・プッチ」のスカーフ**
幾何学模様をポップでサイケデリックな柄として昇華させた「プッチ柄」は、イタリアン柄の代名詞的存在。

**DATA** **用途**／衣類全般のほか、バッグ、財布、スカーフなど。
**特徴** イタリアのブランドが生み出した、鮮烈な色彩センスとインパクトある図案が特徴のプリント柄。

**関連** 具象柄 ●P.254　花柄 ●P.256
抽象柄 ●P.271　幾何学模様 ●P.272
ペイズリー柄 ●P.278　サイケデリック柄 ●P.280
動物柄 ●P.293

抽象柄

# 迷彩柄
### めいさいがら
CAMOUFLAGE PATTERN

**戦闘服からカジュアル・ファッションへ。
時代を経て発展を続けるワイルド柄**

**概要** 自然に溶け込むことを目的とし、緑、茶、ベージュなどのナチュラル・カラーを用いた、不定形なまだら模様。「カモフラージュ柄」、「アーミー柄」とも呼ばれる。

**歴史** もともとは戦闘中に敵から発見されにくいように考えられた手法の1つで、軍用の戦車、軍艦、衣服などに用いられていた。

各国の軍で柄が異なるのはもちろん、戦場となる場所が密林地帯か砂漠地帯かによっても色や柄の組み合わせが変わるため、多くの柄が存在する。

実用的な意味合いの強い柄だったが、ベトナム戦争がきっかけとなり、1970年初頭に迷彩柄を使ったファッション・アイテムが登場。「迷彩ルック」、「アーミー・ルック」という名のファッションが流行した。現在、若者を中心としたファッションにおいて迷彩柄は定番となるほど浸透している。

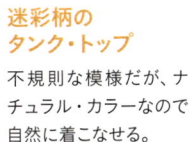

**迷彩柄の
タンク・トップ**
不規則な模様だが、ナチュラル・カラーなので自然に着こなせる。

**DATA 用途**／カジュアルな衣類全般のほか、雑貨、インテリア用品など。

**特徴** 戦闘服などに用いられる不定形なまだら模様。緑、ベージュ、黒などのナチュラル・カラーのものが多い。

**関連** 抽象柄 ● P.271

柄

抽象柄　●カモフラージュ柄

抽象柄

# ペイズリー柄(がら)
## PAISLEY PATTERN

**インドで生まれ、欧米で洗練されたオリエンタルな雰囲気の植物柄**

**概要** インドのカシミール地方の伝統柄。特徴的な模様は、松かさや菩提樹の葉、ヤシの葉、糸杉、花など様々な植物を抽象化したものといわれる。一説にはゾウリムシをモチーフにしたともいわれる。

モチーフの複雑さや色使い、柄の大きさ、配置の仕方などによって印象が変わる。

**名前の由来** ペイズリー(Paisley)とは、スコットランドのグラスゴーにある小都市の名前。

ペイズリー柄をあしらったインド原産のカシミヤ・ショールが19世紀頃に人気となったが、生産が追い付かず、この街で模造品を作ったことから、この名が広く知られることとなった。

**別名** フランスでは、本来の生産地であるインド・カシミール地方の名前を取って「Kashmir(カシミール)」と呼ぶ。

日本では、勾玉(まがたま)の形に似ていることから「勾玉模様(まがたまもよう)」とも呼ばれる。

**用途** もともとは毛織物の織柄だったが、現在ではプリントのものも多い。最も身近な用例はバンダナだろう。ペイズリー柄のネクタイもよく見られる。

**色みを抑えたペイズリー柄**
青の濃淡からなる柄は落ち着いた印象。

**ポップなペイズリー柄**
イタリアのテキスタイル。鮮やかな配色と水玉との組み合わせでポップな印象。

● 様々なペイズリー柄のアイテム

**バンダナ**
ペイズリー柄は、バンダナの定番模様。ちなみにバンダナの語源は、ヒンドゥー語の「bandhnu（絞り染め）」である。

**ネクタイ**
ネクタイに施されたペイズリー柄は、上品でエレガントなイメージ。定番の人気がある。

**ショール**
ペイズリー柄のカシミヤ・ショールは19世紀のヨーロッパで流行し、ナポレオンに贈られたという記録も残っている。

**ピアス**
ペイズリーは、布地の柄としてだけでなく、モチーフとしてアクセサリーに使われることもある。エレガントかつエスニックな雰囲気のものが多い。

## カシミヤ・ショールの柄として ペイズリー柄が大流行

**歴史** 古くはペルシャで生み出された「花鳥文」がインドやイスラム圏に伝わり、抽象化されてペイズリー柄になったといわれる。そこからインドのカシミール地方で織られていたカシミヤ・ショールの代表的な模様となった。

イギリスとフランスのインド抗争の激化後、帰還兵たちがカシミヤ・ショールを記念に持ち帰ったことからヨーロッパに伝わり、人気を博すようになったといわれる。

カシミヤ・ショールはカシミヤ山羊の毛でできているため暖かく、軽いのが特徴であったが、それにあしらわれていたペイズリー柄の神秘的でオリエンタルなイメージが、ヨーロッパの女性の間で人気となり、たちまち流行となった。

実は16～17世紀のペイズリー柄は現在のようなものではなく、ショールの両端にだけ、ひなげしの花などの草花の模様をあしらった簡素なものであった。

17世紀後半に草花の数が増し、低木のように草花が密集した形となる。ここから全体が卵のような形へ変わり、花のモチーフの上部が片側に偏り、現在の勾玉のような形ができあがったとされる。

こうして、もとは簡素な模様だったものが、19世紀前半にはヨーロッパで人気を博したともあいまって西洋化され、花の中に花が入るなど次第に複雑化して、現在のような柄になったといわれている。

**DATA** **用途**／シャツ、ワンピースなどの衣類のほか、バンダナ、ストール、ネクタイ、インテリア用品など。

**特徴** インドのカシミール地方の伝統柄。花や松かさなどを抽象化したものといわれる。

**関連** カシミヤ ● P.132　抽象柄 ● P.271

柄　抽象柄 ●ペイズリー柄

## 抽象柄
### グラフィック柄
### GRAPHIC PATTERN

## 抽象柄
### サイケデリック柄
### PSYCHEDELIC PATTERN

## 視覚的な効果を追求した、テキスタイル・デザイン

**概要** 様々な線や文字、記号、絵、写真をメインにした柄。プリントで作られる柄で、織柄や編柄では出せない複雑な柄を作ることができる。

**歴史** 19世紀末にポスターなどの商業デザインが台頭した頃から発展したとされる。アンリ・ロートレックなどのポスターの装飾図案をもとにしたものなどが代表的。現代ではコンピューターを使ったデザインも豊富で、グラフィック・アートを取り入れた「マリメッコ」などのブランドも有名である。

**DATA 用途**／Tシャツ、カット・ソー、ワンピース、スカート、パンツなどの衣類のほか、水着、雑貨、インテリア用品など。
**特徴** 様々な線や文字、絵、写真をメインにした柄。
**関連** 抽象柄 ▶ P.271

## ヒッピー・カルチャー発の刺激的な色彩の柄

**概要** 派手な色使いや曲線を多用した柄。従来の色柄に飽き足らずに刺激的な色や型破りの模様を求めたもの。蛍光色や複雑な曲線で作られた柄など、強烈なインパクトのあるものを指す。

**名前の由来** サイケデリック（psychedelic）とは「色彩が派手な」、「けばけばしい」という意味。「幻覚剤の」という意味もある。「サイケ調」ともいわれる。

**歴史** 1960年代にヒッピー族と呼ばれる若者の間で流行した。

**DATA 用途**／Tシャツ、シャツ、パンツ、スカート、ワンピース、雑貨など。
**特徴** 派手な色使いや曲線を多用した、強烈なインパクトのある柄。
**関連** 抽象柄 ▶ P.271

# 柄の表現法
## REPRESENTATION METHOD OF PATTERN

柄を作る手法は大きく分けて2つある。

1つは、先染め糸などを使って織りや編みで作る柄。「ジャカード柄」(P.270)や、「ギンガム」(P.103)などがそれである。「サテン・ストライプ」(P.102)や「ダマスク」(P.105)、「縄編み」(P.164)は、単色の糸でも組織の変化によって布地の光沢の違いや立体感を出し、柄を作ることができる。

もう1つは、プリント(捺染／P.59)によって作る柄。プリントによる表現は無限で、織柄や編柄では難しい複雑な模様も作ることができる。具象柄(P.254〜)や抽象柄(P.271〜)は、そのほとんどがプリントで作られる。

ストライプ(P.232〜)やチェック(P.242〜)は、もともとは複数の色糸を使って織って作る柄だったが、現在ではプリントのものも多くある。

さらに、化学的な手法により柄が生み出されることもある。「オパール加工」(P.224)は薬品によって透かし模様を作ることができるし、「エンボス加工」(P.217)はローラーで布地をプレスすることによって、布地の表面に凹凸を付けて模様を浮かび上がらせる。

このような様々な手法を用いて、数多くの柄が生み出されるのである。

● 柄の作り方

**織柄**
複数の色糸を使って織りながら柄を作ったり、織組織の変化によって光沢の差などを出し、柄を作る。

**プリント**
インクジェット・プリントなど革新的な技術のほか、手作業による防染や絞り染めなど、様々な染色法がある。

**編柄**
複数の色糸を使って編みながら柄を作ったり、編組織の変化や編目を移すなどの手法で柄を作る。

**加工**
薬品や静電気、ローラーなどを使ったり、ラメや箔を貼り付けるなどして柄が生み出される。

**日本の伝統柄**

# 吉祥柄
### KISSHO PATTERN

## 魔除けや招福の意味を込め
## 縁起のいいモチーフを描いた柄

**概要** 吉祥とは「めでたい兆し、よい前兆」という意味。吉祥柄とは動物や植物、物品など縁起がいいとされるモチーフで吉祥を表現した具象柄の総称である。

もともとは祝いの心を表現する柄として、正月や婚礼など、おめでたい席の着物などの柄として用いられていた。

また、魔除けや厄除けなど、怨念や悪縁を祓う目的で描かれた柄や、富貴・健康・長寿などの祈願達成を目的に描かれた柄も吉祥柄と呼ばれる。

**別名** 「縁起柄」、「祝儀柄」、「吉祥文様」、「古典柄」、「伝統柄」などとも呼ばれる。

**歴史** 中国の影響を受けた日本をはじめ、アジア圏で縁起がいいとされ、定着した。

**金運の吉祥柄** 「宝船」や「七福神」は金運をよくする招福柄としてよく用いられる。特に宝船に乗せられるような財宝を描いた「宝づくし文様」は室町時代に民間信仰として盛んになった。江戸時代になってさらに広まり、何でも思いのままになる"如意宝珠"、富の象徴である"金嚢"（金銀財宝が詰まった巾着）、知恵を授ける"巻物"、貨幣の"分銅"などのモチーフが好まれた。

**文字の吉祥柄** 柄の中に直接、「福」、「吉」、「喜」、「寿」など縁起のいい文字を織り込んだ吉祥柄もある。ほかに、語呂合わせで吉祥とされている文字もあり、例えば、長者の「長」と同じ読み方の「蝶」や、「めでたい」に通ずる「鯛」がよいとされる。これと同じく、中国では蝙蝠が「福」という意味の単語と同じ発音のため、吉祥柄の代表格とされている。

ほかにも、「福」の字が入った「福助」や「福良雀」も日本ではおなじみの吉祥柄。

## ● 様々な吉祥柄

**瓢箪文**（ひょうたんもん）
群生する瓢箪はたくさん実を付けることから、子孫繁栄などを象徴する植物とされる。

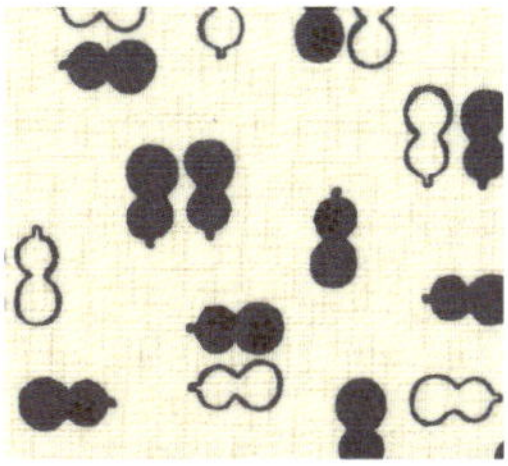

**七福神**（しちふくじん）
宝船に乗った七福神をいくつも配列した吉祥柄。

**鶴亀宝づくし**（つるかめたから）
鶴亀や金嚢など代表的な吉祥モチーフが満載。

## 鳳凰、鶴、唐草……動物や植物の吉祥柄

**動植物の吉祥柄** 代表的なものに、鳳凰や龍、獅子などの架空の動物柄がある。

長寿の意味を持つ吉祥柄もあり、代表的な鶴亀のほか、不老不死の仙人が住むといわれている蓬莱山、魔除けや長寿の意味を持つ桃などもモチーフとして描かれる。

つがいでいつも一緒にいることから夫婦円満の象徴とされる鴛鴦や、実をたくさん付ける柘榴や葡萄も多産の象徴として好まれた。このように、動植物の生態から吉祥柄として描かれるようになったものも多くある。なかでも、「唐草文様」は一面に広がって生える蔓性植物の力強さから、物事が永遠に続く縁起がよいモチーフとされる。

また、1つのパターンでどこまでも展開可能な幾何学模様は、物事が永遠に続くさまを思わせるため吉祥柄とされることが多い。代表的なものに、恵みをもたらす大海原を表した「青海波」や、麻の葉のようにすくすくと育つことを願った「麻の葉」などがある。

### 麻の葉柄（右）と朝顔柄（左）の手ぬぐい

麻の葉は生命力が強いことから子供の成長を、朝顔は、早朝から美しく咲くことから気力を、といずれも健康を祈る意味が込められている。

**DATA 用途**／着物、帯、和小物など。
**特徴**「めでたい兆し、よい前兆」を意味した動植物、物品など、縁起がいいとされるモチーフを使った具象柄の総称。

**関連** 具象柄 ●P.254　幾何学模様 ●P.272
唐草文様 ●P.285　青海波 ●P.290
麻の葉 ●P.292　動物柄 ●P.293

柄　日本の伝統柄 ● 吉祥柄

### 日本の伝統柄
# 菱文
## HISHI MON

## 古くから愛される菱形の幾何学模様

**概要** 菱形を連続的に並べた柄。

**歴史** 縄文時代の土器にも刻まれていたといい、古来からある模様。沼地などに生えている菱の実の形を模様化したともいわれている。

**種類** 菱文にはさまざまな種類がある。上の写真は「入子菱」。これは、平安時代の公家装束に用いられたもので、菱形の内側に二重、三重にも菱を入れ込んでいる。

戦国時代には甲州の武田家が用いた「武田菱」が有名になった。4つの菱形でさらに大きな1つの菱形を作る模様で、「四つ割菱」や「割り菱」とも呼ばれる。

「花菱」は菱形の中に4つの花を入れた模様で、「唐花菱」ともいう。平安時代の歌人、在原業平を描く際に、着衣に用いられる「業平菱」もある。

また、連続した菱文は「斜め格子」や「襷文様」とも呼ばれる。3本の斜線で形作る菱形の中にさらに4つの菱形を入れた「三重襷」や、松の葉のような4つの菱形で作る「松菱」などもある。

### 帯に見られる菱文
入子菱や花菱などが四つ割菱状になり、ランダムに並べられている。

**DATA 用途**／着物、帯、和小物など。

**特徴** 4本の斜線で囲んだ菱形を連続的に並べた柄。

**関連** 花柄 ● P.256

## 日本の伝統柄
# 唐草文様
### KARAKUSA MONYO

**緑地に白の蔓草文様がおなじみ**

**概要** 蔓草や蔦の葉がからみ合うさまを描いた柄。

**名前の由来** 中国（唐）から伝わったため、「唐草」と呼ばれるようになったといわれる。

**歴史** ギリシャやローマに伝わる「パルメット」と呼ばれる連続模様がもとになったといわれる。これは、シュロの葉をモチーフにした唐草文様で、これが中国を経て日本に伝わり、現在の唐草文様に発展したという説がある。

地面を這って成長する蔓性植物のモチーフは力強い生命力を感じさせるとして定着した。江戸時代には庶民にとって最も身近な模様の1つで、吉祥柄でもある。

**種類** 草だけでなく、花や果実、動物をあしらった華やかなバリエーションもある。「菊唐草」や「牡丹唐草」、「松唐草」、「葵唐草」など、ほかの植物と組み合わせたもののほか、吉祥モチーフの鳳凰を散りばめた「瑞鳥唐草」などもある。これらは一般的な唐草文様よりも華やかなため、着物の帯などによく用いられる。

**唐草の変形柄**
唐草文様をモチーフにした渦巻き柄。

**DATA 用途**／風呂敷、手ぬぐい、和小物など。

**特徴** 蔓草や蔦の葉がからみ合うさまを描いた柄。
**関連** 吉祥柄 ●P.282　渦巻文 ●P.291

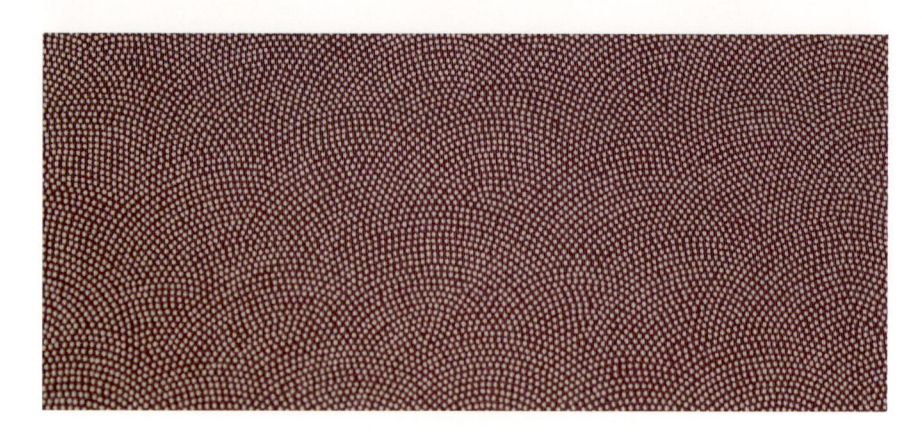

日本の伝統柄

# 江戸小紋
### えどこもん
### EDO KOMON

**きりりとした美しさを漂わせる、1色使いの小紋**

**概要** 細かい模様を彫った型紙を使い、1色で染めた柄。捺染の1種である防染法の技術で、細かく散りばめた点の模様を白抜きで染め出したものである。

**歴史** 防染の手法は室町時代からあったといわれるが、江戸時代に武家の裃に使われて以降、江戸小紋と呼ばれるようになった。藩ごとに小紋を定め、その藩のシンボルとして使われたことから、「定め紋」とも呼ばれた。

　一見、無地かと思うほど粒が小さいのが特徴的だが、これは派手な着物を幕府が禁じた奢侈禁止令にならったもので、将軍家の小紋は「御召十」と呼ばれた。職人の技術が光る江戸の粋、おしゃれとして町民からも熱い支持を集めた。

**種類** 「江戸小紋三役」といわれる代表的な小紋に「鮫」、「角通し」、「行儀」がある。鮫は島津家の小紋で、錐で彫った小さな丸い粒が扇のように並んだ連続模様。角通しは細かな正方形を規則的に並べたもので、格子模様のさらに細かいバリエーションともいえる。行儀は、細かな粒が斜めに並んだもの。

### 江戸小紋三役
### えどこもんさんやく

江戸小紋の代表的な3つの柄。左から、鮫（さめ）、角通し（かくどおし）、行儀（ぎょうぎ）。

**DATA** 用途／着物、和小物など。

**特徴** 細かい模様を彫った型紙を使って1色で染めたもので、江戸時代の武家の裃に使われた柄。

**関連** 捺染 ● P.59

## 日本の伝統柄

# 友禅
## YUZEN

**日本独自に発展した具象柄。**
**絵画のように美しく鮮やか**

**概要** 様々な色を用いて描いた絵画のような模様。染色方法そのものを指すこともある。

**名前の由来** 元禄時代、京都の扇絵師である宮崎友禅斎が小袖に花鳥画を描いたことに由来するといわれる。

**歴史** 京都で生まれた華やかな模様の友禅は奢侈禁止令が解かれた後、さらに豪華になり、絞り染めや刺繍も施された。

京都のものを「京友禅」、晩年に宮崎友禅斎が加賀前田家のもとで発展させたものを「加賀友禅」と呼ぶ。参勤交代などで大名御抱えの染め師が江戸に住むようになったことから「江戸友禅」も発展した。

**種類** 直接手描きで絵画調の模様を描いた「本友禅」と、型紙を使って型染めする「型友禅」がある。いずれも江戸時代に発展した捺染法である。

**加賀友禅の着物**
写実的な草花模様を中心とした絵画調の柄が特徴。古代紫や草色など加賀五彩を基調とした多彩な配色も魅力だ。

**DATA** **用途**／着物、帯、和小物など。

**特徴** 様々な色を用いて描いた絵画のような模様。日本で発展した染色法で作られる。

**関連** 捺染 ● P.59　絞り染め ● P.62
具象柄 ● P.254　絞り柄 ● P.289

## 日本の伝統柄

# 絣柄
### KASURI PATTERN

## 糸の色がかすれた部分で作られる織柄

**概要** あらかじめ模様に従って染め分けた糸（絣糸）を用いて、織って作った模様。その織物は「絣」と呼ばれる。さまざまな種類があり、そのほとんどが庶民の日常着として愛用されてきた。本来は織柄だが、捺染で再現したものは「染め絣」と呼ぶ。

**名前の由来** 柄の部分がかすれて見えることからという説と、琉球絣を「カシィリィ」と発音することから、という2つの説がある。柄が白くかすれることから「飛白」とも書く。

**種類** 上の写真は「井桁絣」。井桁とは、井戸の上部の縁に「井の字」に組まれた木枠のこと。江戸時代の人々にとって井戸は欠かせないものだったため、模様としても親しまれた。このように文字をそのまま模様にしたものはほかに「十字」、「サの字」、「キの字」などがある。「キの字」はトンボに似ているため「蜻蛉絣」とも呼ばれる。「十字絣」の中でもより細かい十字が並んだものは、蚊が群がっているように見えることから「蚊絣」ともいう。これは高度な技術で作られるため、高価なものがほとんどで、男性の服に用いられることが多かった。

単調な模様だけでなく、松竹梅や鶴亀、恵比寿神などの吉祥モチーフを織り込んだ「絵絣」もあり、嫁入り道具の1つである婚礼布団に用いられた。複雑な柄を織り出すため「工夫絣」とも呼ばれ、福岡県の「久留米絣」をはじめ、全国的に広まった。

**DATA** 用途／着物、帯、和小物など。

**特徴** あらかじめ模様に従って染め分けた糸を使って織りながら作った模様。

**関連** 吉祥柄 ●P.282　矢絣 ●P.289

## 日本の伝統柄
### 矢絣
### YAGASURI

**明治時代、女学生の制服にも使われた人気の絣柄**

**概要** 弓矢の矢羽根の形を交互に配置した柄。絣柄の1つ。

**別名** 「矢羽根絣」、「矢筈絣」ともいわれ、矢絣は矢筈絣の略称とされる。

**歴史** 射った矢は戻ってこないことから「矢絣の着物を持たせて嫁に出すと戻ってこない」といわれ、明治時代に流行した。特に紫色の矢絣は女学生の制服に使われたこともあり、現代でも女子大生の卒業式などで人気の柄。

**種類** 矢絣の上に菊や楓、梅の枝を散らした華やかな図柄もある。

**DATA 用途**／着物、帯、和小物など。
**特徴** 弓矢の矢羽根の形を交互に配置した柄。
**関連** 絣柄 ◯P.288

## 日本の伝統柄
### 絞り柄
### SHIBORI PATTERN

**アジアに広く見られる伝統的な染色柄**

**概要** 絞り染めという技法によってできる柄の総称。

**別名** 海外では「tie dye（タイ・ダイ）」と呼ばれることが多いが、日本の絞りも「shibori」として定着しつつある。

**製法** 布地の一部を糸で絞り、絞った部分に染料が浸透しないようにして柄を出す。防染の1種。

**種類** 「鹿の子絞り」、「三浦絞り」、「むら雲絞り」など100種類近くある。

**DATA 用途**／着物、帯、和小物など。
**特徴** 絞り染めという技法によってできる柄の総称。
**関連** 絞り染め ◯P.62　鹿の子絞り ◯P.290

日本の伝統柄

## 鹿の子絞り
### KANOKO SHIBORI

**細かな手作業で作られる
日本独自の水玉模様**

**概要** 絞り染めで作られる、小さい斑点を散りばめた柄。

**名前の由来** 子鹿の背中にある小さな白い斑点に似ていることから。

**製法** 絹の布地を小さな粒に合わせて1粒ずつ指先でつまんで、糸を巻いて染める。
鹿の子絞りは非常に細かな作業のため、型染めで鹿の子模様を表現したものもある。

**種類** 京都の絹の鹿の子絞りは「京鹿の子絞り」として伝統工芸品となっている。

DATA **用途**／着物、和小物など。
**特徴** 小さい斑点を散りばめた柄。絞り染めで作られる。
**関連** 絞り染め ● P.62　鹿の子編み ● P.162
絞り柄 ● P.289

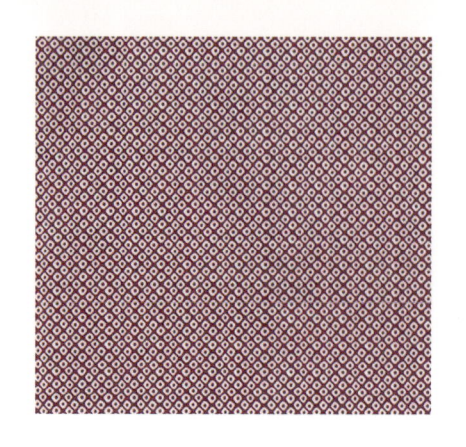

---

日本の伝統柄

## 青海波
### SEIGAIHA

**雅楽の衣装から生まれたという
波に見立てた吉祥柄**

**概要** 扇形の半円を上下左右に配列し、波に見立てた柄。幾何学模様の1種。

**名前の由来** 古代中国の青海地方で、舞を演じる人が着た衣装が起源という説や、雅楽の演目「青海波」の衣装に用いられたためという説がある。

**歴史** 平安時代から日本で「青海波」と呼ばれるようになったといわれ、江戸時代に広く普及した。無限に続く海の広がりを表しているため、縁起がよい吉祥柄として人気を集めた。

DATA **用途**／着物、帯、和小物など。
**特徴** 扇形の半円を上下左右に配列し、波に見立てた幾何学模様。
**関連** 幾何学模様 ● P.272　吉祥柄 ● P.282

### 日本の伝統柄
## 市松文様
いちまつもんよう
ICHIMATSU PATTERN

### 日本の伝統柄
## 渦巻文
うずまきもん
UZUMAKI MON

**人気歌舞伎役者の名前が付いた粋な格子柄**

**概要** 2色の正方形を交互に並べた格子柄。

**名前の由来** もともとは、石を敷きつめた形に似ていることから「石畳文(いしだたみもん)」と呼ばれていた。江戸時代、歌舞伎役者の佐野川市松(さのがわいちまつ)がこの柄の着物を着たことから人気を博し、「市松文様」と呼ばれるようになった。

**別名** 海外にも同じ模様があり、チェス盤の模様に似ていることから英語圏では「チェッカーボード・チェック」、フランス語では「ダミエ」と呼ばれる。

**DATA 用途**／着物、帯、和小物など。
**特徴** 2色の正方形を交互に並べた格子柄。
**関連** チェック ● P.242

**流水をイメージさせる、伝統的な幾何学模様**

**概要** 螺旋形を描きながら中心から外へ向かっていく模様。幾何学模様の1種。

**名前の由来** 水の渦巻きに似ていることから。

**歴史** 埴輪(はにわ)の装飾などにも用いられており、江戸時代には絞り染めで渦巻きを表現したものも生まれた。

**種類** 日本だけでなく、海外でも古くから似た模様が親しまれている。ケルト模様やロココ装飾では、渦巻きの持つ求心的な模様には神秘的な力があるとされ、呪術的な意味合いを持つ場面でも用いられてきた。

**DATA 用途**／着物、帯、和小物など。
**特徴** 螺旋形を描きながら中心から外へ向かっていく模様。
**関連** 絞り染め ● P.62　幾何学模様 ● P.272

柄　日本の伝統柄　●市松文様／渦巻文

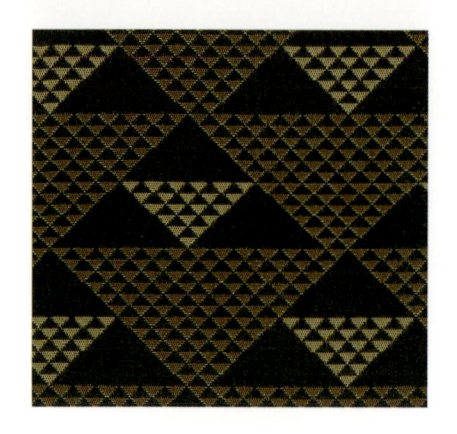

## 日本の伝統柄
### 鱗文
### UROKO MON

**魔除けとして使われる神聖な伝統柄**

**概要** 正三角形や二等辺三角形を上下左右に並べた幾何学模様。
　鱗で身を守るという意味合いから神聖な柄とされ、厄除けや魔除けのために使われることもある。

**名前の由来** 魚や蛇、龍の鱗に似ていることから。

**歴史** 古くからある模様で、埴輪や古墳の壁面にも見られる。能装束や江戸時代の歌舞伎衣装の柄にも用いられた。北条氏の家紋「三つ鱗(みつうろこ)」は有名。

**DATA 用途**／着物、帯、和小物、お守りなど。
**特徴** 正三角形や二等辺三角形を上下左右に並べた幾何学模様。
**関連** 幾何学模様 ●P.272

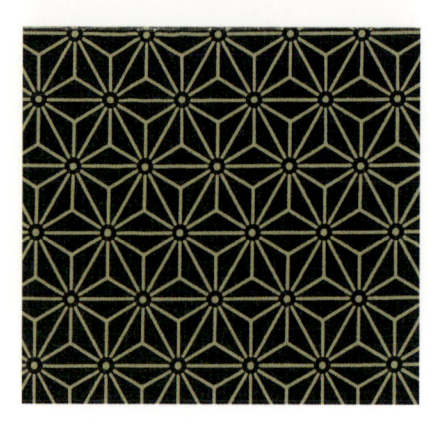

## 日本の伝統柄
### 麻の葉
### ASANOHA

**子供の成長を願う吉祥(きっしょう)の幾何学模様**

**概要** 麻の葉(大麻)を抽象化し、正六角形を基本にした幾何学模様。
　麻の葉はまっすぐ育ち、成長が早いことから、子供の成長を願って産衣に用いられることが多い。

**歴史** 江戸時代に女形の名手といわれた歌舞伎役者の岩井半四郎(いわいはんしろう)が八百屋お七を演じた際に、麻の葉模様の着物を着たことで人気となった。それ以来、麻の葉模様の着物は、町娘の代表的なスタイルとして舞台で定着したといわれる。

**DATA 用途**／着物、帯、和小物、手ぬぐい、子供の産衣など。
**特徴** 麻の葉を抽象化し、正六角形を基本にした幾何学模様。
**関連** 幾何学模様 ●P.272　吉祥柄 ●P.282

## 日本の伝統柄
### 動物柄
### ANIMAL PATTERN

**龍からトンボまで、様々な動物がモチーフ**

**概要** 龍や鳳凰などの架空の動物から、うさぎ、トンボなど実在の動物まで、様々な動物を散りばめた柄。

**歴史** 飛鳥・奈良時代に、中国から伝わった吉祥モチーフである龍、鳳凰、麒麟、亀などが工芸品などにあしらわれたのが始まりとされる。その後、日本では実際の動物や植物と組み合わせて、吉祥柄の1つとして親しまれるようになった。

**種類** 用いられる動物は、鶴や千鳥などの鳥類が多いが、魚や虫などもあり多種多様。

---

**DATA 用途**／着物、帯、和小物、子供の産衣など。
**特徴** 龍や鳳凰などの架空の動物から、うさぎ、トンボなど実在の動物まで、様々な動物を散りばめた柄。
**関連** 吉祥柄 ◯P.282

## 日本の伝統柄
### 亀甲文様
### KIKKOU PATTERN

**長寿のシンボルである亀の甲羅をモチーフにした吉祥柄**

**概要** 正六角形を上下左右に並べた幾何学模様。

**名前の由来** 亀の甲羅に似ていることから。

**歴史** 西アジアからシルクロード経由で中国に入り、日本に伝わった。長寿を表す亀の模様は縁起がよいといわれ、重宝された。

**種類** 六角形の線が太いものと細いものが二重になった「子持ち亀甲」、大中小の亀甲を三重にした「重ね亀甲」、亀甲の中に花を入れた「花菱亀甲」など豊富な種類がある。

---

**DATA 用途**／着物、帯、和小物など。
**特徴** 正六角形を上下左右に並べた幾何学模様。
**関連** 幾何学模様 ◯P.272　吉祥柄 ◯P.282

柄｜日本の伝統柄　●動物柄／亀甲文様

日本の伝統柄

# 小巾柄
## こぎんがら
### KOGIN PATTERN

**美しさと機能性を兼ね備えた伝統的な刺繡柄**

[概要] 青森県に伝わる「津軽小巾刺し（つがるこぎんざし）」と呼ばれる刺繡で作った、伝統的な幾何学模様。「刺し子」の名でも知られる。

[名前の由来] 農民の間で、野良着を「小布（こぎん）」と呼んでいたことから。

[歴史] 江戸時代、木綿はとても貴重なものとされていた。綿花は寒さが厳しい地域ではあまり育たないこともあり、津軽藩は農民に冬でも裏地なしの麻の着物を身に着けることを命じていた。津軽の女性たちは寒さに耐えるため、また補強の意味で麻布に刺繡を施した。これが小巾刺しの始まりといわれている。

明治時代以降は木綿糸を使って晴れ着などに刺繡することが盛んになったが、次第に衰退していった。昭和に入ってから民芸運動を起こした柳宗悦（やなぎむねよし）が再度注目し、昭和58年には重要有形民俗文化財に指定された。幾何学模様の美しさに定評があり、近年では再び注目を集めている。また、小巾柄のプリント布地もある。

**小巾刺しのバッグ**
衣類のほか、バッグや小物、暖簾などに小巾刺しの作品がある。

[DATA] 用途／ベスト、バッグ、ポーチ、和小物、暖簾など。

[特徴] 青森県に伝わる「津軽小巾刺し」と呼ばれる刺繡で作った、伝統的な幾何学模様。

[関連] 幾何学模様 ●P.272

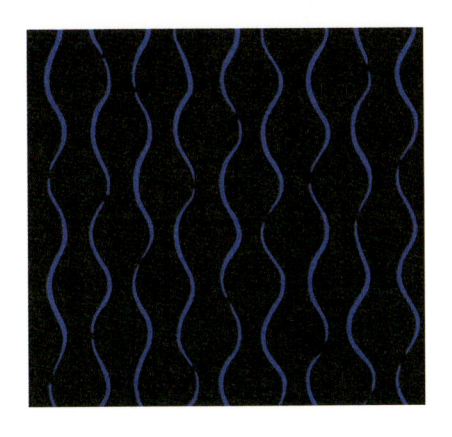

## 日本の伝統柄
### 立涌縞
### TATEWAKU STRIPE

**美しい曲線が特徴の日本古来の縞模様**

**概要** 向かい合わせになった波状の曲線が並ぶ変形縞。立ちのぼる水蒸気をモチーフにしたといわれる。「よろけ縞」の1種。「たちわき」、「たちわく」とも呼ぶ。

**歴史** 中国から伝わった唐草文様の1種が平安時代に和風化して、この形になったという説がある。

**バリエーション** 曲線の間に菊などの植物や蝶、アクセントとなる水玉を配したものもある。雲をあしらった「雲立涌（くもたてわく）」は、古くは親王の衣服に用いられ、今も格式高いものとされている。

**DATA** 用途／着物、帯、手ぬぐい、和小物など。
**特徴** 向かい合わせになった波状の曲線が並ぶ変形縞。
**関連** ストライプ ◎P.232　唐草文様 ◎P.285
　　　よろけ縞 ◎P.296

## 日本の伝統柄
### 滝縞
### TAKI STRIPE

**流れ落ちる滝を思わせる、涼しげな夏向きの縞模様**

**概要** 太い縞から細い縞へ、縞の太さが徐々に変わっていく柄。縞は直線ではなく、手描き風のものが多い。

**名前の由来** 縞の太さが変化していく柄の特徴と、白地に藍色で配列すると滝のように見えることから。

**種類** 縞の太さが柄の中でどう変わっていくかによって名称が変わる。中央に太い縞があり、両側が徐々に細くなるものは「両滝縞（りょうたきじま）」、柄の片側に向かって徐々に細くなるものは「片滝縞（かたたきじま）」、もしくは「柾目縞（まさめじま）」と呼ばれる。

**DATA** 用途／着物、帯、手ぬぐい、和小物など。
**特徴** 太い縞から細い縞へ、縞の太さが徐々に変わっていく柄。
**関連** ストライプ ◎P.232

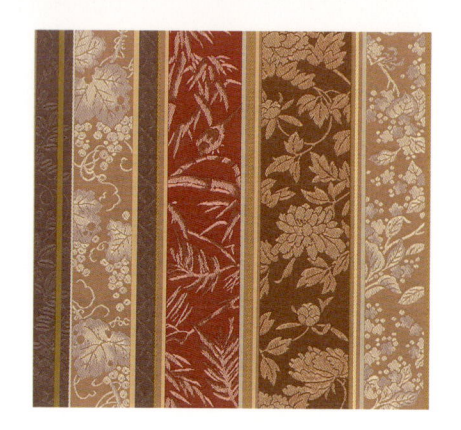

日本の伝統柄

## 間道柄
### KANTOU PATTERN

**日本で高級織物に発展した、中国渡来のたて縞**

[概要] 中国や東南アジアから伝わった、様々なたて縞が連なる柄。

[名前の由来] 中国の広東省から伝わったからという説や、漢（中国古代の王朝）から伝わったため「漢島」や「漢渡」と呼ばれたという説がある。

[歴史] 14〜17世紀にかけて、中国から南蛮貿易で日本に伝わったといわれる。当時の日本に縞模様は珍しく、千利休などの茶人が好み「名物裂」と呼ばれて珍重され、やがて武士や庶民にも広がり、幅広く親しまれた。

---

[DATA] 用途／着物、帯、和小物など。
[特徴] 中国や東南アジアから伝わった、様々なたて縞が連なる柄。
[関連] ストライプ ●P.232

---

日本の伝統柄

## よろけ縞
### YOROKE STRIPE

**うねった縞がやわらかいイメージの伝統柄**

[概要] たて方向の縞が波状に曲がりくねっている柄。

[製法] 型染めで作るほか、織りの場合は特殊な織機を使って糸をずらしながら織り、よろけた模様を作る（よろけ織り）。よろけ織りは、フランスでも「波状」という意味の「オンジュレー（ondule）」という名で知られる。

[種類] たて縞がよろけているものは「たてよろけ」、よこ縞の場合は「よこよろけ」、両方なら「たてよこよろけ」という。「立湧縞」もよろけ縞の1種。

---

[DATA] 用途／着物、帯、手ぬぐい、和小物など。
[特徴] たて方向の縞が波状に曲がりくねっている柄。
[関連] ストライプ ●P.232　立涌縞 ●P.295

# 巻末資料
DATA

## ■ 織物の方向の見分け方

織物には方向がある。アパレル製品は、一般的にたて方向を基準に作ることが多いが、デザイン効果を狙って、よこ方向や斜め方向（バイアス）で作ることもある。

いずれにしても、織物の方向を見分けることが必要になる。方向を知る手掛かりは下記のようにいくつかある。

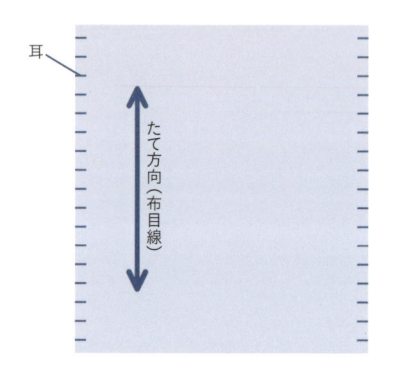

❶ 織物に耳が付いていれば、耳の方向がたて方向である。
❷ たて・よこ方向が同種の糸の場合、たて方向には細い糸、撚り数の多い糸、比較的繊維の長い糸が使われている。
❸ 織物を透かして見て、糸目がまっすぐ見える方がたて方向である。
❹ 糊付けしてある糸と、していない糸の区別がはっきりしている場合は、たて方向には糊付けしてある糸が使ってある。
❺ 起毛織物では、毛が伏せられている方向や、毛のなびく方向がたて方向である。

## ■ 織物の表・裏の見分け方

布地の表・裏がわかりにくい織物も多くある。その場合は、下記のような方法で見分けるとよい。

ただし、そのアパレル製品のデザインや用途にマッチするのであれば、裏が外から見えるように使ってもよい。

❶ 基本的には、平滑で光沢のあるきれいな面が表である。
❷ 縞、模様、プリントなどの色柄がはっきりしている面が表である。
❸ たて糸が多く表れている面が表である。例えば、藍色のデニムはたて糸に藍色の糸、よこ糸に白糸を使うので、表は藍色が濃く見える。
❹ 斜文織りは斜めの畝が見られるが、その畝がはっきりときれいに見える方が表である。
❺ 朱子織りは表と裏で光沢の違いが顕著で、光沢のある面が表である。
❻ 仕上げ加工は一般的に片面加工なので、加工してある面が表である。特にラミネート加工、撥水加工などは表・裏の区別が明らかである。
❼ 耳部分や反物の端に、メーカーの商標などがついている面が表である。
❽ 包装状態の反物は、広げたとき内側が表である。
❾ 服地のシングル幅（約71㎝）の2倍のダブル幅（約142㎝）の布地は、たて方向に二つ折りにし、表を内側にして巻き取ってある。

デニム地で色が濃く見えるのは表である。裏は白っぽい色になる。

撥水加工地の表と裏。加工のしてある表の面と裏の面の差が明らか。

## ■ニットの編み機

　ニットは、編組織によって使用する編み機が異なるのも特徴である。よこ編みでは、「横編み機」と「丸編み機」が使われる。横編み機は反物状または成型状（製品の形）のよこ編地を作る。丸編み機は円筒状のよこ編地を作る。靴下編み機もよこ編みの一種である。

　たて編みでは主に「トリコット編み機」と「ラッセル編み機」が使われる。どちらも平面状のたて編地を作る。

ニット
- よこ編み
  - **横編み機**
    よこ編地を作る平型の編み機で、主にセーターを作る。ジャージーなどの反物状の編地を作る流し編みのほか、編みながら製品の形にしていく成型編みや、身頃や袖などのパーツを連続編成する半成型編みもある。

    流し編み

    成型編み
    （フル・ファッション編み）

  - **丸編み機**
    円筒状のよこ編地を作る。流し編みで反物状の編地を作ることが多く、カット・ソーの材料となる。ほかに、ガーメント・レングスと呼ばれる半成型編みもある。横編み機よりスピードが速く、低コストである。

    流し編み

    ボディ
    ボディ — 裾ゴム
    ガーメント・レングス
    （半成型編み）

  - **靴下編み機**
    小型の丸編み機で、円回転しながら靴下を作る。

- たて編み
  - **トリコット編み機**
    平面状のたて編地を作る。ラッセル編み機よりゲージが細かく、ソフトで薄手の編地ができる。

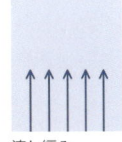

    流し編み

  - **ラッセル編み機**
    平面状のたて編地を作る。レースのような薄手のものから、毛布のような厚手のものまでででき、編柄も変化に富む。

## ■ 繊維製品の取り扱いに関する表示記号

アパレル製品を含む家庭用品には、家庭用品品質表示法により、素材や洗濯方法などの表示が定められている。表示の仕方にも細かい決まりがある。

### (1) 繊維の名称（指定用語）

繊維の名称は、次の表の指定用語を使って表示することになっている。

| 繊維の名称 | | | 指定用語 |
|---|---|---|---|
| 綿 | | | 綿 |
| | | | コットン |
| | | | COTTON |
| 麻（亜麻及び苧麻に限る） | | | 麻 |
| 毛 | 羊毛 | | 毛 |
| | | | 羊毛 |
| | | | ウール |
| | | | WOOL |
| | アンゴラ | | 毛 |
| | | | アンゴラ |
| | カシミヤ | | 毛 |
| | | | カシミヤ |
| | モヘヤ | | 毛 |
| | | | モヘヤ |
| | らくだ | | 毛 |
| | | | らくだ |
| | | | キャメル |
| | アルパカ | | 毛 |
| | | | アルパカ |
| | その他のもの | | 毛 |
| 絹 | | | 絹 |
| | | | シルク |
| | | | SILK |
| ビスコース繊維 | 平均重合度が450以上のもの | | レーヨン |
| | | | RAYON |
| | | | ポリノジック |
| | その他のもの | | レーヨン |
| | | | RAYON |
| 銅アンモニア繊維 | | | キュプラ |
| アセテート繊維 | 水酸基の92％以上が酢酸化されているもの | | アセテート |
| | | | ACETATE |
| | | | トリアセテート |
| | その他のもの | | アセテート |
| | | | ACETATE |

| 繊維の名称 | | 指定用語 |
|---|---|---|
| プロミックス繊維 | | プロミックス |
| ナイロン繊維 | | ナイロン |
| | | NYLON |
| アラミド繊維 | | アラミド |
| ビニロン繊維 | | ビニロン |
| ポリ塩化ビニリデン系合成繊維 | | ビニリデン |
| ポリ塩化ビニル系合成繊維 | | ポリ塩化ビニル |
| ポリエステル系合成繊維 | | ポリエステル |
| | | POLYESTER |
| ポリアクリルニトリル系合成繊維 | アクリルニトリルの質量割合が85％以上のもの | アクリル |
| | その他のもの | アクリル系 |
| ポリエチレン系合成繊維 | | ポリエチレン |
| ポリプロピレン系合成繊維 | | ポリプロピレン |
| ポリウレタン系合成繊維 | | ポリウレタン |
| ポリクラール繊維 | | ポリクラール |
| ポリ乳酸繊維 | | ポリ乳酸 |
| ガラス繊維 | | ガラス |
| 炭素繊維 | | 炭素繊維 |
| 金属繊維 | | 金属繊維 |
| 羽毛 | ダウン | ダウン |
| | その他の羽毛 | フェザー |
| | | その他の羽毛 |
| 前各項に掲げる繊維以外の繊維 | | 「指定外繊維」の用語にその繊維の名称を示す用語、または商標を括弧を付して付記（ただし括弧内は1種類の繊維に限る） |

## (2) 繊維の混用率

「綿50％、麻50％」などの、繊維の混用率の表示の仕方には数通りあるが、ここでは主な4通りを紹介する。

### ● 全体表示

```
毛            100％

表示者名      ○○○○
連絡先  0000-0000
```

```
羊毛           50％
カシミヤ       50％

表示者名      ○○○○
連絡先  0000-0000
```

```
WOOL          50％
カシミヤ       50％

表示者名      ○○○○
連絡先  0000-0000
```

製品に使用されている繊維ごとの、その製品に対する質量割合を％で表示する。

### ● 分離表示

組成の異なる2種類以上の糸または布地を使用している製品は、部分に分け、分けた部分ごとにそれぞれ100％として混用率を表示することができる。分け方はどのようにしてもよいが、わかりやすく表示する必要がある。

```
縦糸  絹          100％
横糸  レーヨン     60％
      ナイロン     40％

表示者名          ○○○○
連絡先      0000-0000
```

```
地糸  ポリエステル100％
柄糸  レーヨン    100％


表示者名          ○○○○
連絡先      0000-0000
```

```
スカート部分
  アセテート     100％
その他部分
  WOOL          100％
表示者名          ○○○○
連絡先  東京都○○区1-2-3
```

### ●「以上」「未満」表示

組成繊維中、いずれか1種類の繊維の混用率が80％を超える場合、その繊維の％に「以上」と付記し、その他の繊維の混用率を合計した％に「未満」と付記して表示することができる。

```
WOOL       85％以上
綿       ⎫
ナイロン  ⎬ 15％未満
ポリウレタン⎭

表示者名       ○○○○
連絡先    0000-0000
```

### ● 少量混入繊維の一括表示

組成繊維中、混用率が10％未満の繊維が2種類以上含まれる場合、10％未満の繊維については、当該繊維の名称を一括して記載し、その合計％を表示することができる。

```
キュプラ          65％
絹          ⎫
レーヨン    ⎬ 35％
ナイロン    ⎪
指定外繊維(テンセル)⎭
表示者名       ○○○○
連絡先    0000-0000
```

### 混用率の許容範囲

製品を分析して求めた正確な混用率と、表示する混用率との間の誤差が、どの程度まで認められるかも決められている。

| 表示 | 許容範囲 | 特例 |
|---|---|---|
| 100％表示の場合 | 毛　－3％<br>毛以外　－1％ | 紡毛製品　－5％<br>(屑糸等を使用した紡毛製品である旨を明記) |
| ○○％以上の場合<br>○○％未満の場合 | －0％<br>＋0％ | |
| 数値が5の整数倍の場合<br>(100％を除く) | ±5％ | |

## ■ 洗濯やアイロンの表示について

　衣類のラベルには、洗濯の方法を表す記号（取り扱い絵表示）が記される。
　この記号は、日本独自のものだったため、海外の繊維製品の取り扱いを円滑に行えるように、2016年12月1日より、国際標準化機構（ISO）の記号と整合した「新JIS（JIS L 0001）」として新たに制定された。

### ● 洗濯処理

| 記号 | 意味 |
|---|---|
| 95 | 液温は95℃を限度とし、洗濯機で洗濯ができる |
| 70 | 液温は70℃を限度とし、洗濯機で洗濯ができる |
| 60 | 液温は60℃を限度とし、洗濯機で洗濯ができる |
| 60 | 液温は60℃を限度とし、洗濯機で弱い洗濯ができる |
| 50 | 液温は50℃を限度とし、洗濯機で洗濯ができる |
| 50 | 液温は50℃を限度とし、洗濯機で弱い洗濯ができる |
| 40 | 液温は40℃を限度とし、洗濯機で洗濯ができる |

| 記号 | 意味 |
|---|---|
| 40 | 液温は40℃を限度とし、洗濯機で弱い洗濯ができる |
| 40 | 液温は40℃を限度とし、洗濯機で非常に弱い洗濯ができる |
| 30 | 液温は30℃を限度とし、洗濯機で洗濯ができる |
| 30 | 液温は30℃を限度とし、洗濯機で弱い洗濯ができる |
| 30 | 液温は30℃を限度とし、洗濯機で非常に弱い洗濯ができる |
| （手洗い） | 液温は40℃を限度とし、手洗いができる |
| （×） | 家庭での洗濯禁止 |

● 漂白処理

| 記号 | 意味 |
| --- | --- |
| △ | 塩素系及び酸素系の漂白剤を使用して漂白ができる |
| △ (斜線入り) | 酸素系漂白剤の使用はできるが、塩素系漂白剤は使用禁止 |
| △ (×印) | 塩素系及び酸素系漂白剤の使用禁止 |

● タンブル乾燥

| 記号 | 意味 |
| --- | --- |
| ⊙⊙ (四角内) | タンブル乾燥ができる（排気温度上限80℃） |
| ⊙ (四角内) | 低い温度でのタンブル乾燥ができる（排気温度上限60℃） |
| ⊗ | タンブル乾燥禁止 |

● 自然乾燥

| 記号 | 意味 |
| --- | --- |
| □ (縦線1本) | つり干しがよい |
| □ (縦線1本＋斜線) | 日陰のつり干しがよい |
| □ (縦線2本) | ぬれつり干しがよい |
| □ (縦線2本＋斜線) | 日陰のぬれつり干しがよい |

| 記号 | 意味 |
| --- | --- |
| □ (横線1本) | 平干しがよい |
| □ (横線1本＋斜線) | 日陰の平干しがよい |
| □ (横線2本) | ぬれ平干しがよい |
| □ (横線2本＋斜線) | 日陰のぬれ平干しがよい |

ぬれ干し：洗濯機による脱水や、手でねじり絞りをしないで干すこと

## ● アイロン仕上げ

| 記号 | 意味 |
| --- | --- |
| (アイロン・点3つ) | 底面温度200℃を限度としてアイロン仕上げができる |
| (アイロン・点2つ) | 底面温度150℃を限度としてアイロン仕上げができる |
| (アイロン・点1つ) | 底面温度110℃を限度としてスチームなしでアイロン仕上げができる |
| (アイロン×) | アイロン仕上げ禁止 |

## ● ウエットクリーニング

| 記号 | 意味 |
| --- | --- |
| Ⓦ | ウエットクリーニングができる |
| Ⓦ (下線1本) | 弱い操作によるウエットクリーニングができる |
| Ⓦ (下線2本) | 非常に弱い操作によるウエットクリーニングができる |
| Ⓦ× | ウエットクリーニング禁止 |

ウエットクリーニング：クリーニング店が特殊な技術で行うプロの水洗いと仕上げまで含む洗濯

## ● ドライクリーニング

| 記号 | 意味 |
| --- | --- |
| Ⓟ | パークロロエチレン及び石油系溶剤によるドライクリーニングができる |
| Ⓟ (下線) | パークロロエチレン及び石油系溶剤による弱いドライクリーニングができる |
| Ⓕ | 石油系溶剤によるドライクリーニングができる |
| Ⓕ (下線) | 石油系溶剤による弱いドライクリーニングができる |
| ⊘ | ドライクリーニング禁止 |

### 付記用語について

記号で表せない取扱情報は、必要に応じて、記号の近くに用語や文章で付記される（事業者の任意表示）。

例
- 「洗濯ネット使用」
- 「裏返しにして洗う」
- 「弱く絞る」

　　　　　　　　　　など

参考資料：「消費者庁公表資料 家庭用品品質表示法に基づく繊維製品品質表示規程の改正について」

# 用語集

*マークのある語句は、用語集内で説明している。

## 後染め（あとぞめ）

織物やニットなどの生地*になった後に染めること。後染めには、生地の状態で無地に染める反染めと、衣類の形になってから染める製品染めがある。プリント（捺染）も、後染めの部類に入る。↔先染め*

## 後練り（あとねり）

絹を生糸*で織った後に、精練*すること。精練することを練るということから。後練りの絹織物は、「後練り織物」、「生絹織物」と呼ばれる。普通はその後、後染め*される。↔先練り*

## 綾目（あやめ）

よこ糸とたて糸が交差して、布地*の表面に表れる斜めの線のこと。「斜文線」、「綾線」ともいう。線の向きによって、「正斜文」*、「逆斜文」*などがある。

デニムの綾目

## 意匠糸（いしょうし）

糸の色や太さ、素材などに変化を持たせ、装飾性を高めた糸のこと。織物やニットに使用され、主に婦人服に多く使用される。「飾り糸」、「ファンシー・ヤーン」とも呼ばれる（意匠糸の例は右の一覧を参照）。

● 意匠糸の例

**リング・ヤーン**
細い芯糸に太いからみ糸を撚り合わせて、表面に不規則な突起を持たせた糸。

**ループ・ヤーン**
細い芯糸に、太めの輪奈糸をからませ、不規則なループを作った糸のこと。空気を多く含むため、編地は軽く暖かになる。

**シェニール・ヤーン**
シェニール（chenille）はフランス語で「毛虫」という意味で、「モール・ヤーン」ともいう。芯糸から直立した毛羽が出ているのが特徴。

**ノット・ヤーン**
糸こぶ（knot）を、一定間隔で作った糸のこと。

**壁糸（かべいと）**
細い糸に太い糸が波状にからみついた糸。強い撚りをかけた太い糸と、無撚の細い糸を合わせて、太い糸とは逆方向に撚りをかけて作る。

**杢糸（もくいと）**
一般的には、同じ種類で色の異なる糸を撚り合わせた糸のこと。この糸で作った布地は、霜降りのような見た目になる。違う種類の糸を組み合わせることもある。「からみ糸」ともいう。

**ネップ・ヤーン**
繊維の小さな固まり（nep）を入れ込んだ糸のこと。

**スラブ・ヤーン**
ところどころに太い節を作った糸のこと。スラブ（slab）とは「均整の取れていない」という意味。「節糸」ともいう。

**メタリック・ヤーン**
金や銀などの、細かな箔を混ぜた糸のこと。アルミなどの金属シートを糸にしたものも含む。

**モヘヤ**
アンゴラ山羊の毛のことをモヘヤというが、糸では、長い毛羽のある糸を指す。

## 一重組織（いちじゅうそしき）

　織物の基本となる織り方で、たて糸とよこ糸が1種類の組織のこと。
　基本的な組織を「原組織」というが、一重組織は「平織り」、「斜文織り（綾織り）」、「朱子織り」の3つを三原組織*としている。一重組織にはほかにも、三原組織を変化させた「変化組織*」や、上記のいずれにも当てはまらない「特別組織*」がある。

## 糸密度（いとみつど）

　織物を構成する織糸の密度のこと。一般に1インチ間（約2.54cm）、または1cm間に、たて糸とよこ糸が並列している本数で示す。たて糸がA本、よこ糸がB本の場合、「A×B本／in」で表す。

## ウエール

　ニットの編目の、たて方向のつながりのこと。よこ方向のつながりは、コース*という。↔コース

## カード糸（カードし）

　綿糸の紡績*工程で、細かい櫛状の機械でくず繊維や不純物を取り除き、繊維を平行にする「カーディング」を経てできる糸のこと。カード糸は概して太め（目安として40番手以下）で、コーマ糸*よりも毛羽立ちがありふっくらとした風合いになる。カード糸が使われる代表的な布地*としてはデニム地がある。↔コーマ糸

## 化学繊維（かがくせんい）

　人工的に作られた繊維の総称で、原料は石炭、石油、天然ガスなど。化学繊維には、再生繊維*、半合成繊維*、合成繊維*、無機繊維*がある。↔天然繊維

## 重ね組織（かさねそしき）

　織物の織り方の中で、たて糸やよこ糸に、2種類以上の糸を使用した組織のこと。よこ糸を2種類に増やしたものを「よこ二重組織*」、たて糸を2種類に増やしたものを「たて二重組織*」、よこ糸もたて糸も2種類に増やしたものを「たて・よこ二重組織*」、さらに糸の種類を増やしたものを「多重組織*」という。重ね組織の織物は厚さや重さ、強度が増し、片面ずつ異なる布地*を作ることができる。

## からみ組織（からみそしき）

　織物の織り方の中で、たて糸とよこ糸をからませる組織のこと。夏季に好まれる薄い布地*は、織物の密度を粗くすると、ガーゼのようになり目ずれを起こす。しかし、たて糸とよこ糸を8の字状にからませることで、目ずれを防ぐことができる。「もじり組織」ともいわれる。

## ガリ糸（ガリいと）

　メリノ・ウールなどの高級梳毛*糸ではなく、雑種の羊毛からなる粗く太めの糸のこと。ガリ糸で織った布地*は、粗くかたい手触りになる。

## 仮撚り加工糸（かりよりかこうし）

　合成繊維*のフィラメント糸*を加工して、毛織物のような風合いを持たせた糸のこと。仮撚りとは、フィラメント糸1mにつき3000〜4000回の撚りをかけて、熱セットした後に撚りをもとに戻すこと。こうすることで、糸にウールのようなクリンプ（縮れ）をつけて嵩を増し、伸縮性を持たせる。「テクスチャード・ヤーン」ともいう。

## 緩斜文（かんしゃもん）

　綾織物の表面の斜文線の角度が、通常

の45度以下の、緩やかな角度になっていること。↔急斜文*

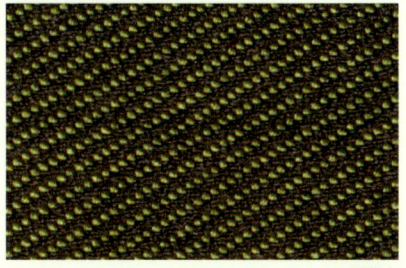

緩斜文

## 完全組織（かんぜんそしき）

　織物組織の中で、上下左右に同じ組織の繰り返しがあるとき、その最小の単位を「1完全組織」、「1単位組織」、「1リピート組織」と呼ぶ。織物はこの単位を前後左右に繰り返すことで作られる。

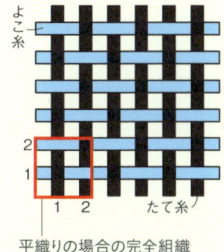

平織りの場合の完全組織

## 生糸（きいと）

　蚕の繭をほどいて、繰り取ったままの糸のこと。生絹ともいう。かたくてコシのある糸で、生糸からはオーガンジーのような、張りのある織物ができる。織物にした後に精練*（後練り）すると、ちりめんやジョーゼットなどのソフトな織物になる。↔練糸*

## 生地（きじ）

　漂白したり染めたりしていない、織りあげたままの布地*のこと。「生機」、「原反」ともいう。生地の原料が天然繊維*の場合は、繊維そのものの色（生成り）を、化学繊維*の場合は、ほとんどが白い色をしている。

## 基布（きふ）

　フロック加工やラミネート加工などの、下地に使われる布地*のこと。ほかに、刺繍レースやケミカル・レースの下地に使われる布地のことも指す。

## 逆斜文（ぎゃくしゃもん）

　綾織物の表面に、通常の斜文線とは逆向きの、向かって左上から右下に表れる斜線のこと。「左綾」ともいう。↔正斜文*

デニム（逆斜文）

## 急斜文（きゅうしゃもん）

　綾織物の表面の斜文線の角度が、通常の45度以上の急角度になっていること。↔緩斜文*

かつらぎ（急斜文）

## ゲージ

　編み機の針の密度のこと。一般に1インチ（約2.54cm）間の編針数で表す。ゲージ数が小さいほど編目は粗く、ロー・ゲージといわれる。ゲージ数が大きくなるにつれ、ミドル・ゲージ、ハイ・ゲージといわれ、編目は細かくなる。

## 交錯点（こうさくてん）

織物で、たて糸とよこ糸が入れ替わって交錯している境界線を指す。

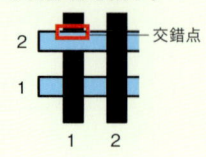

## 合成繊維（ごうせいせんい）

石油や石炭などの有機質を原料に人工的に作られたもので、化学繊維*の1つ。合成繊維には多くの種類があるが、特に生産量の多いナイロン、ポリエステル、アクリルを「三大合成繊維」という。

## 鉱物繊維（こうぶつせんい）

天然の鉱物や岩石などからとれるもので、天然繊維*の1つ。石綿（アスベスト）が、かつては不燃・耐火素材として使われていた。

## コース

ニットの編目の、よこ方向のつながりのこと。たて方向のつながりはウエール*という。↔ウエール

## コーマ糸（コーマし）

綿糸の紡績*工程で、カーディングの後にさらにコーミング（櫛がけ）を行い、短い繊維を除去する工程を経てできる糸のこと。長い繊維だけを平行に整えた糸は肌触りとツヤがよく、強度のある糸になる。コーマ糸は40番手以上と細く、コーマ糸が使われる代表的な布地*としては、ブラウス地、シャツ地などがある。↔カード糸

## 混紡（こんぼう）

2種類以上の短繊維*を混ぜ合わせて、紡績*すること。それぞれの繊維の短所を補い、長所を引き出すことを目的とする。

一般的に合成繊維*と天然繊維*、再生繊維*の組み合わせが多く、なかでも、ポリエステルと綿の組み合わせが最も多い。

## 再生繊維（さいせいせんい）

植物繊維*の主成分であるセルロースを、化学薬品で溶かして繊維として人工的に再生させたもので、化学繊維*の1つ。綿などと同じ成分でできており、肌触りがやさしい。レーヨン、キュプラ、リヨセルなど。

## 先染め（さきぞめ）

布地*を織ったり編んだりする前に、糸の状態などで染色すること。先染めは糸の芯までムラなく染めることができる。色柄織物やニットには欠かせない染色法。染色堅牢度*は、後染め*よりも先染めのほうが、概して高い。↔後染め

## 先練り（さきねり）

絹を織物にする前に、生糸*を精練*し、練糸*にすること。精練することを練るということから。先練りの絹織物は「先練り織物」、「練絹織物」という。↔後練り*

## さらし糸（さらしいと）

漂白した綿糸のこと。未ざらし綿糸を苛性ソーダで煮沸すると、繊維の中の脂肪質やたんぱく質などが水に溶け出す（これを精練*という）。その後、さらに漂白溶液に浸す（さらす）ことから、さらし糸と呼ばれる。

## 三原組織（さんげんそしき）

3つの基本的な織り方で、平織り、斜文織り（綾織り）、朱子織りがある。それぞれの組織図は右ページの通り。

● 織物の三原組織（組織図）

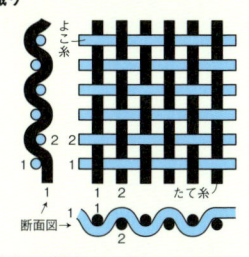

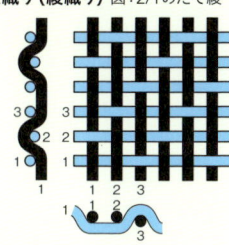

**平織り**
よこ糸
たて糸
断面図

**斜文織り（綾織り）** 図：2/1のたて綾

**朱子織り** 図：五枚朱子

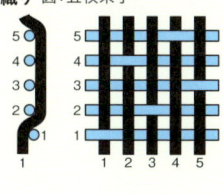

## 地組織（じそしき）

多重組織*やパイル組織*などで、下地になる織物の組織のこと。

## ジャカード織機（ジャカードしょっき）

紋柄を制御するジャカード装置を有する織機。ドビー織機*よりも大柄の模様を織ることができる。織柄に制限はなく、多種多様な柄を作ることができる。大きいものでは、劇場やホールの緞帳までこなす。織機名は、開発者の名前ジョセフ・ジャカールに由来している。

ジャカード織機

## シャトル・レス織機（シャトル・レスしょっき）

シャトルと呼ばれる、杼（たて糸によこ糸を通すための器具）を往復させる織機をシャトル織機という。シャトル・レス織機とは、シャトルを使わずに、たて糸によこ糸を通すことができる織機のこと。革新織機ともいう。

シャトル織機に比べて騒音や振動が少なく、高速生産できるのが特徴。

シャトル・レス織機には主に、①水を噴射した力でよこ糸を挿入する「ウオーター・ジェット式織機」、②空気でよこ糸を飛ばす「エアー・ジェット式織機」、③ロッドなどでよこ糸を通す「レピア式織機」、④グリッパーという小さな鉄片を飛ばしてよこ糸を通す「グリッパー式織機」の4種類がある。

（上）シャトル（下）グリッパー

シャトル・レス織機（レピア式織機）の糸の繰り方

## 植物繊維（しょくぶつせんい）

植物からとれる繊維の総称で、天然繊維*の1つ。綿や麻が主な原料となる。植物繊維は、採取箇所に応じて4種類に分類される。①綿花など種子毛から採取する繊維、②ココナッツなど果実から採取する繊維、③マニラ麻など葉から採取する繊維、④亜麻や苧麻のように、茎から採取する繊維。↔動物繊維*

## 成型編み（せいけいあみ）

編地の作り方の1つ。製品の形に編む編み方。「フル・ファッション編み」、「ファッショニング」ともいう。セーターや靴下などが作られる。

## 製糸（せいし）

絹糸を作る過程で、繭から生糸*を作ること。数個の繭を煮て、繰り出した数本の糸を撚り合わせて、生糸にする。

## 正斜文（せいしゃもん）

綾織物の表面に、向かって右上から左下に表れる斜線のことを指す。斜文線の中でも、線の角度が45度のものを指す。「右綾」ともいう。↔逆斜文*

ビエラ（正斜文）

## 精練（せいれん）

漂白や染色を行うための前処理の工程で、糸や織物、ニットの不純物や油脂、糊などを取り除くこと。精練することを練るといい、織物にする前に精練することを「先練り*」、織物にした後に精練することを「後練り」という。

## 染色堅牢度（せんしょくけんろうど）

染色物の色の耐久度を、等級で表したもの。等級の数字が大きいほど、堅牢度（耐久度）は高くなる。なお、変色や退色の評価は、洗濯、汗、アイロン、摩擦、日光、海水などについてJISで規定されている。最も堅牢度の高い（衣類に変退色がない）5級から、最も堅牢度の低い（衣類の変退色が激しい）1級までに、分類評価される。

## 双糸（そうし）

2本の単糸*を撚り合わせて作られた糸のこと。撚り合わせることで、均質で丈夫な糸になる。2本の糸を撚り合わせることを「諸撚り」ということから、「諸糸」、「諸撚糸」と呼ばれることもある。

## 梳毛（そもう）

比較的長めの、上質な羊毛繊維を梳いて、糸の太さを均一に整えること。または、その長い繊維のことをいう。梳毛してできた糸を梳毛糸という。梳毛糸の表面はなめらかで、この糸で織られた織物は梳毛織物といわれる。保温性はそれほど高くはないが摩擦に強く、丈夫で光沢がある織物が多い。梳毛織物は、衣料用の布地*、特にスーツ地として使用されることが多い。サージ、トロピカルなどが代表的。梳毛織物の別名「ウーステッド」は、イギリスにある都市名が由来といわれている。↔紡毛*

## 多重組織（たじゅうそしき）

織物組織の中の、重ね組織*の1つ。三重組織以上の織組織のこと。ベルト織りなどの厚手の織物ができる。

## たて編み（たてあみ）

たて方向にループを作って編むこと。手編みでは、かぎ針編みがこれにあたる。伸縮性はよこ編み*ほどなく、織物に近い張りやコシのある編地ができる。編み終わりからはほどけにくい。たて編みができる編み機には、主にトリコット編み機*とラッセル編み機*がある。↔よこ編み

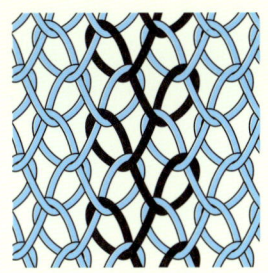

テリー・クロス（たてパイル組織）

たて編み（シングル・トリコット編み）の組織図

## たて二重組織（たてにじゅうそしき）

織物組織の中の、重ね組織*の1つ。たて糸が2種類ある織組織のこと。ピケ織りや両面朱子などがある。↔よこ二重組織*

ピケ織り（たて二重組織）

## たてパイル組織（たてパイルそしき）

織物組織の中の、パイル組織*の1つ。パイル（輪奈）がたて糸で形成されているものを指す。テリー・クロス（タオル）やベルベットなどがある。↔よこパイル組織*

## たて・よこ二重組織（たて・よこにじゅうそしき）

織物組織の中の、重ね組織*の1つ。たて糸とよこ糸がそれぞれ2種類ある織組織のこと。風通織りが代表的で、たて糸とよこ糸を表裏で入れ替えて織ることで、同じ模様で配色だけが逆の織物などを作ることができる。

## 単糸（たんし）

紡績*したままの1本の糸のこと。単糸を撚り合わせると、諸糸になる。諸糸には、双糸*、三子糸*などがある。

## 短繊維（たんせんい）

短い繊維のこと。「ステープル・ファイバー」、「ステープル」、「スフ」ともいう。綿や麻、毛は短繊維で、繊維の長さは数cmから長くても数十cmである。化学繊維*は人工的に作られた繊維なので、短繊維、連続長繊維*のどちらも作ることができる。↔連続長繊維

## 反物（たんもの）

和服地の総称。1反が着物1着分の長さを表す。幅36cm、長さ12mが一般的な大きさとされているが、体格の向上もあって40cm幅のものも出回っている。また近年では、織物やニットの長尺物の総称としても用いられている。

用語集 た

## 天然繊維（てんねんせんい）

自然が生み出した繊維の総称。天然繊維は、①麻や綿などの植物からとれる植物繊維*、②蚕や動物の毛などからとれる動物繊維*、③石綿など鉱物資源からとれる鉱物繊維*の3つに大別できる。↔化学繊維*

## 動物繊維（どうぶつせんい）

羊や蚕など動物からとれる繊維の総称で、天然繊維*の1つ。羊や山羊、うさぎなどの獣からとれる繊維（獣毛繊維）と、蚕からとれる繊維とに大きく分けられる。↔植物繊維*

蚕 　　　　　羊

## 特殊組織（とくしゅそしき）

織物の織り方の中で、手織り機などで、独特で複雑な織り方をする組織のこと。手織り機で作るため、時間と技術が必要となる。ゴブラン織りやつづれ織りなどが、これにあたる。

## 特別組織（とくべつそしき）

織物の織り方の分類で、一重組織*の中の三原組織*と、変化組織*以外の織物組織のこと。梨地織りなどがこれにあたる。

## ドビー織機（ドビーしょっき）

ドビーという、たて糸を上下に分ける開口装置を使った織機のこと。規則正しい幾何学模様を作ることができる。ジャカード織機*よりは、小柄で単純な織柄になる。シャツやブラウス、ワンピース、ハンカチなど、多様な用途の織物を作ることができる。

ドビー織機

## 度目（どもく）

ニットでは、織物における糸密度*の代わりに、一定長（1インチ×1インチ間や、10cm×10cm間など）のウエール*数、コース*数によって、密度を示す。例えば、「40ウエール／1in」、「30コース／1in」のように表す。

この度目とゲージ*は、混同されて使われているが、前者は編目数、後者は編針数に由来する。したがって、手編みでは度目、機械編みではゲージを用いるのがよい。

## トリコット編み機（トリコットあみき）

たて編み*機の中の代表的な編み機の1つ。トリコット編みは平面状のたて編地で、よこ編み*のニットと織物の中間のような風合いと伸縮性を持ち、ソフトで薄手の編地になる。

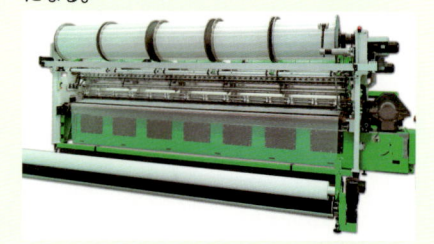

トリコット編み機

## 流し編み（ながしあみ）

編地の作り方の1つ。成型せずに反物状に長く編む編み方。この編み方は横編み機*やたて編み*機にも見られるが、特に丸編み機*に多い。流し編みしたものは、カット・ソーの材料になる。

## 布地（ぬのじ）

平面状に作られた繊維製品の総称。織物のほかに、ニットや不織布なども含まれる。

## 布幅（ぬのはば）

布地*の幅のこと。布幅には洋服と和服の2種類の規格があり、それぞれ呼び名と幅が異なる。

### ● 洋服地の布幅

| 名称 | 規格 |
| --- | --- |
| シングル幅 | 約71cm |
| ダブル幅 | 約142cm<br>（137cm、150cmのものもある）<br>※毛織物に多い |
| ヤール幅 | 1ヤード幅のもの<br>（約91〜92cm） |
| 広　幅 | 約110cm<br>※1ヤール幅とダブル幅の間。綿織物に多い。 |

### ● 和服地の布幅

| 名称 | 規格 |
| --- | --- |
| 小幅（並幅） | 鯨尺9寸5分<br>（約36cm） |
| 中　幅 | 鯨尺1尺2分<br>（約45cm） |
| 大幅<br>（二幅・広幅） | 鯨尺1尺9寸<br>（約72cm） |

※「鯨尺（くじらじゃく）」とは、和服用の長さを表す単位。1尺＝約38cm。

## 練糸（ねりいと）

絹の生糸*を精練*したもののこと。精練することを練るということからこう呼ばれ、絹らしい光沢や、やわらかさのある糸になる。練糸で織った織物を先練り*織物という。↔生糸

## パイル組織（パイルそしき）

織物の織り方の中で、パイル（輪奈）を織り込んだ組織のこと。「添毛織り」ともいう。たて糸でパイルを作るたてパイル組織*には、ベルベットやタオルなどが、よこ糸でパイルを作るよこパイル組織*には、コーデュロイ、別珍などがある。

## 半合成繊維（はんごうせいせんい）

植物繊維*の主成分であるセルロースに、化学薬品を反応させて作る繊維で、化学繊維*の1つ。アセテート、トリアセテートなど。

## 半成型編み（はんせいけいあみ）

編地の作り方の1つ。身頃など同じパーツを連続して編みあげた後、1つずつ裁断し、編目をつなぎ合わせて縫製する。「ガーメント・レングス」とも呼ばれる。

## ピリング

織物やニットの表面に、摩擦によってできる毛玉のこと。特に、ニットにはできやすい。

## フィラメント糸（フィラメントし）

連続した長さを持つ繊維（フィラメント）による糸のこと。天然繊維*である絹のほかに、ポリエステルやナイロン、レーヨン、アセテート、キュプラなどの化学繊維*が多く使用されている。フィラメントをたくさん撚り合わせたものを「マルチ・フィラメント糸」といい、しなやかさがある。それに対して、フィラ

メント糸が1本の場合は「モノ・フィラメント糸」という。モノ・フィラメント糸はかたく、釣り糸などに使われる。↔紡績(糸)

## 変化組織(へんかそしき)

織物の織り方の分類で、一重組織*の中の三原組織*を変化させた織物組織のこと。ななこ織りや急斜文*織りなどがある。

## 紡糸(ぼうし)

化学繊維*の原液を、小さな孔(ノズル)に流し込み、繊維状にする工程のこと。化学繊維の種類によって、紡糸の方法は次のように異なる。①原液を凝固液または水の中に押し出して、繊維状にする湿式紡糸。レーヨン、キュプラなど。②原液を熱気中に押し出して繊維状にする乾式紡糸。アセテート、トリアセテートなど。③熱した原液を冷却して繊維状にする溶融紡糸。ポリエステル、ナイロンなど。

## 紡績(ぼうせき)

綿や羊毛などの、短繊維*を糸にする一連の工程のこと。具体的には次のような工程になる。①混打綿(原綿をほぐして不純物を取り除く)、②梳綿(綿繊維を梳き、ひも状に束ねる)、③練条(繊維の向きを平行にする)、④粗紡(繊維をさらに平行に均一にし、ゆるく撚りをかけて太い糸状にする)、⑤精紡(さらに撚りをかけながら長く引き伸ばし、細い糸にする)、⑥仕上げ。

なお混打綿と梳綿は、素材が綿の場合にのみ行われる工程である。化学繊維*の紡績は、連続長繊維*を短くカットして行われる。絹糸でも、くず繭(繊維の短い絹)を紡績することがあり、その場合は絹紡と呼ばれる。

紡績で作られた糸は紡績糸という。「スパン・ヤーン」、「ステープル・ヤーン」とも呼ばれる。綿の場合は、紡績の工程によって「カード糸*」、「コーマ糸*」などと分類されることもある。羊毛の場合は、繊維を梳く工程の違いにより、梳毛*糸と紡毛*糸に分類される。

## 紡毛(ぼうもう)

短毛種の羊毛や、くず毛などの粗く短い繊維を紡績*すること。または、その繊維のことをいう。「ウーレン」とも呼ばれる。

紡毛してできた糸を紡毛糸といい、太さが不均一で撚りは甘い。梳毛*糸と比べると太番手。この糸で織られた織物は紡毛織物といわれ、やわらかく起毛しやすく、保温性に富み、防寒用の衣服に多く使われる。メルトン、ツイードなどが代表的。↔梳毛

## 丸編み機(まるあみき)

よこ編み*の編地を作る代表的な編み機。円筒形の機械で、編地も円筒形になる。編地がつながっている流し編み*のほかに、同じパーツを連続して編む半成型編み*(ガーメント・レングス)もできる。

丸編み機

## ミシン糸(ミシンいと)

縫糸の中で、ミシンに使用される糸の総称。ミシン糸には多くの種類があり、用途によって糸の素材が異なる。綿糸やポリエステル糸は、薄手の織物からテントなど厚手のものまで幅広く使用される。絹糸は高級衣料品に使用され、ナイロン糸はスポーツ用品などに使用される。

糸の太さは糸を構成するもとの素材や、撚り合わせる本数などによって異なる(下記

一覧参照)。ちなみに、綿糸のミシン糸のことを「カタン糸」というのは、コットンから転じたといわれている。

ミシン糸

### ● ミシン糸の太さ一覧表（一例）

| | 番手 | 原糸番手 | 捲き長 |
|---|---|---|---|
| 綿100％糸 | #20 | 40/2×3 | 1000m |
| | #30 | 60/2×3 | |
| | #40 | 80/2×3 | |
| | #20 | 40/2×3 | 4000m |
| | #30 | 30/1×3 | 5000m |
| | #40 | 40/1×3 | |
| | #50 | 50/1×3 | |
| | #60 | 60/1×3 | |
| | #80 | 80/1×3 | |
| | #50 | 50/1×3 | 10000m |
| | #60 | 60/1×3 | |
| | #80 | 80/1×3 | |
| | #120 | 80/1×2 | 20000m |
| | #70 | 40/1×2 | 13000m |

| | 番手 | 原糸番手 | 捲き長 |
|---|---|---|---|
| ポリエステル100％紡績糸 | #80 | 80S/1×3 | 5000m |
| | #60 | 60S/1×3 | |
| | #50 | 50S/1×3 | |
| | #30 | 20S/1×2 | 6000m |
| | #20 | 20S/1×3 | 4000m |
| | #20 | 20S/1×3 | 30m |

| | 番手 | 原糸番手 | 捲き長 |
|---|---|---|---|
| ポリエステル・フィラメント糸 | #80 | 40/1×3 | 5000m |
| | #60 | 50/1×3 | |
| | #50 | 75/1×3 | |
| | #50 | | 3000m |
| | #40 | 100/1×3 | |
| | #30 | 150/1×3 | 2000m |
| | #20 | 100/2×3 | |

## 三子糸（みつこいと）

紡績*した単糸*を、3本撚り合わせて作られる糸のこと。単糸を4本撚り合わせた糸は「四子糸」という。フィラメント糸*の場合は、片撚り糸を3本合わせたものを「三本諸」、4本合わせたものを「四本諸」という。

## 耳（みみ）

織物やニットの両端部分のこと。耳の部分だけをほかの糸で織ったり、別の織り方にして明確に区別することもある。なお、耳の織り方を「耳組織」といい、織物を丈夫にするときに用いられることがある。布目としては、耳のある端がたて方向となる。シャトル・レス織機*では、明瞭な耳組織を構成せず、裁ち切りになっている。

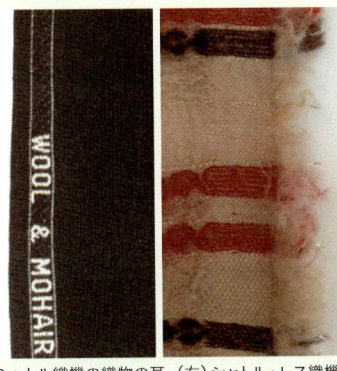

（左）シャトル織機の織物の耳。（右）シャトル・レス織機の織物の耳。フリンジのようになっている。

## 無機繊維（むきせんい）

　化学繊維*の1つで、金属やガラスなど無機物から作られる人工的な繊維。無機繊維には金や銀糸、ガラス繊維、アクリルやレーヨンを炭素化した炭素繊維などもあり、用途が広い。糸や繊維としてよく使われるのは、ガラス繊維や炭素繊維である。特に炭素繊維は強度に優れ、自動車や飛行機用資材などに用途が広がっている。

## 目付け（めつけ）

　織物やニットの、単位面積当たりの重さを指す。1㎡当たりの重さをg（グラム）で表すほか、ニット地などでは生地*幅はそのままで、1mの重さをいう場合もある。前者はg/㎡、後者はg/mという単位で表す。
　目付けが小さければ、概して軽く薄い布地*に、大きければ重めの布地になる。製品の価格は目付けが重要となるため、製品によっては、いかに目付けを軽くするかが求められることもある。

## メリノ・ウール

　ドレスやスーツなどの高級梳毛*織物に使われる、代表的なウールのこと。スペインのメリノ種の羊毛で、白くやわらかい上質な羊毛とされている。

## 紋組織（もんそしき）

　織物の織り方の中で、ジャカード織りやドビー織りなど、織りによって紋様を表す組織のこと。代表的な布地*としては、ゴブランや紋綸子、ダマスクなどがある。

ジャカード織り

## よこ編み（よこあみ）

　よこ方向にループを作って編むこと。手編みでは、棒針編みがこれにあたる。伸縮性が高い編地ができるが、編み終わりからほどけやすい。よこ編みができる編み機には、主に横編み機*と丸編み機*がある。↔たて編み*

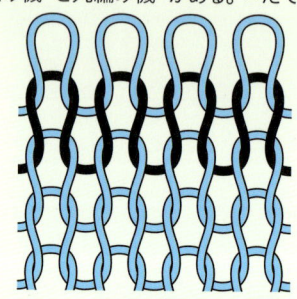

よこ編み（平編み）の組織図

## 横編み機（よこあみき）

　よこ編み*の編地を作る代表的な機械。反物*状の編地を作る流し編み*のほか、編みながら製品の形にしていく成型編み*などの編み方ができる。

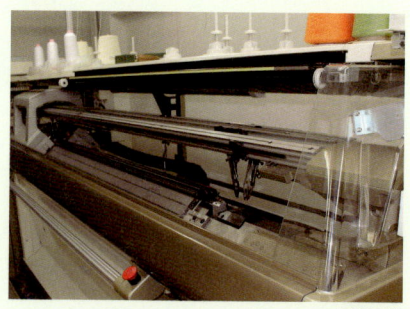

横編み機

## よこ二重組織（よこにじゅうそしき）

　織物組織の中の重ね組織*の1つ。よこ糸が2種類ある織組織のこと。ベッドフォード・コード織りや、毛布などがある。↔たて二重組織*

たてピケ（よこ二重組織）

## よこパイル組織 (よこパイルそしき)

　織物組織の中のパイル組織*の1つ。パイル（輪奈）がよこ糸で形成されているものを指す。別珍やコーデュロイなどがある。↔たてパイル組織*

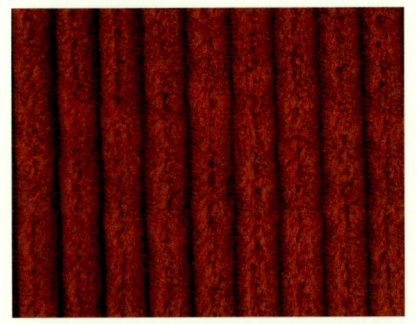

コーデュロイ（よこパイル組織）

## 撚り (より)

　糸の撚りには標準的な並撚りのほか、並撚りよりも撚りの弱い甘撚り、並撚りよりも強く撚りがかかった強撚と、撚りがかかっていない無撚などいろいろな種類がある。
　主な撚りの種類は、下撚り（糸に撚りをかける順番を指し、最初の単糸にかかっている撚りのこと）、上撚り（単糸を撚り合わせて双糸や三子糸にするときなどの撚りのこと）、片撚り（無撚、またはほとんど撚りのかかっていないフィラメント糸を2本以上撚り合わること。光沢はあるが、摩擦には弱い）、諸撚り（片撚り糸を2本以上引きそろえて、その撚りとは反対方向に撚り合わせること）、

Z撚り（反時計回りの撚りで、左撚りともいう。紡績糸の単糸にかけられることが多い）、S撚り（時計回りの撚りで、右撚りともいう。一般に、単糸を撚り合わせて双糸にするとき、単糸はZ撚り、双糸はS撚りにして、糸の撚り戻りが生じないようバランスを取る）。
　糸の撚りの単位は「T/m」で、糸1mあたりに何回転したかを表す。甘撚り糸は〜500T/m、強撚糸は1000〜3000T/mとされており、並撚り糸はその中間の回転数である。ちなみに、撚りの強い糸を織り糸に使うと、撚り戻り効果により、ちりめんやジョーゼットなどシボのある織物を作ることができる。

## ラッセル編み機 (ラッセルあみき)

　たて編み*機の1つ。平面状のたて編地を作ることができる。同じたて編み機であるトリコット編み機*に比べると、ロー・ゲージからハイ・ゲージまで幅広く、いろいろな模様に対応できる。厚手の毛布や薄手のレースなど、さまざまなものを作ることができる。

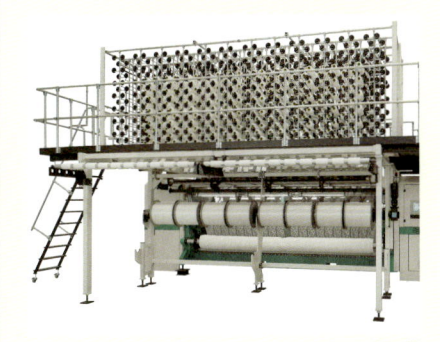

ラッセル編み機

## 連続長繊維 (れんぞくちょうせんい)

　連続した長い繊維のこと。「フィラメント」や、単に「長繊維」ともいう。1000mくらいの長い繊維からなる絹は、この繊維に分類される。化学繊維*は人工的に作られた繊維なので、連続長繊維、短繊維*のどちらも作ることができる。↔短繊維

用語集

よ〜れ

# INDEX（五十音順）

※太字のページは、その用語がメインで紹介されているページを指す。　※ある用語の別名は、本書で採用している見出しの用語に矢印で飛ばしている。

## あ

| | |
|---|---|
| アーガイル・チェック | 242, 243, 252, **253** |
| アーミー柄（アーミーがら）⇨迷彩柄（めいさいがら） | |
| アーミー・ルック | 277 |
| アール・デコ模様（アール・デコもよう） | 271, 273 |
| アイレット編み（アイレットあみ） | 188 |
| 葵唐草（あおいからくさ） | 285 |
| アクション・ペインティング | 271 |
| アクリル | 48 |
| 麻（あさ） | **24**, 31 |
| 麻の葉（あさのは） | 272, 273, 283, **292** |
| 畔編み（あぜあみ）⇨ゴム編み | |
| アセテート | **42** |
| アタリ加工（アタリかこう） | 209 |
| 後染め（あとぞめ） | 52, 53, 58, **305** |
| 後練り（あとねり） | 33, **305** |
| アニマル柄（アニマルがら） | 180, 254, 255, 265, 266, 267 |
| アブストラクト・パターン⇨抽象柄（ちゅうしょうがら） | |
| 亜麻（あま） | 24, 25, 31, 107 |
| 甘撚り（あまより） | 317 |
| 網（あみ） | 174, 175 |
| 編柄（あみがら） | 281 |
| 編組織の分類（あみそしきのぶんるい） | 155 |
| 編みレース（あみレース） | 187 |
| アムンゼン（人名） | 97, 122 |
| アムンゼン（織物）⇨梨地織り（なしじおり） | |
| アムンゼン（ニット）⇨梨地編み（なしじあみ） | |
| 綾織り（あやおり）⇨斜文織り（しゃもんおり） | |
| 綾織物（あやおりもの） | 66 |
| 綾線（あやせん）⇨綾目（あやめ） | |
| 綾ネル（あやネル） | 101 |
| 綾羽二重（あやはぶたえ） | 139 |
| 綾別珍（あやべっちん） | 88 |
| 綾目（あやめ） | **305** |
| アラベスク柄（アラベスクがら） | 273 |
| アラベスク文様（アラベスクもんよう） | 260, 273 |
| アラミド | 45 |
| 霰（あられ） | 275 |
| アルパカ | 28, 131, **136** |
| 阿波しじら（あわしじら） | 78, 122 |
| アンカット・コール | 86 |
| アンカット・パイル | 90 |
| アンゴラ | 28, 131, **135** |
| アンフォルメル | 271 |

## い

| | |
|---|---|
| 異形断面ポリエステル（いけいだんめんポリエステル） | 47 |
| 井桁絣（いげたがすり） | 288 |
| 石畳文（いしだたみもん）⇨市松文様（いちまつもんよう） | |
| 石目織り（いしめおり）⇨バーズ・アイ | |
| 意匠糸（いしょうし） | 118, 142, 173, **305** |
| イタリアン柄（イタリアンがら） | 273, **276** |
| 一重組織（いちじゅうそしき） | 66, 67, **306** |
| 市松文様（いちまつもんよう） | 242, 243, 251, 273, **291** |
| 糸染め（いとぞめ） | 53, 55, **57** |
| 糸の製造方法と名称（いとのせいぞうほうほうとめいしょう） | 43 |
| 糸密度（いとみつど） | **306** |
| イミテーション・ファー⇨フェイク・ファー | |
| イミテーション・レザー⇨フェイク・レザー | |
| 入子菱（いれこびし） | 284 |
| 色フラノ（いろフラノ） | 114 |
| 印金（いんきん）⇨箔（加工）（はくかこう） | |
| インクジェット・プリント | 63 |
| インターロック | 155, **165**, 166, 167, 171 |
| インド伝統柄（インドでんとうがら） | 261 |
| インレイ編み（インレイあみ） | 155, **173** |

## う

| | |
|---|---|
| ヴィクトリアン・チンツ | 256 |
| ウインター・コットン | 101 |
| ウインドーペーン | 243, **249** |
| ウーステッド | 310 |
| ウーステッド・サージ | 112 |
| ウーステッド・メルトン | 125 |
| ウール・ギャバジン | **113** |
| ウーレン⇨紡毛（ぼうもう） | |
| ウエール | **306** |
| ウエザー・クロス | 99 |
| ウォーター・ジェット式織機（ウォーター・ジェットしきしょっき） | 309 |
| ウオッシャブル加工（ウオッシャブルかこう） | **204** |
| ウオッシュ加工（ウオッシュかこう） | 208, 226 |
| 浮き編み（うきあみ） | 155, 167, 168, 169 |
| 薄琥珀（うすこはく）⇨タフタ | |
| 渦巻き文（うずまきもん） | **291** |
| うずらちりめん | 144 |
| 裏起毛（うらきもう） | 169 |

| | |
|---|---|
| 裏切り（うらぎり） | 106 |
| 裏切り紋（うらぎりもん） | 106 |
| 裏毛編み（うらげあみ） | 155, **169**, 173 |
| 裏毛パイル（うらげパイル） | 169 |
| 鱗文（うろこもん） | 273, **292** |
| 上撚り（うわより） | 317 |

## え

| | |
|---|---|
| エアー・ジェット式織機（エアー・ジェットしきしょっき） | 309 |
| エイトロック | 165 |
| 絵絣（えがすり） | 288 |
| エスニック柄（エスニックがら） | 254, **260**, 261 |
| エスニック・ルック | 260 |
| S撚り（エスより） | 317 |
| 越後上布（えちごじょうふ） | 26 |
| 江戸小紋（えどこもん） | 275, **286** |
| 江戸友禅（えどゆうぜん） | 287 |
| エナメル（加工） | 183, 213, **215** |
| エバー・グレーズ加工（エバー・グレーズかこう） | 216 |
| エルメス柄（エルメスがら） | 255, **269** |
| 縁起柄（えんぎがら）⇨吉祥柄（きっしょうがら） | |
| 塩縮（加工）（えんしゅくかこう） | 64, **220**, 221 |
| 遠赤外線加工（えんせきがいせんかこう） | 205 |
| エンブロイダリー・レース | 187, 190, 191, **193** |
| エンボス（加工） | 78, 212, 213, 216, **217**, 218, 219, 281 |

## お

| | |
|---|---|
| オイル・クロス | 213 |
| オーガニック・コットン | 22 |
| オーガンジー | **73** |
| オーストリッチ（皮革） | 183 |
| オートミール | 122 |
| オーニング・ストライプ⇨ブロック・ストライプ | |
| オーバー・ダイ | 209 |
| オーバー・チェック | 242 |
| 大幅（おおはば） | 313 |
| オーロン | 48 |
| 押箔（おしはく） | 214 |
| オックスフォード | **95**, 120 |
| オットマン（ニット）⇨リップル編み | |
| オットマン（織物） | 94 |
| 鬼コール（おにコール） | 86 |
| 鬼ちりめん（おにちりめん） | 144 |
| オパール（加工） | 149, **224**, 281 |
| オパール・ジョーゼット | 224 |
| オプティカル・プリント | 271 |
| 表革（おもてがわ） | 183 |
| 表切り（おもてぎり） | 106 |
| 織柄（おりがら） | 281 |

| | |
|---|---|
| 織フェルト（おりフェルト） | 195 |
| 織組織の分類（おりそしきのぶんるい） | 67 |
| 織物の三原組織（おりもののさんげんそしき） | 66, 309 |
| オルタネート・ストライプ | 233, **237** |
| 温感加工（おんかんかこう）⇨保温加工（ほおんかこう） | |
| オンジュレー | 296 |

## か

| | |
|---|---|
| ガーゼ | **74** |
| ガーター編み（ガーターあみ） | 155, **159**, 160 |
| カーディング | 306 |
| カーテン・レース | 186 |
| カード糸（カードし） | **306** |
| カーフ（皮革） | 183 |
| ガーメント・ダイ⇨製品染め（せいひんぞめ） | |
| ガーメント・レングス⇨半成型編み（はんせいけいあみ） | |
| 海賊縞（かいぞくじま）⇨マリン・ボーダー | |
| カウ・ハイド（皮革） | 183 |
| 化学繊維（かがくせんい） | 18, 19, **306** |
| 蚊絣（かがすり） | 288 |
| 加賀友禅（かがゆうぜん） | 287 |
| 角通し（かくどおし） | 286 |
| 重ね亀甲（かさねきっこう） | 293 |
| 重ね組織（かさねそしき） | 66, 67, **306** |
| 飾り糸（かざりいと）⇨意匠糸（いしょうし） | |
| 家蚕絹（かさんぎぬ） | 35 |
| カシドス | 123 |
| カシミール⇨ペイズリー柄 | |
| カシミヤ | 28, 54, **132**, 133, 279 |
| カシミヤ織り（カシミヤおり） | 132 |
| 飛白（かすり）⇨絣柄（かすりがら） | |
| 絣柄（かすりがら） | **288** |
| 絣染め（かすりぞめ） | 57 |
| 綛糸染め（かせいとぞめ） | 57 |
| 片シボ（かたシボ） | 76, 77 |
| 型染め（かたぞめ） | 59, 290, 296 |
| 片滝縞（かたたきじま） | 295 |
| 片羽二重（かたはぶたえ） | 139 |
| 片面タオル（かためんタオル） | 90 |
| 型友禅（かたゆうぜん） | 287 |
| 片撚り（かたより） | 317 |
| カタン糸（カタンいと） | 315 |
| 花鳥文（かちょうもん） | 279 |
| カット・パイル | 90 |
| カット・ボイル | 106 |
| カット・ローン | 106 |
| かつらぎ | **79**, 80 |
| 金巾（かなきん） | **68** |
| カネカロン | 48 |
| カネキン⇨金巾（かなきん） | |
| 鹿の子編み（かのこあみ） | 161, **162**, 163, 171 |

| | |
|---|---|
| 鹿の子絞り（かのこしぼり） | 62, 162, 289, **290** |
| カバード・ヤーン | 49 |
| カプサイシン加工（カプサイシンかこう） | 205 |
| 壁糸（かべいと） | 305 |
| カモフラージュ柄（カモフラージュがら）⇨迷彩柄（めいさいがら） | |
| 唐草文様（からくさもんよう） | 152, 283, **285** |
| 唐花（からはな） | 257 |
| 唐花菱（からはなびし） | 284 |
| からみ織り（からみおり） | 75 |
| からみ組織（からみそしき） | 67, **306** |
| 苧（からむし） | 24 |
| ガリ糸（ガリいと） | **306** |
| ガリ・サージ | 112 |
| 仮撚り加工糸（かりよりかこうし） | **306** |
| カレンダー掛け（カレンダーがけ）⇨カレンダー加工 | |
| カレンダー加工（カレンダーかこう） | 68, **216** |
| ガン・クラブ・チェック | 253 |
| 乾式紡糸（かんしきぼうし） | 41, 48, 49, 314 |
| 緩斜文（かんしゃもん） | **306** |
| 完全組織（かんぜんそしき） | **307** |
| 間道（かんとう）／間道柄（かんとうがら） | 232, **296** |

## き

| | |
|---|---|
| 生糸（きいと） | 43, **307** |
| 機械レース（きかいレース） | 186, 187 |
| 機械レースの分類（きかいレースのぶんるい） | 187 |
| 幾何学模様（きかがくもよう） | **272**, 276, 283, 290, 291, 292, 293, 294 |
| 幾何柄（きかがら）⇨幾何学模様（きかがくもよう） | |
| 生絹（きぎぬ）⇨生糸（きいと） | |
| 生絹織物（きぎぬおりもの） | 305 |
| 菊唐草（きくからくさ） | 285 |
| 生地（きじ） | **307** |
| 亀甲文様（きっこうもんよう） | 272, 273, **293** |
| 吉祥柄（きっしょうがら） | 254, 273, **282**, 285, 290, 293 |
| 吉祥文様（きっしょうもんよう）⇨吉祥柄（きっしょうがら） | |
| 絹（きぬ） | 31, **32** |
| 絹鳴り（きぬなり） | 32, 139 |
| 生機（きばた）⇨生地（きじ） | |
| 基布（きふ） | **307** |
| 起毛（きもう） | 100, 114, 123 |
| 逆斜文（ぎゃくしゃもん） | **307** |
| キャス・キッドソン柄（キャス・キッドソンがら） | 257 |
| キャッツ・アイ | 121 |
| ギャバジン⇨ウール・ギャバジン, コットン・ギャバジン | |
| キャメル | 28, **136** |
| キャラクター柄（キャラクターがら） | **264** |
| キャラコ／キャリコ | 68 |
| キャンディー・ストライプ | **237** |
| キャンバス | 99, 108, 203 |

| | |
|---|---|
| キャンブリック | 68, 107 |
| 吸汗加工（きゅうかんかこう）⇨吸水速乾加工（きゅうすいそっかんかこう） | |
| 吸湿発熱加工（きゅうしつはつねつかこう） | 205 |
| 急斜文（きゅうしゃもん） | **307** |
| 急斜文織り（きゅうしゃもんおり） | 96, 314 |
| 吸水速乾加工（きゅうすいそっかんかこう） | **201**, 205 |
| キュプラ | **38** |
| 京鹿の子絞り（きょうかのこしぼり） | 290 |
| 行儀（ぎょうぎ） | 286 |
| 強撚糸（きょうねんし） | 317 |
| 京友禅（きょうゆうぜん） | 287 |
| キルティング（加工）（キルティングかこう） | 205, **230** |
| キルト⇨キルティング | |
| ギンガム | 78, **103**, 250, 281 |
| ギンガム・ストライプ | 103 |
| ギンガム・チェック | 103, 243, **250** |
| 金彩（きんさい）⇨箔（加工）（はくかこう） | |
| 銀面（ぎんめん） | 183 |

## く

| | |
|---|---|
| クール・ウール | 110 |
| 草木染め（くさきぞめ） | 52 |
| くさり編み（くさりあみ） | 155, 176 |
| 具象柄（ぐしょうがら） | **254**, 271, 276, 281 |
| 鯨尺（くじらじゃく） | 313 |
| 靴下編み機（くつしたあみき） | 299 |
| 工夫絣（くふうがすり） | 288 |
| 雲立涌（くもたてわく） | 295 |
| クラッシュ | **108** |
| クラッシュ加工（クラッシュかこう） | 208, 209 |
| クラッシュ・リネン | 107, 108 |
| グラニー・プリント | 256 |
| グラフィック柄（グラフィックがら） | **280** |
| クラブ・ストライプ⇨レジメンタル・ストライプ | |
| クラリーノ | 185 |
| クラン・タータン | 243, 244 |
| クリアー仕上げ（クリアーしあげ） | 120, 121 |
| グリッパー式織機（グリッパーしきしょっき） | 309 |
| クリップ | 106 |
| クリップ・スポット | **106** |
| クリンプ | 28 |
| 久留米絣（くるめがすり） | 288 |
| クレープ | 76, 77, 144, 145, 146, 219, 221 |
| クレープ・ジョーゼット⇨ジョーゼット | |
| クレープ・デ・シン | 145 |
| グレナカート・チェック⇨グレン・チェック | |
| クレバネット⇨ウール・ギャバジン | |
| グレン・チェック | 117, 242, **247** |
| グログラン | 94, 141, 218 |
| グログラン・リボン | 94 |

| | |
|---|---|
| クロコダイル（皮革） | 183 |
| クロス・ストライプ⇨ボーダー | |
| クロッケ⇨ブリスター | |
| クロムなめし | 182 |

## け

| | |
|---|---|
| 毛（け） | 28, 31 |
| 形態安定加工（けいたいあんていかこう） | 202 |
| ゲージ | **307** |
| ケーブル編み（ケーブルあみ）⇨縄編み（なわあみ） | |
| 毛羽（けば） | 85, 86, 90, 106, 114, 115, 129, 130, 131, 227 |
| ケミカル・ウオッシュ | 208, 209 |
| ケミカル・プリント⇨オパール（加工） | |
| ケミカル・レース | 187, **192**, 193 |
| 原反（げんたん）⇨生地（きじ） | |
| 原着染め（げんちゃくぞめ） | 55 |
| 絹紡（けんぼう）／絹紡糸（けんぼうし） | 34, 141, 314 |
| 原毛染め（げんもうぞめ） | 29, 54 |
| 減量加工（げんりょうかこう） | 211 |
| 原料染め（げんりょうぞめ） | 53, **54** |
| 元禄文様（げんろくもんよう） | 242, 251 |

## こ

| | |
|---|---|
| コイン・ドット | 274, 275 |
| 纐纈織り（こうけちおり）⇨ふくれ織り | |
| 交錯点（こうさくてん） | **308** |
| 合糸（ごうし） | 43 |
| 格子縞（こうしじま）⇨チェック | |
| 合成繊維（ごうせいせんい） | 18, 19, 44, 46, 48, 49, 50, **308** |
| 合成皮革（ごうせいひかく）⇨フェイク・レザー | |
| 鉱物繊維（こうぶつせんい） | 19, **308** |
| コース | **308** |
| コーティング加工（コーティングかこう） | 199, 200, 203, 206, **213**, 215 |
| コーデュロイ | 86, 89 |
| コード⇨リップル編み | |
| ゴート（皮革） | 183 |
| コード織り（コードおり）⇨コードレーン | |
| コードレーン | **91** |
| コーマ糸（コーマし） | **308** |
| コーミング | **308** |
| コール天（コールてん）⇨コーデュロイ | |
| コーン染色（コーンせんしょく） | 57 |
| 小巾柄（こぎんがら） | **294** |
| 極細コール（ごくぼそコール） | 86 |
| コットン⇨綿（めん） | |
| コットン・ギャバジン | **96**, 113 |
| コットン・サージ | 112 |
| コットン・サテン | **102** |
| コットン・バック・サテン | 102 |
| コットン・フラノ⇨コットン・フランネル | |
| コットン・フランネル | 100, **101**, 114 |
| コットン・ベロア | **85** |
| コットン・レース | 187, 193 |
| 古典柄（こてんがら）⇨吉祥柄（きっしょうがら） | |
| 琥珀織り（こはくおり） | 140 |
| 小幅（こはば） | 313 |
| ゴブラン | 67, **152**, 312 |
| 小弁慶（こべんけい）⇨シェパード・チェック | |
| 駒綸子（こまりんず） | 148 |
| ゴム編み（ゴムあみ） | 154, 155, **157**, 158 |
| ゴム引き加工（ゴムひきかこう） | **203**, 213 |
| 子持ち亀甲（こもちきっこう） | 293 |
| 小紋（こもん） | 60, 61, 144 |
| コルファム | 184, 185 |
| コンジュゲート糸（コンジュケートし） | 211 |
| 混打綿（こんだめん） | 314 |
| 混紡（こんぼう） | **308** |

## さ

| | |
|---|---|
| サージ | 81, 97, **112**, 115 |
| サイケデリック柄（サイケデリックがら） | **280** |
| 再生繊維（さいせいせんい） | 18, 19, 36, 38, 40, 41, **308** |
| 先シルケット（さきシルケット） | 210 |
| サキソニー | **115** |
| 先染め（さきぞめ） | 52, 53, **308** |
| 先練り（さきねり） | 33, **308** |
| 柞蚕絹（さくさんぎぬ） | 35, 142, 143 |
| 刺し子（さしこ）⇨小巾柄（こぎんがら） | |
| サッカー | **78**, 221 |
| 薩摩上布（さつまじょうふ） | 26 |
| サテン | 66, 102, 140, **147** |
| サテン編み（サテンあみ） | 155 |
| サテン・ジョーゼット | 146 |
| サテン・ストライプ | **102**, 233, 281 |
| サファリ・ルック | 266 |
| ザプロ加工（ザプロかこう） | 207 |
| サマー・ウーステッド | 72, 110, 111, 188 |
| サマー・コーデュロイ | 87 |
| サマー・ツイード | 116 |
| 鮫（さめ） | 275, 286 |
| 更紗（さらさ） | 60, 256, 261 |
| さらし糸（さらしいと） | **308** |
| サリー | 261 |
| 三原組織（さんげんそしき） | 67, **308** |
| サンシルク加工（サンシルクかこう） | 204 |
| サンダーソン柄（サンダーソンがら） | 257 |
| 山東絹（さんとうぎぬ）⇨シャンタン | |
| サンフォライズ加工（サンフォライズかこう） | 70, 202 |
| 三分練り（さんぶねり） | 33 |

| | |
|---|---|
| 三本縞（さんぼんじま）⇨トリプル・ストライプ | |

## し

| | |
|---|---|
| シアー・サッカー⇨サッカー | |
| シーチング | 68 |
| シープ（皮革） | 183 |
| シェービング加工（シェービングかこう） | 209 |
| シェニール・ヤーン | 305 |
| シェパード・チェック | **246**, 253 |
| ジオメトリック・パターン⇨幾何学模様（きかがくもよう） | |
| 刺繍レース（ししゅうレース） | 187, 193 |
| しじら織り（しじらおり） | 78, 122 |
| 自然模様（しぜんもよう）⇨具象柄（ぐしょうがら） | |
| 地組織（じそしき） | **309** |
| 下撚り（したより） | 317 |
| 七福神（しちふくじん） | 282 |
| 湿式紡糸（しっしきぼうし） | 37, 38, 48, 49, 314 |
| 七宝つなぎ（しっぽうつなぎ） | 273 |
| シフォン | 138 |
| シフォン・クレープ | 138 |
| シフォン・ジョーゼット | 146 |
| シフォン・ベルベット | 149 |
| ジプシー・ストライプ | 238 |
| シボ | 76, 77, 122, 138, 141, 144, 145, 146, 148, **219** |
| 絞り柄（しぼりがら） | **289** |
| 絞り染め（しぼりぞめ） | 60, **62**, 290, 291 |
| 縞（しま） | 232 |
| 湿緯（しめよこ） | 139 |
| 霜降糸（しもふりいと） | 56 |
| 紗（しゃ） | 67, 75 |
| シャークスキン | **120** |
| ジャージー | 171 |
| シャー・リネン | 107 |
| ジャイアント・ストライプ | 233 |
| ジャカード編み（ジャカードあみ） | 67, 155, **168** |
| ジャカード編み機（ジャカードあみき） | 168, 169, 170, 270 |
| ジャカード柄（ジャカードがら） | **270**, 281 |
| ジャカード・クロス | 105, 106, 148, 149, 150, **151**, 152 |
| ジャカード織機（ジャカードしょっき） | 151, 270, **309** |
| ジャカード・ストライプ | **239** |
| シャギー | 131 |
| 紗状レース（しゃじょうレース）⇨チュール・レース | |
| シャツ・コール | 86 |
| シャトル織機（シャトルしょっき） | 309 |
| シャトル・レス織機（シャトル・レスしょっき） | **309** |
| シャネル・ツイード | 116, 118 |
| 蛇の目（じゃのめ） | 275 |
| 斜文編み（しゃもんあみ） | **166** |
| 斜文織り（しゃもんおり） | 66, 309 |
| 斜文線（しゃもんせん）⇨綾目（あやめ） | |

| | |
|---|---|
| シャリー | 109 |
| シャワー・ドット | 274 |
| シャンタン | **142** |
| シャンブレー | **84** |
| シャンブレー・カラー | 84, 95, 140 |
| 祝儀柄（しゅうぎがら）⇨吉祥柄（きっしょうがら） | |
| 十字絣（じゅうじがすり） | 288 |
| 獣毛繊維（じゅうもうせんい） | 312 |
| 縮絨（加工）（しゅくじゅうかこう） | 29, 85, 114, 115, 118, 123, 125, 127, 128, 130, 194, **222** |
| 手工芸レース（しゅこうげいレース） | 186 |
| 朱子織り（しゅすおり） | 66, 147, 309 |
| シュライナー加工（シュライナーかこう） | 211, 216 |
| 消臭抗菌加工（しょうしゅうこうきんかこう） | **204** |
| 乗馬格子（じょうばごうし）⇨タッターソール・チェック | |
| ジョーゼット | 146 |
| ジョーゼット・クレープ⇨ジョーゼット | |
| 植物繊維（しょくぶつせんい） | 18, 19, 20, 24, **310** |
| 植毛加工（しょくもうかこう）⇨フロック（加工） | |
| ジラフ柄（ジラフがら） | 266 |
| シルキー加工（シルキーかこう） | 70, 102, 105, **210**, 216 |
| シルク・オーガンジー | 73 |
| シルク・サージ | 112 |
| シルク・タフタ⇨タフタ | |
| シルク・ツイード | 116 |
| シルケット加工（シルケットかこう） | 70, 210 |
| シロセット加工（シロセットかこう） | 223 |
| しわ（加工）（しわかこう） | **225**, 226 |
| 芯入りピケ（しんいりピケ） | 92 |
| シングル・アトラス編み（シングル・アトラスあみ） | 155 |
| シングル・コード編み（シングル・コードあみ） | 155 |
| シングル・ジャージー | 156, 171 |
| シングル・ジャカード | 168 |
| シングル・ストライプ | 236 |
| シングル・トリコット | 172 |
| シングル・トリコット編み（シングル・トリコットあみ） | 155 |
| シングル幅（シングルはば） | 313 |
| シングル・ブリスター | 169 |
| 人絹（じんけん） | 36 |
| 人工毛皮（じんこうけがわ）⇨フェイク・ファー | |
| 人工皮革（じんこうひかく）⇨フェイク・レザー | |
| シンセティック・ファー⇨フェイク・ファー | |
| シンセティック・レザー⇨フェイク・レザー | |
| 浸染（しんせん） | 53, **58** |
| 人造絹糸（じんぞうけんし） | 36 |
| シンチラ・フリース | 128 |
| 芯なしピケ（しんなしピケ） | 92 |

## す

| | |
|---|---|
| 瑞兆唐草（ずいちょうからくさ） | 285 |
| スウェット | 169 |
| スーパー・ウオッシュ加工<br>（スーパー・ウオッシュかこう） | 202 |
| スエード | 183, 227 |
| スカーフ柄（スカーフがら）⇨エルメス柄 | |
| 杉綾織り（すぎあやおり）⇨ヘリンボーン | |
| スクリーン捺染（スクリーンなっせん）<br>／スクリーン・プリント | 59, 269 |
| スケール | 28 |
| スコッチ・ツイード⇨ツイード | |
| ステア・ハイド（皮革） | 183 |
| ステープル／<br>ステープル・ファイバー⇨短繊維（たんせんい） | |
| ステープル・ヤーン | 314 |
| ストーン・ウオッシュ | 208 |
| ストライプ | **232**, 240, 281 |
| ストレッチ・ヤーン | 173 |
| スパンデックス | 49, 173 |
| スパン・ヤーン | 314 |
| スフ⇨短繊維（たんせんい） | |
| ずぶ染め（ずぶぞめ）⇨浸染（しんせん） | |
| スポット | 274, 275 |
| スムース⇨インターロック | |
| スモークド・チェック | 249 |
| スラブ・ヤーン | 142, 305 |
| 摺箔（すりはく） | 214 |

## せ

| | |
|---|---|
| 青海波（せいがいは） | 283, **290** |
| 成型編み（せいけいあみ） | 299, **310** |
| 製糸（せいし） | 43, **310** |
| 正斜文（せいしゃもん） | **310** |
| 製造段階による染色の種類<br>（せいぞうだんかいによるせんしょくのしゅるい） | 53 |
| 制電加工（せいでんかこう）<br>⇨帯電防止加工（たいでんぼうしかこう） | |
| 静電植毛（せいでんしょくもう）⇨フロック（加工） | |
| 製品染め（せいひんぞめ） | 53, **64** |
| 精紡（せいぼう） | 314 |
| 精練（せいれん） | 32, **310** |
| セーブル（毛皮） | 179 |
| セール・クロス | 108 |
| Z撚り（ゼットより） | 317 |
| ゼブラ柄（ゼブラがら） | 266 |
| ゼブラ・ストライプ⇨ゼブラ柄 | |
| 繊維の分類（せんいのぶんるい） | 19 |
| 染色堅牢度（せんしょくけんろうど） | 52, 54, 56, 58, **310** |

## そ

| | |
|---|---|
| SR加工（ソイル・リリースかこう） | 201 |
| 双糸（そうし） | **310** |
| 挿入編み（そうにゅうあみ） | 173 |
| 添え糸編み（そえいとあみ） | 169 |
| 粗紡（そぼう） | 314 |
| 染め絣（そめがすり） | 288 |
| 梳綿（そめん） | 314 |
| 梳毛（そもう） | 29, **310** |
| 梳毛メルトン（そもうメルトン） | 125 |

## た

| | |
|---|---|
| タータン⇨タータン・チェック | |
| タータン・チェック | 242, 243, **244**, 253 |
| ダーツ | 230 |
| ダイアゴナル・チェック⇨ダイヤモンド・チェック | |
| タイガー・ストライプ⇨トラ柄 | |
| タイ・ダイ<br>⇨絞り染め（しぼりぞめ）／絞り柄（しぼりがら） | |
| 帯電防止加工（たいでんぼうしかこう） | 201, **207** |
| タイニー・チェック⇨ピン・チェック | |
| 大麻（たいま） | 25, 292 |
| ダイヤ柄（ダイヤがら）⇨ダイヤモンド・チェック | |
| ダイヤパー | 252 |
| ダイヤモンド・チェック | 242, 243, **252**, 253 |
| ダイヤモンド・ファイバー⇨モヘヤ | |
| ダイラン加工（ダイランかこう） | 202 |
| タオル織り（タオルおり）／タオル・クロス／<br>タオル地（タオルじ）⇨テリー・クロス | |
| 宝づくし文様（たからづくしもんよう） | 282 |
| 宝船（たからぶね） | 282 |
| 滝縞（たきじま） | 295 |
| ダクロン | 47 |
| 武田菱（たけだびし） | 284 |
| 多重組織（たじゅうそしき） | 67, **310** |
| 欅文様（たきもんよう） | 284 |
| タック（加工） | 230 |
| ダック | 108 |
| タック編み（タックあみ） | 155, 161, 167, 170 |
| タッサー | 94, **143** |
| タッサー・シルク⇨タッサー | |
| タッサー・ポプリン | 69, 143 |
| タッターソール・チェック | 242, 243, **248** |
| たて編み（たてあみ） | 154, 299, **311** |
| たて二重織り（たてにじゅうおり）／<br>たて二重組織（たてにじゅうそしき） | 66, 67, 150, **311** |
| たてパイル組織（たてパイルそしき） | 67, **311** |
| たてピケ | 92 |
| たて・よこちりめん | 146 |

| | |
|---|---|
| たて・よこ二重織り（たてよこにじゅうおり）／ | 66, 67 |
| たて・よこ二重組織（たてよこにじゅうそしき） | 150, 311 |
| たてよこよろけ | 296 |
| たてよろけ | 296 |
| 立涌縞（たてわくじま） | 295, 296 |
| タフタ | 94, 140 |
| ダブル・ガーゼ | 74 |
| ダブル・ジャージー | 158, 165, 167, 171 |
| ダブル・ジャカード | 168 |
| ダブル・ストライプ | 233, 236 |
| ダブル・ドット | 274 |
| ダブル・トリコット | 172 |
| ダブル幅（ダブルはば） | 313 |
| ダブル・ブリスター | 169 |
| ダブル・リブ⇨インターロック | |
| 玉編み（たまあみ） | 163 |
| ダマスク | 105, 151, 281 |
| ダミエ⇨市松文様（いちまつもんよう） | |
| ダメージ加工（ダメージかこう） | 208 |
| ダルメシアン柄（ダルメシアンがら） | 265 |
| ダンガリー | 82 |
| 単糸（たんし） | 311 |
| 短繊維（たんせんい） | 31, 43, 311 |
| 短繊維綿（たんせんいめん） | 21 |
| 反染め（たんぞめ）⇨浸染（しんせん） | |
| タンニンなめし | 182 |
| 反物（たんもの） | 311 |

## ち

| | |
|---|---|
| チーズ染色（チーズせんしょく） | 57 |
| チーター柄（チーターがら） | 267 |
| チェッカー | 242 |
| チェッカーボード・チェック⇨ブロック・チェック | |
| チェック | 232, 242, 281 |
| 蓄熱保温加工（ちくねつほおんかこう） | 205 |
| 縮み（ちぢみ） | 219 |
| 千鳥格子（ちどりごうし） | 117, 242, 243, 246, 247, 253 |
| チノ・クロス | 98 |
| 抽象柄（ちゅうしょうがら） | 271, 281 |
| 中繊維綿（ちゅうせんいめん） | 21 |
| 中太コール（ちゅうぶとコール） | 86 |
| 中水玉（ちゅうみずたま） | 274 |
| チュール | 172, 174, 175 |
| チュール・レース | 175, 187, 190, 193 |
| 長繊維（ちょうせんい）⇨連続長繊維（れんぞくちょうせんい） | |
| 長繊維綿（ちょうせんいめん） | 21 |
| チョーク・ストライプ | 233, 235 |
| 苧麻（ちょま） | 24, 25, 31 |
| チリタナ | 244 |
| ちりめん | 139, 144, 219 |
| ちりめんクレープ | 144 |
| チロリアン⇨チロル柄 | |

| | |
|---|---|
| チロル柄（チロルがら） | 256, 262 |
| チンツ加工（チンツかこう） | 216 |

## つ

| | |
|---|---|
| ツイード | 116 |
| ツイル⇨綾織物（あやおりもの） | |
| ツイル・ニット | 166 |
| 津軽小巾刺し（つがるこぎんざし） | 294 |
| つづれ織り（つづれおり） | 67, 152, 312 |

## て

| | |
|---|---|
| ディア・スキン（皮革） | 183 |
| テクスチャード・ヤーン⇨仮撚り加工糸（かりよりかこうし） | |
| デシテックス（dtex） | 27 |
| デシン⇨クレープ・デ・シン | |
| テックス（tex） | 27 |
| テトロン | 47 |
| デニール（denier） | 27 |
| デニム | 79, 80, 82, 112, 166, 208 |
| テリー・クロス | 90 |
| テリレン | 47 |
| テレコ | 158, 171 |
| テレビ柄（テレビがら）⇨リップル編み | |
| 天鵞絨（てんがじゅう）⇨ベルベット | |
| 電気植毛（でんきしょくもう）⇨フロック（加工） | |
| 天蚕絹（てんさんぎぬ） | 35 |
| 天竺編み（てんじくあみ）⇨平編み（ひらあみ） | |
| テンセル | 41 |
| 電着加工（でんちゃくかこう）⇨フロック（加工） | |
| 電着捺染（でんちゃくなっせん） | 227 |
| 伝統柄（でんとうがら）⇨吉祥柄（きっしょうがら） | |
| 天然繊維（てんねんせんい） | 18, 19, 31, 312 |
| 天然皮革（てんねんひかく）⇨レザー | |
| デンビー編み（デンビーあみ）⇨ハーフ・トリコット | |
| 添毛織り（てんもうおり）⇨パイル組織 | |

## と

| | |
|---|---|
| 透孔編み（とうこうあみ） | 188 |
| 透湿防水加工（とうしつぼうすいかこう） | 199 |
| 唐縮緬（とうちりめん）⇨モスリン | |
| 動物柄（どうぶつがら） | 283, 293 |
| 動物繊維（どうぶつせんい） | 18, 19, 28, 32, 312 |
| トーション・レース | 187, 191 |
| 特殊組織（とくしゅそしき） | 67, 312 |
| 特別組織（とくべつそしき） | 66, 67, 312 |
| ドスキン | 123 |
| ドッテッド・ストライプ⇨ピン・ストライプ | |
| トップ糸（トップし） | 56 |
| トップ染め（トップぞめ） | 29, 53, 56 |

| | |
|---|---|
| ドネガル・ツイード | 116 |
| ドビー | 67, 151 |
| ドビー織機（ドビーしょっき） | 151, **312** |
| ドビー・ストライプ | 239 |
| 度目（どもく） | **312** |
| トラ柄（トラがら） | **267** |
| トラック・ストライプ | 236 |
| トリアセテート | **42** |
| トリコット | 172 |
| トリコット編み機（トリコットあみき） | 172, 174, 175, 299, **312** |
| トリコット・メッシュ | 174 |
| トリコロール・ボーダー | **241** |
| トリプル・ストライプ | **236** |
| トリプルバー・ストライプ ⇨ トリプル・ストライプ | |
| 鳥目織り（とりめおり）⇨ バーズ・アイ | |
| トレンチ・コート | 96 |
| トロピカル | **110** |
| トロピカル柄（トロピカルがら） | 254, 255, **258** |
| 緞子（どんす） | 148 |
| 蜻蛉絣（とんぼがすり） | 288 |

## な

| | |
|---|---|
| ナイロン | **44** |
| 長編み（ながあみ） | 176 |
| 流し編み（ながしあみ） | 299, **313** |
| 中幅（なかはば） | 313 |
| 梨地編み（なしじあみ） | 160, **170** |
| 梨地織り（なしじおり） | **122**, 146, 170, 312 |
| 梨地ジョーゼット（なしじジョーゼット） | 122, 146 |
| 捺染（なっせん） | 53, **59**, 61, 62, 63, 281 |
| ななこ織り（ななこおり） | 93, 95, 120, 314 |
| 斜め格子（ななめこうし） | 284 |
| ナノテックス | 200 |
| 並幅（なみはば） | 313 |
| 並撚り（なみより） | 317 |
| なめし加工（なめしかこう） | 178, 182 |
| 業平菱（なりひらびし） | 284 |
| 縄編み（なわあみ） | **164**, 281 |
| 難燃加工（なんねんかこう） | **207** |

## に

| | |
|---|---|
| ニードル・パンチ（加工） | 228 |
| 錦（にしき） | 152 |
| 二重織り（にじゅうおり） | 74, 130, **150** |
| ニット・レース | 187, **188** |

## ぬ

| | |
|---|---|
| 布地（ぬのじ） | **313** |
| 布幅（ぬのはば） | **313** |
| ヌバック | 183 |

## ね

| | |
|---|---|
| 熱セット加工（ねつセットかこう） | 202 |
| ネット | 172, 174 |
| ネップ・ヤーン | 305 |
| ネバー・シュリンク加工（ネバー・シュリンクかこう） | 202 |
| 練糸（ねりいと） | 32, **313** |
| 練絹織物（ねりぎぬおりもの） | 308 |
| ネル ⇨ フランネル／コットン・フランネル | |
| 撚成網（ねんせいあみ） | 175 |

## の

| | |
|---|---|
| ノット・ヤーン | 305 |
| ノルディック柄（ノルディックがら） | 270 |

## は

| | |
|---|---|
| バーズ・アイ | **121** |
| バーズ・アイ・ピケ | **121** |
| バーバリー・チェック | 96, **249** |
| ハーフ・トリコット | **172** |
| ハーフ・トリコット編み（ハーフ・トリコットあみ） | 155 |
| パーマネント・プレス加工（パーマネント・プレスかこう） | 223 |
| パームビーチ | **110** |
| ハーリキン・チェック ⇨ ダイヤモンド・チェック | |
| パール編み（パールあみ） | 154, 155, 159, **160**, 170 |
| パール・コーティング | 213 |
| パール仕上げ（パールしあげ） | 213 |
| ハイ・ウエットモジュラス ⇨ モダール | |
| バイオ・ウオッシュ | 208 |
| バイオシル加工（バイオシルかこう） | 204 |
| ハイ・ゲージ | 307 |
| パイソン（皮革） | 183 |
| パイル編み（パイルあみ） | 155 |
| パイル組織（パイルそしき） | 66, 67, **313** |
| パイレーツ・ボーダー ⇨ マリン・ボーダー | |
| ハウス・チェック | 243, 249 |
| ハウンド・トゥース ⇨ 千鳥格子（ちどりごうし） | |
| 箔（加工）（はくかこう） | **214**, 229 |
| パシュミナ | **133** |
| 蜂巣織り（はちすおり） | **104** |
| バック・スキン | 123, 183 |

索引　五十音順　●と〜は

325

| 索引 五十音順 は〜ふ | | |
|---|---|---|
| 抜触加工（ばっしょくかこう）⇨オパール（加工） | | |
| 撥水加工（はっすいかこう） | **198**, 201 | |
| 抜染（ばっせん） | 59 | |
| バッファロー・チェック⇨ランバージャック・チェック | | |
| 撥油加工（はつゆかこう） | **200**, 201 | |
| バティック | 260 | |
| 花柄（はながら） | 254, 255, **256** | |
| 花菱（はなびし） | 284 | |
| 花菱亀甲（はなびしきっこう） | 293 | |
| ハニカム・ウィーブ⇨蜂巣織り（はちすおり） | | |
| パネル柄（パネルがら） | 60 | |
| 羽二重（はぶたえ） | **139**, 141 | |
| ばら毛染め（ばらけぞめ） | 54 | |
| ハリス・ツイード | 116, 117 | |
| 針抜き編み（はりぬきあみ） | 155, 158 | |
| バルーン・ドット | 274 | |
| パルメット | 285 | |
| パレオ | 258, 260 | |
| パレス・クレープ | 145 | |
| パワー・ネット | **175** | |
| ハワイアン柄（ハワイアンがら） | 258, 259 | |
| 半合成繊維（はんごうせいせんい） | 18, 19, 42, **313** | |
| バンコーラ加工（バンコーラかこう） | 202 | |
| 半成型編み（はんせいけいあみ） | 299, **313** | |
| 番手（ばんて） | 27 | |
| 半練り（はんねり） | 33 | |
| パンピース | 110 | |
| 帆布（はんぷ） | 108 | |

## ひ

| | | |
|---|---|---|
| ピース・ダイ⇨浸染（しんせん） | | |
| ビーバー | 126, **127** | |
| ビエラ | **100** | |
| 引き揃え糸（ひきそろえいと） | 91 | |
| ピケ | 92, 121, 311 | |
| ヒゲ加工（ヒゲかこう） | 209 | |
| 菱文（ひしもん） | 273, **284** | |
| ビスコース⇨レーヨン | | |
| ビソ・リネン | 107 | |
| 左綾（ひだりあや）⇨逆斜文（ぎゃくしゃもん） | | |
| 左撚り（ひだりより）⇨Z撚り（ゼットより） | | |
| ピッグ（皮革） | 183 | |
| 一越ちりめん（ひとこしちりめん） | 144 | |
| ヒョウ柄（ヒョウがら） | 265, 267 | |
| 瓢箪文（ひょうたんもん） | 283 | |
| 日除け縞（ひよけじま）⇨ブロック・ストライプ | | |
| 平編み（ひらあみ） | 154, 155, **156**, 171 | |
| 平織り（ひらおり） | 66, 309 | |
| 平織物（ひらおりもの） | 66 | |
| 平ネル（ひらネル） | 101 | |
| 平羽二重（ひらはぶたえ） | 139 | |
| 平別珍（ひらべっちん） | 88 | |

| | | |
|---|---|---|
| ピリング | 313 | |
| ビロード⇨ベルベット | | |
| 広幅（ひろはば） | 313 | |
| ピンウエール・ピケ | 92 | |
| ピン・ストライプ | 233, **234** | |
| ピン・チェック | **251** | |
| ピン・ドット | 274, 275 | |
| ピン・ドット・ストライプ⇨ピン・ストライプ | | |
| ピン・ヘッド | 121 | |
| ピンヘッド・ストライプ⇨ピン・ストライプ | | |
| ピンヘッド・チェック⇨ピン・チェック | | |

## ふ

| | | |
|---|---|---|
| ファー | **178** | |
| ファイユ | 94, **141**, 218 | |
| ファイユ・クレープ | 141 | |
| ファイユ・タフタ | 141 | |
| ファスト・パイル | 88 | |
| ファッショニング⇨成型編み（せいけいあみ） | | |
| ファンシー・ツイード | 116, **118** | |
| ファンシー・ストライプ | **238** | |
| ファンシー・ドット | 274 | |
| ファンシー・ヤーン⇨意匠糸（いしょうし） | | |
| フィギュアード・ストライプ⇨ジャカード・ストライプ | | |
| フィギュアド・リップル | 167 | |
| フィギュラティブ・パターン⇨具象柄（ぐしょうがら） | | |
| フィラメント／フィラメント糸（フィラメントし） | 27, 31, 43, **313**, 317 | |
| 風合い・素材感別織物表（ふうあい・そざいかんべつおりものひょう） | 137 | |
| 風通織り（ふうつうおり） | 150 | |
| ブーレ⇨リップル編み | | |
| フェイク・ファー | 180, 265, 266, 267 | |
| フェイク・レザー | **184**, 213 | |
| フェルト | 29, **194**, 222, 228 | |
| フェルト・クロス | 195 | |
| フォークロア・ルック | 260 | |
| フォックス（毛皮） | 179 | |
| ふくれ織り（ふくれおり） | **150** | |
| 袋編み（ふくろあみ） | 167 | |
| 袋織り（ふくろおり） | 150 | |
| 節糸（ふしいと）⇨スラブ・ヤーン | | |
| 富士絹（ふじぎぬ） | **141** | |
| 不織布（ふしょくふ） | 184, 194, 228 | |
| 二幅（ふたはば） | 313 | |
| ブッチャー | **93** | |
| ブッチャー・ストライプ | 232 | |
| 太コール（ふとコール） | 86 | |
| フライス | 157, 158 | |
| ブラスト加工（ブラストかこう） | 209 | |
| フラックス | 24 | |
| ブラック・レーベル・チェック | 249 | |

| | |
|---|---|
| ブラッド ⇨ ブレイド | |
| フラット・クレープ | 145 |
| フラネレット ⇨ コットン・フランネル | |
| フラノ ⇨ フランネル | |
| ブランケット | 129, **130**, 172 |
| フランス柄（フランスがら） | 256, 257 |
| フランスちりめん ⇨ クレープ・デ・シン | |
| フランネル | 95, 100, 101, **114**, 115, 126, 235 |
| 振り編み（ふりあみ） | 155 |
| フリース | 29, **128**, 130 |
| プリーツ（加工） | 47, **223**, 230 |
| ブリスター | 150, **169**, 171 |
| プリンス・オブ・ウェールズ ⇨ グレン・チェック | |
| プリント ⇨ 捺染（なっせん） | |
| フルーツ柄（フルーツがら） | 254, **263** |
| フル・ファッション編み（フル・ファッションあみ）⇨ 成型編み（せいけいあみ） | |
| ブレイド | 242 |
| プレーン・トリコット編み（プレーン・トリコットあみ） | 155 |
| フレスコ ⇨ ポーラ | |
| プレス・フェルト ⇨ フェルト | |
| ブロード | 69, **70** |
| フロート編み（フロートあみ） | 168 |
| ブロード・クロス ⇨ ブロード | |
| ブロケード | 105, 151, **152** |
| フロッキー加工（フロッキーかこう）⇨ フロック（加工） | |
| フロック（加工） | 227 |
| ブロック・ストライプ | 233, **235** |
| ブロック・チェック | 242, 243, **251**, 252 |
| フロック・プリント | 227 |
| ブロック・プリント | 261 |
| プロバン加工（プロバンかこう） | 207 |

## へ

| | |
|---|---|
| ヘアライン・ストライプ | 233 |
| ペイズリー柄（ペイズリーがら） | 260, 261, 276, **278** |
| ヘイマーケット・チェック | 249 |
| ベガーズ・レース ⇨ トーション・レース | |
| ベザント・レース ⇨ トーション・レース | |
| ベジタブル柄（ベジタブルがら） | 263 |
| 別珍（べっちん） | 67, 85, 87, **88**, 149 |
| ベネシャン | **124** |
| ヘリンボーン | 117, **119** |
| ベルト織り（ベルトおり） | 310 |
| ベルベット | 67, 85, 87, 88, 89, **149**, 227 |
| 変化組織（へんかそしき） | 66, 67, 154, **314** |
| ベンガリン | 94 |
| ベンガル・ストライプ | 232, 238 |

| | |
|---|---|
| 弁慶格子（べんけいごうし）⇨ ブロックチェック／ランバージャック・チェック | |
| ペンシル・ストライプ | 233, **234** |
| ヘンプ | 25 |
| ベンベルグ | 38 |

## ほ

| | |
|---|---|
| ボイル | 72, 102, 106 |
| 防炎加工（ぼうえんかこう）⇨ 難燃加工（なんねんかこう） | |
| 防汚加工（ぼうおかこう） | 200, **201** |
| 方眼編み（ほうがんあみ） | 176 |
| 紡糸（ぼうし） | 43, 54, **314** |
| 棒縞（ぼうじま）⇨ ブロック・ストライプ | |
| 防縮加工（ぼうしゅくかこう） | 70, **202**, 204 |
| 防しわ加工（ぼうしわかこう） | 202 |
| 防水加工（ぼうすいかこう） | 96, 99, 113, **199**, 201 |
| 紡績（ぼうせき）／紡績糸（ぼうせきし） | 43, **314** |
| 防染（ぼうせん） | 59, 61 |
| 紡毛（ぼうもう） | 29, 85, **314** |
| ボーダー | 232, **240** |
| ホームスパン | **118** |
| ポーラ | **111** |
| ポーラテック | 129 |
| 保温加工（ほおんかこう） | **205** |
| 細コール（ほそコール） | 86 |
| 牡丹唐草（ぼたんからくさ） | 285 |
| ポップコーン編み（ポップコーンあみ） | **163** |
| ボビン・レース | 187, 190, 191 |
| ポプリン | 69, 70, 94, 99, 140, 143 |
| ポリウレタン | 49 |
| ポリウレタン弾性糸（ポリウレタンだんせいし） | 173, 175 |
| ポリエステル | **46** |
| ポリ塩化ビニル（ポリえんかビニル） | **50** |
| ホリゾンタル・ストライプ ⇨ ボーダー | |
| ポリノジック | 37 |
| ポリプロピレン | **50** |
| ポルカ・ドット | 274, 275 |
| ポンジー | 142 |
| ポンチ・ローマ | 167 |
| ボンディング | **196**, 205 |
| ボンディング・クロス／ボンデッド・ファブリック ⇨ ボンディング | |
| 本友禅（ほんゆうぜん） | 287 |

## ま

| | |
|---|---|
| マーキゼット | 75 |
| マーセライズ加工（マーセライズかこう） | 210 |
| マイヤー毛布（マイヤーもうふ） | 130 |
| 勾玉模様（まがたまもよう）⇨ ペイズリー柄 | |

|  |  |
|---|---|
| 巻き上げ絞り（まきあげしぼり） | 62 |
| 柾目縞（まさめじま） | 295 |
| 枡織り（ますおり）⇨蜂巣織り（はちすおり） | |
| ます目編み（ますめあみ）⇨方眼編み（ほうがんあみ） | |
| 松唐草（まつからくさ） | 285 |
| マッキントッシュクロス | 203 |
| 松菱（まつびし） | 284 |
| 窓編み（まどあみ）⇨方眼編み（ほうがんあみ） | |
| マドラス・チェック | **250** |
| マトラッセ⇨ふくれ織り | |
| 豆絞り（まめしぼり） | 275 |
| マリン・ボーダー | **241** |
| 丸編み機（まるあみき） | 158, 299, **314** |
| マルチカラー・ストライプ⇨マルチ・ストライプ | |
| マルチ・ストライプ | 233, 237, **238** |
| マルチ・フィラメント糸（マルチ・フィラメントし） | 313 |

## み

|  |  |
|---|---|
| 三浦絞り（みうらしぼり） | 62, 289 |
| 三重襷（みえだすき） | 284 |
| MIKADO（ミカド）⇨タフタ | |
| 右綾（みぎあや）⇨正斜文（せいしゃもん） | |
| 右撚り（みぎより）⇨S撚り（エスより） | |
| ミシン糸（ミシンいと） | **314** |
| 三筋（みすじ）⇨トリプル・ストライプ | |
| 水玉（みずたま） | 273, **274** |
| 三つ鱗（みつうろこ） | 292 |
| 三子糸（みつこいと） | **315** |
| ミドル・ゲージ | 307 |
| ミニチュア・チェック⇨ピン・チェック | |
| 耳（みみ） | **315** |
| ミラニーズ編み（ミラニーズあみ） | 155 |
| ミラノ・リブ | **167**, 171 |
| ミンク（毛皮） | 179 |

## む

|  |  |
|---|---|
| 無機繊維（むきせんい） | 18, 19, **316** |
| 無地糸（むじいと） | 56 |
| 無地染め（むじぞめ）⇨浸染（しんせん） | |
| むら雲絞り（むらぐもしぼり） | 289 |

## め

|  |  |
|---|---|
| 迷彩柄（めいさいがら） | **277** |
| 迷彩ルック（めいさいルック） | 277 |
| 名物裂（めいぶつぎれ） | 296 |
| 目移し編み（めうつしあみ） | 188 |
| メタリック・ヤーン | 151, 305 |
| 目付け（めつけ） | 316 |
| メッシュ | **174** |

|  |  |
|---|---|
| メリノ・ウール | 29, **316** |
| メリヤス編み（メリヤスあみ）⇨平編み（ひらあみ） | |
| メリンス⇨モスリン | |
| メルトン | 114, 115, **125** |
| 綿（めん） | **20**, 31 |
| 綿ギャバ（めんギャバ） | 96, 113 |
| 綿ギャバジン（めんギャバジン） | 96 |
| 綿クレープ（めんクレープ） | **76** |
| 綿サテン（めんサテン）⇨コットン・サテン | |
| 綿朱子（めんじゅす）⇨コットン・サテン | |
| 綿ネル（めんネル）⇨コットン・フランネル | |
| 綿モスリン（めんモスリン） | 109 |

## も

|  |  |
|---|---|
| モアレ（加工） | **218** |
| モール・ヤーン⇨シェニール・ヤーン | |
| 杢糸（もくいと） | 56, 305 |
| もじり組織（もじりそしき）⇨からみ組織 | |
| モス・クレープ | 122 |
| モスリン | **109** |
| モダール | **40** |
| モッサ | **126** |
| モノグラム柄（モノグラムがら） | **268** |
| モノ・フィラメント糸（モノ・フィラメントし） | 314 |
| モヘヤ | 28, 131, **134**, 135, 305 |
| 諸糸（もろいと）⇨双糸（そうし） | |
| 諸撚り（もろより） | 310, 317 |
| 諸撚糸（もろよりいと）⇨双糸（そうし） | |
| 紋組織（もんそしき） | 67, **316** |
| 紋ちりめん（もんちりめん） | 144 |
| モンドリアン柄（モンドリアンがら）／モンドリアン・ルック | 271, 273 |
| 紋ビロード（もんビロード） | 149 |

## や

|  |  |
|---|---|
| ヤール幅（ヤールはば） | 313 |
| 矢絣（やがすり） | **289** |
| 野蚕絹（やさんぎぬ） | 35 |
| 矢筈絣（やはずがすり）⇨矢絣（やがすり） | |
| 矢羽根絣（やばねがすり）⇨矢絣（やがすり） | |

## ゆ

|  |  |
|---|---|
| 友禅（ゆうぜん） | 60, 61, 109, 144, 273, **287** |
| UVカット加工（ユーブイカットかこう） | **206** |

## よ

|  |  |
|---|---|
| 羊毛（ようもう） | **28** |

| | |
|---|---|
| 溶融紡糸（ようゆうぼうし） | 44, 46, 314 |
| 楊柳クレープ（ようりゅうクレープ） | 77 |
| よこ編み（よこあみ） | 154, 299, **316** |
| 横編み機（よこあみき） | 299, **316** |
| よこ二重織り（よこにじゅうおり）／よこ二重組織（よこにじゅうそしき） | 66, 67, 150, 152, **316** |
| よこパイル組織（よこパイルそしき） | 67, **317** |
| よこよろけ | 296 |
| 四子糸（よつこいと） | 315 |
| 四つ割菱（よつわりびし） | 284 |
| 撚り（より） | **317** |
| よろけ織り（よろけおり） | 296 |
| よろけ縞（よろけじま） | 233, 295, **296** |

## ら

| | |
|---|---|
| ラーベン編み（ラーベンあみ） | **161**, 162, 163 |
| ライト・ツイード | 116 |
| ラッセル／ラッセル編み（ラッセルあみ） | 155, **172** |
| ラッセル編み機（ラッセルあみき） | 172, 174, 175, 189, 190, 299, **317** |
| ラッセル・チュール | 190 |
| ラッセル・メッシュ | 174 |
| ラッセル・リバー | 189 |
| ラッセル・レース | 172, 187, **189** |
| ラバー・クロス | 203 |
| ラビット（毛皮） | 178, 179 |
| ラミー | 24 |
| ラミネート（加工） | 205, **212** |
| ラム（毛皮） | 179 |
| ラメ（加工） | **229** |
| ラメ糸（ラメいと） | 151 |
| ラメ・クロス | **151**, 229 |
| ランバージャック・チェック | **245** |

## り

| | |
|---|---|
| リアル・ファー⇨ファー | |
| リアル・レザー⇨レザー | |
| リップル（加工） | 78, 220, **221** |
| リップル編み（リップルあみ） | **167** |
| リネン | 24, **107** |
| リネン・シャーディング | 107 |
| リバー・レース | 187, 189, **192** |
| リバティ柄（リバティがら） | 255, 257 |
| リバティ・プリント | 255 |
| リピート | 60 |
| リブ編み（リブあみ）⇨ゴム編み | |
| 琉球絣（りゅうきゅうがすり） | 288 |
| 両シボ（りょうシボ） | 76 |
| 両滝縞（りょうたきじま） | 295 |
| 両頭編み（りょうとうあみ）⇨パール編み | |
| 両面編み（りょうめんあみ）⇨インターロック | |
| 両面朱子（りょうめんしゅす） | 311 |
| 両面タオル（りょうめんタオル） | 90 |
| リヨセル | **41** |
| リンクス | 159, 160 |
| リンクス・アンド・リンクス | 159, 160 |
| リング・ドット | 274 |
| リング・ヤーン | 305 |
| 綸子（りんず） | **148**, 151 |
| 綸子ちりめん（りんずちりめん） | 148 |
| リンター | 21 |
| リントラク加工（リントラクかこう） | 223 |

## る

| | |
|---|---|
| ルーズ・パイル | 88 |
| ループ・ヤーン | 305 |

## れ

| | |
|---|---|
| レーシー・ニット⇨ニット・レース | |
| レース | 172 |
| レース編み（レースあみ） | 175, 176, 186, 188 |
| レーヨン | **36**, 40 |
| レーヨン・ステープル | 36 |
| レーヨン・フィラメント | 36 |
| レオパード柄（レオパードがら）⇨ヒョウ柄 | |
| レオパード・キャット（毛皮） | 178 |
| レザー | **182** |
| レジメンタル・ストライプ | 232, **239** |
| レッキス（毛皮） | 178 |
| レノ | 67, **75** |
| レピア式織機（レピアしきしょっき） | 309 |
| レリーフ・ジャカード⇨ブリスター | |
| 練条（れんじょう） | 314 |
| 連続長繊維（れんぞくちょうせんい） | 27, 31, 43, **317** |

## ろ

| | |
|---|---|
| 絽（ろ） | 67, 75 |
| ろうけつ染め（ろうけつぞめ） | 261 |
| ロー・ゲージ | 307 |
| ロープ染色（ロープせんしょく） | 80 |
| ローン | **71**, 106 |
| ロマニー・ストライプ | 238 |
| ロンドン・ストライプ | 103, 232 |

## わ

| | |
|---|---|
| ワイドウエール・ピケ | 92 |
| ワッシャー加工（ワッシャーかこう） | 47, **226** |
| ワッフル・クロス⇨蜂巣織り（はちすおり） | |
| 割り菱（わりびし） | 284 |

# INDEX（織組織別）

※織組織が1つではない織物もあるため、同じ織物名が複数ある。
また、この中にはフェイク・レザーやレースの基布なども含んでいる。

## 平織り

| | |
|---|---|
| アルパカ | 136 |
| アンゴラ | 135 |
| ウエザー・クロス | 99 |
| エンブロイダリー・レース | 193 |
| オーガンジー | 73 |
| ガーゼ | 74 |
| カシミヤ | 132 |
| 金巾（かなきん） | 68 |
| キャメル | 136 |
| ギンガム | 103 |
| クラッシュ | 108 |
| クレープ・デ・シン | 145 |
| コットン・フランネル | 101 |
| サキソニー | 115 |
| サッカー | 78 |
| シフォン | 138 |
| シャギー | 131 |
| シャンタン | 142 |
| シャンブレー | 84 |
| ジョーゼット | 146 |
| ダック | 108 |
| タッサー | 143 |
| タフタ | 140 |
| ダンガリー | 82 |
| ちりめん | 144 |
| ツイード | 116 |
| トロピカル | 110 |
| パシュミナ | 133 |
| 羽二重（はぶたえ） | 139 |
| ファイユ | 141 |
| ファンシー・ツイード | 118 |
| フェイク・レザー | 184 |
| 富士絹（ふじぎぬ） | 141 |
| ブランケット | 130 |
| フランネル | 114 |
| フリース | 128 |
| ブロード | 70 |
| ボイル | 72 |
| ホームスパン | 118 |
| ポーラ | 111 |
| ポプリン | 69 |
| メルトン | 125 |
| 綿クレープ（めんクレープ） | 76 |
| モスリン | 109 |
| モッサ | 126 |
| モヘヤ | 134 |
| 楊柳クレープ（ようりゅうクレープ） | 77 |
| ラメ・クロス | 151 |
| リネン | 107 |
| ローン | 71 |

## 斜文織り（綾織り）

| | |
|---|---|
| アルパカ | 136 |
| アンゴラ | 135 |
| カシミヤ | 132 |
| かつらぎ | 79 |
| キャメル | 136 |
| コットン・フランネル | 101 |
| サージ | 112 |
| サキソニー | 115 |
| シャークスキン | 120 |
| シャギー | 131 |
| ダンガリー | 82 |
| チノ・クロス | 98 |
| ツイード | 116 |
| デニム | 80 |
| パシュミナ | 133 |
| 羽二重（はぶたえ） | 139 |
| ビーバー | 127 |
| ビエラ | 100 |
| ファンシー・ツイード | 118 |
| フェイク・レザー | 184 |
| ブランケット | 130 |
| フランネル | 114 |
| フリース | 128 |
| ホームスパン | 118 |
| メルトン | 125 |
| モッサ | 126 |
| モヘヤ | 134 |

## 朱子織り

| | |
|---|---|
| コットン・サテン | 102 |
| サテン | 147 |
| ドスキン | 123 |
| ビーバー | 127 |
| ベネシャン | 124 |

## しじら織り（平織り）

| | |
|---|---|
| サッカー | 78 |

## 変化平織り

| | |
|---|---|
| オックスフォード | 95 |
| グログラン | 94 |
| コードレーン | 91 |
| シャークスキン | 120 |

## ななこ織り（変化平織り）

| | |
|---|---|
| オックスフォード | 95 |
| シャークスキン | 120 |

## たて畝織り（変化平織り）

| | |
|---|---|
| グログラン | 94 |

## コード織り（よこ畝織り・変化平織り）

| | |
|---|---|
| コードレーン | 91 |

## 変化斜文織り

| | |
|---|---|
| ウール・ギャバジン | 113 |
| コットン・ギャバジン | 96 |
| ツイード | 116 |
| ベネシャン | 124 |
| ヘリンボーン | 119 |

## 急斜文織り（変化斜文織り）

| | |
|---|---|
| ウール・ギャバジン | 113 |
| コットン・ギャバジン | 96 |

## 杉綾織り（変化斜文織り）

| | |
|---|---|
| ツイード | 116 |
| ヘリンボーン | 119 |

## 鳥目織り（特別組織）

| | |
|---|---|
| バーズ・アイ | 121 |

## 梨地織り（特別組織）

| | |
|---|---|
| 梨地織り（なしじおり） | 122 |

## 蜂巣織り（特別組織）

| | |
|---|---|
| 蜂巣織り（はちすおり） | 104 |

## たて二重織り

| | |
|---|---|
| 二重織り（にじゅうおり） | 150 |
| ブランケット | 130 |
| ピケ | 92 |

## よこ二重織り

| | |
|---|---|
| たてピケ | 92 |
| 二重織り（にじゅうおり） | 150 |

## たて・よこ二重織り

| | |
|---|---|
| 二重織り（にじゅうおり） | 150 |
| ブランケット | 130 |

## ピケ織り（たて二重織り）

| | |
|---|---|
| ピケ | 92 |

## ベッドフォード・コード織り（よこ二重織り）

| | |
|---|---|
| たてピケ | 92 |

## たてパイル織り

| | |
|---|---|
| コットン・ベロア | 85 |
| シャギー | 131 |
| テリー・クロス | 90 |
| フェイク・ファー | 180 |
| ベルベット | 149 |

## よこパイル織り

| | |
|---|---|
| コーデュロイ | 86 |
| 別珍（べっちん） | 88 |

## からみ織り

| | |
|---|---|
| レノ | 75 |

## ジャカード織り（紋織り）

| | |
|---|---|
| ジャカード・クロス | 151 |
| ダマスク | 105 |
| ラメ・クロス | 151 |

## 平織りとななこ織り

| | |
|---|---|
| ブッチャー | 93 |

## 平織りと朱子織り

| | |
|---|---|
| サテン・ストライプ | 102 |

## 平織りとドビー織り、または平織りとジャカード織り

| | |
|---|---|
| クリップ・スポット | 106 |

## ジャカード織りと朱子織り

| | |
|---|---|
| 綸子（りんず） | 148 |

## ジャカード織りとよこ二重織り

| | |
|---|---|
| ブロケード | 152 |

## ジャカード織りとたて・よこ二重織り

| | |
|---|---|
| ふくれ織り（ふくれおり） | 150 |

## ゴブラン織り（特殊組織）

| | |
|---|---|
| ゴブラン | 152 |

索引　織組織別

# INDEX（編組織別）

※編組織が1つではないニットもあるため、同じニット名が複数ある。
また、この中にはフェイク・レザーの基布なども含んでいる。

## 平編み

| | |
|---|---:|
| 平編み（ひらあみ） | 156 |
| フェイク・レザー | 184 |

## ゴム編み

| | |
|---|---:|
| ゴム編み（ゴムあみ） | 157 |

## ガーター編み（パール編み）

| | |
|---|---:|
| ガーター編み（ガーターあみ） | 159 |
| パール編み（パールあみ） | 160 |

## 変化平編み

| | |
|---|---:|
| 裏毛編み（うらげあみ） | 169 |
| 梨地編み（なしじあみ） | 170 |
| 縄編み（なわあみ） | 164 |
| ニット・レース | 188 |
| フェイク・ファー | 180 |

## 梨地編み（変化平編み）

| | |
|---|---:|
| 梨地編み（なしじあみ） | 170 |

## 裏毛編み（変化平編み）

| | |
|---|---:|
| 裏毛編み（うらげあみ） | 169 |

## パイル編み（変化平編み）

| | |
|---|---:|
| フェイク・ファー | 180 |

## 目移し編み（変化平編み）

| | |
|---|---:|
| 縄編み（なわあみ） | 164 |

## 変化ゴム編み

| | |
|---|---:|
| インターロック | 165 |
| ジャカード編み（ジャカードあみ） | 168 |
| 斜文編み（しゃもんあみ） | 166 |
| テレコ | 158 |
| フェイク・レザー | 184 |
| ブリスター | 169 |
| ミラノ・リブ | 167 |
| リップル編み（リップルあみ） | 167 |

## 両面編み（変化ゴム編み）

| | |
|---|---:|
| インターロック | 165 |
| 斜文編み（しゃもんあみ） | 166 |
| フェイク・レザー | 184 |

## 針抜き編み（変化ゴム編み）

| | |
|---|---:|
| テレコ | 158 |

## ジャカード編み（変化ゴム編み）

| | |
|---|---:|
| ジャカード編み（ジャカードあみ） | 168 |

## ラーベン編み（平編みやゴム編みにタック編みを組み合わせた変化組織）

| | |
|---|---:|
| 鹿の子編み（かのこあみ） | 162 |
| ポップコーン編み（ポップコーンあみ） | 163 |
| ラーベン編み（ラーベンあみ） | 161 |

## くさり編みと長編み

| | |
|---|---:|
| 方眼編み（ほうがんあみ） | 176 |

## ハーフ・トリコット編み（シングル・トリコット編みの変化組織）

| | |
|---|---:|
| ハーフ・トリコット | 172 |

## インレイ編み（たて編みの変化組織）

| | |
|---|---:|
| インレイ編み（インレイあみ） | 173 |

## ラッセル編み

| | |
|---|---:|
| ラッセル編み | 172 |
| ラッセル・レース | 189 |

## トリコット編みやラッセル編みの変化組織

| | |
|---|---:|
| チュール | 175 |
| チュール・レース | 190 |
| パワー・ネット | 175 |
| メッシュ | 174 |

索引　編組織別

## SPECIAL THANKS

アール　布がたり
アサヒピアノ
アスワン
アップルハウス　テキスタイル館
あひろ屋
アルファ
アンジェリーク
イケナカ商事
インド雑貨・アジアン雑貨　ティラキタ
インポートセレクトショップ　でらでら
インポート布地専門店　ファン
ウールマーク
ヴィヴィアン
ウェディングドレス工房　てく・まりんぼ
ウエディングドレスショップ　シンデレラ
うきうきニット
エイチ・アンド・エム　ヘネス・アンド・マウリッツ・ジャパン
カシミエール
カネキチ工業
きものと帯の山善小林
きもの人
クルール
ケイトリン
シャンティシャンティ
ジャート
タケミクロス
デリケートトゥール
パシュミナコレクション
フランドル
フレンチスタイル　ジュイ
ブライト
ヤスの成る木
リボンのポン
安曇野市天蚕センター
奥田染工場
加賀友禅工房
宮坂製糸所
京都かしいしょう
京都きもの市場　きものネット通販
銀座もとじ
工芸着物　マルトヤ

桜田羊品店
山梨県富士工業技術センター
産業技術記念館
手芸のいとや
生川商店
生地のオガワ
西印度諸島海島綿協会
西村織物
染織工房　糸ぐるま
太田テキスタイル
大津毛織
朝倉染布
日本ホームスパン
日本マイヤー
日本化学繊維協会
日本綿花協会
福井プレス
文化学園ファッションリソースセンター
暮らしのクラフト　ゆずりは
眠むの木
柳沢ウーベンラベル
Aloha Tower
Asian Accents（羊のちから）
CAID
KIKUZURU
KINKADO 池袋ケーエヌ店
NAKAGAWA
Patagonia
SPINNUTS
TIPIKO
bluebeat
fab-fablic
fabric bird
hideki　ヨーロッパ服地のひでき
tiny planet

## 参考文献

『テキスタイル用語辞典』　成田典子著　Textile Tree編集部編（テキスタイル・ツリー発行）

『文化ファッション大系 服飾関連専門講座(1)アパレル素材論』　文化服装学院編
（文化出版局発行）

『ファッションのための繊維素材辞典』　一見輝彦著（ファッション教育社発行）

『わかりやすいアパレル素材の知識 改訂版』　一見輝彦著（ファッション教育社発行）

『衣服・布地の柄がわかる事典』　一見輝彦・八木和子著（日本実業出版社発行）

『新・田中千代服飾事典』　田中千代著（同文書院発行）

『服地ものがたり 季節が織りつむぐこころ模様』　野末和志著（チャネラー発行）

『〈アパレル素材〉服地がわかる事典』　野末和志著（日本実業出版社発行）

『テキスタイル ファブリック130種』　閏間正雄・富森美緒著（文化出版局発行）

『若者文化史 Postwar,60's,70's and Recent Years of FASHION』　佐藤嘉昭著
（源流社発行）

『日本の伝統文様CD-ROM素材250』　中村重樹著（エムディエヌコーポレーション発行）

『これだけは知っておきたい 服飾がわかる事典』　熊崎高道編著（日本実業出版社発行）

『新・実用服飾用語辞典』　山口好文・今井啓子・藤井郁子編（文化出版局発行）

『もめんのおいたち』　財団法人 日本綿業振興会

『SONYA'S SHOPPING MANUAL 1TO101 ソニアのショッピングマニュアル I 新装版』
ソニア パーク著（マガジンハウス発行）

『ハンドブック 日本のテキスタイル産地』　閏間正雄・富森美緒著（文化出版局発行）

『テキスタイル ハンドブック』　文化学園ファッションリソースセンター 閏間正雄編
（文化出版局発行）

『テキスタイルリーダース 世界に誇る日本の繊維素材のすべて』　（日本繊維新聞社発行）

『津軽こぎんと刺し子 はたらき着は美しい』　（INAX出版発行）

『スタイリングブック』　高村是州著（グラフィック社発行）

『ファッションリーダース 繊維とファッションの教科書』（日本繊維新聞社発行）

『新訂第3版 ファッションの歴史』　千村典生著（平凡社発行）

『[カラー版]世界服飾史』　（美術出版社発行）

『新ファッションビジネス基礎用語辞典〈増補改訂版〉』　バンタンコミュニケーションズ著
バンタンデザイン研究所編　（チャネラー発行）

『ファッション辞典』　文化出版局・文化女子大学教科書出版部編　大沼淳、荻村昭典、
深井晃子監修（文化出版局発行）

『日本のファッション 明治・大正・昭和・平成 Japanese Fashion』　城一夫・渡辺直樹著（青幻舎発行）

『新素材事典』　日経産業新聞編（日本経済新聞社発行）

『よくわかる 新繊維のはなし』　林田隆夫著（日本実業出版社発行）

『西洋装飾文様事典 新装版』　城一夫著（朝倉書店発行）

『近代図案コレクション 吉祥の図案──宝づくしと龍・獅子・鳳凰のデザイン──』　河原崎奨堂著（美術書出版株式会社 芸艸堂発行）

『図説 みちのくの古布の世界』　田中忠三郎著（河出書房新社発行）

『キモノ文様事典』　藤原久勝著（淡交社発行）

『文様の名前で読み解く日本史』　中江克己著（青春出版社発行）

『格と季節がひと目でわかる──きものの文様』　社団法人全日本きもの振興会推薦、藤井健三監修（世界文化社発行）

『図解服飾用語事典』　杉野芳子編著（鎌倉書房発行）

『西洋染織模様の歴史と色彩』　城一夫著（明現社発行）

『西洋染織文様史』　城一夫著（朝倉書店発行）

『西洋装飾文様事典』　城一夫著（朝倉書店発行）

『ビジュアル版 世界の文様歴史文化図鑑』　ダイアナ・ニューオール、クリスティナ・アンウィン著（柊風舎発行）

『新版 ファッション／アパレル辞典』　小川龍夫著（繊研新聞社発行）

（順不同）

**監修**
**閏間正雄**（うるま・まさお）

文化ファッション大学院大学教授、文化学園ファッションリソースセンターセンター長。1972年に慶應義塾大学大学院工学研究科修士課程修了。工学修士を取得後、1992年に文化服装学院専任教授に就任。2001年には文化学園ファッションリソースセンターテキスタイル資料室室長に、2003年には文化学園ファッションリソースセンターセンター所長を務める。2006年に文化ファッション大学院大学教授に就任。著書に『日本のテキスタイル産地』、『テキスタイルハンドブック』（どちらも文化出版局）などがある。

| | |
|---|---|
| 執筆協力 | 鈴木理恵子 |
| 校正 | 株式会社 鷗来堂 |
| イラスト | 株式会社 ウエイド（土屋） |
| 本文デザイン | 株式会社 ニルソンデザイン事務所（望月昭秀、境田真奈美） |
| DTP | 株式会社 ノーバディー・ノーズ |
| 編集協力 | 株式会社 スリーシーズン（富田園子、小南智子、荻生 彩、川上靖代） |
| 編集担当 | 原 智宏（ナツメ出版企画株式会社） |

## 服地の基本がわかる テキスタイル事典

2014年11月1日 初版発行
2018年5月10日 第5刷発行

| | |
|---|---|
| 監修者 | 閏間正雄（うるま まさお） |
| 発行者 | 田村正隆 |
| 発行所 | 株式会社 ナツメ社<br>東京都千代田区神田神保町1-52<br>ナツメ社ビル1F（〒101-0051）<br>電話 03（3291）1257（代表） FAX 03（3291）5761<br>振替 00130-1-58661 |
| 制作 | ナツメ出版企画株式会社<br>東京都千代田区神田神保町1-52<br>ナツメ社ビル3F（〒101-0051）<br>電話 03（3295）3921（代表） |
| 印刷所 | ラン印刷社 |

ISBN978-4-8163-5602-5　　　　　　　Printed in Japan

〈定価はカバーに表示してあります〉〈落丁・乱丁本はお取り替えします〉
本書の一部または全部を著作権法で定められている範囲を超え、ナツメ出版企画株式会社に無断で複写、複製、転写、データファイル化することを禁じます。

ナツメ社Webサイト
http://www.natsume.co.jp
書籍の最新情報（正誤情報を含む）は
ナツメ社Webサイトをご覧ください。